高黎贡山保护史丛书　第一辑

相佑千年
高黎贡山保护的千年历程

艾怀森　主编

知识产权出版社

内容提要

本书收录了千年来关于高黎贡山保护尤其是 20 世纪末 21 世纪前 10 年保护的详尽史料。

责任编辑：龙　文
装帧设计：开元图文　　　　责任出版：卢运霞

图书在版编目（CIP）数据

相佑千年：高黎贡山保护的千年历程/艾怀森主编．—北京：知识产权出版社，2010.7
（高黎贡山保护史）
ISBN 978-7-5130-0071-0

Ⅰ.①相… Ⅱ.①艾… Ⅲ.①山—自然保护区—生态环境—环境保护—保山市　Ⅳ.①S759.992.743

中国版本图书馆 CIP 数据核字（2010）第 119201 号

相佑千年：高黎贡山保护的千年历程
Xiangyou Qiannian：Gaoligongshan Baohu De Qiannian Licheng
艾怀森　主编

出版发行：	知识产权出版社			
社　　址：	北京市海淀区马甸南村1号	邮　编：	100088	
网　　址：	http://www.ipph.cn	邮　箱：	bjb@cnipr.com	
发行电话：	010-82000860 转 8101/8102	传　真：	010-82005070/82000893	
责编电话：	010-82000860-8123	责编邮箱：	longwen@cnipr.com	
印　　刷：	北京富生印刷厂	经　销：	新华书店及相关销售网点	
开　　本：	880mm×1230mm　1/32	印　张：	13	
版　　次：	2010年8月第1版	印　次：	2010年8月第1次印刷	
字　　数：	400千字	定　价：	40.00元	
ISBN 978-7-5130-0071-0/S·003（3014）				

出版权专有　侵权必究
如有印装质量问题，本社负责调换。

你的诞生与我无关
你的存在把我带进神奇的世界
你的诞生与我无关
你的存在让我付出一生的爱

《高黎贡山保护史丛书》编委会

主　任：艾怀森
副主任：朱明育　李正波
委　员：李勇华　吴彦春　施晓春
　　　　陶　宏　郑云峰　蔺汝涛

本卷参编人员
主　编：艾怀森
副主编：朱明育　李正波
编　委：李勇华　吴彦春　施晓春
　　　　陶　宏　郑云峰　蔺汝涛
　　　　杨　槐　李　松　李丽娟

主编简介

艾怀森，男，1968年5月生于云南腾冲县，1990年毕业于云南大学生物系，现任高黎贡山国家级自然保护区保山管理局局长、正高级工程师。兼任保山市文联副主席（兼职）、西南林业大学硕士生导师。参与组织出版了《高黎贡山研究文丛》；组织编制了《高黎贡山的一千零一面》系列画册，参与撰写专著4本，论文科普文章100余篇，与他人合作的成果"人类生态学理论与实践"获省科学技术奖自然科学类一等奖。

目 录

第一章　高黎贡山人文简史 …………………………………（1）
 一、高黎贡山史源考 ………………………………………（1）
 二、隐没在高黎贡山中的辉煌文化史迹 …………………（4）
 三、高黎贡山的重大历史事件 ……………………………（8）
 四、高黎贡山地区的民族宗教 ……………………………（18）

第二章　1868～1993 年大事记 …………………………（22）

第三章　20 世纪末的保护 ………………………………（28）
 云南高黎贡山国家级自然保护区保山管理处正式成立 …（28）
 云南高黎贡山国家级自然保护区总体设计通过验收 ……（30）
 高黎贡山国家级自然保护区"百花岭度假村"考察
  活动结束 ………………………………………………（31）
 黄绍智书记视察高黎贡山国家级自然保护区时
  指出高黎贡山要加快开放走向世界 …………………（32）
 腾冲县强化野生动物保护管理工作 ………………………（34）
 云南高黎贡山国家级自然保护区 1994 年春季
  护林防火取得良好成绩 ………………………………（35）
 联防联治　为保护"绿色宝库"携手共进 ………………（37）
 高黎贡山自然保护区召开半年工作总结会议 ……………（39）
 云南省生态学会 1994 学术年会暨高黎贡山专题研讨会
  在保山召开 ……………………………………………（40）
 高黎贡山国家级自然保护区 1995 年度联防工作会议
  在保山召开 ……………………………………………（41）
 高黎贡山旅游开发即将拉开序幕　程政宁书记到百花岭
  度假村召开现场办公会议 ……………………………（43）
 高黎贡山国家级自然保护区保山管理所赛格保护站正式

挂牌办公 …………………………………………………… (44)
高黎贡山国家级自然保护区召开1995年度
　　管理工作会议 ……………………………………… (45)
森警配合　高黎贡山西坡清山工作顺利结束 ………… (46)
"高黎贡山森林资源管理与生物多样性保护"国际项目
　　实施研讨会在保山召开 …………………………… (48)
丹阳寺庙会　加强护林防火 …………………………… (49)
《神奇的高黎贡山》系列电视片进入野外拍摄阶段 ……… (50)
省人大常委会副主任李树基同志视察高黎贡山国家级
　　自然保护区 ………………………………………… (51)
调整充实领导班子　加强野生动植物保护 …………… (52)
云南保山高黎贡山森林旅行社成立 …………………… (54)
少花钱　多办事　办好事　腾冲管理所"夏造会战"
　　迈出新步伐 ………………………………………… (55)
保山管理所赛格保护站工程竣工通过验收并交付使用 …… (56)
中科院昆明动物研究所高黎贡山自然保护处联合举办
　　野生动物保护培训班 ……………………………… (57)
高黎贡山自然保护区保山管理处团支部积极开展
　　科普宣传活动 ……………………………………… (58)
云南高黎贡山国家级自然保护区举行第五次联防会议 …… (59)
探索科学管理方法　谋求人类与自然和谐发展
　　——森林资源管理与生物多样性保护研讨班纪实 ……… (60)
中国第一个农民生物多样性保护协会
　　——高黎贡山农民生物多样性保护协会 ………… (62)
大蒿坪、坝湾两站召开联防会议 ……………………… (62)
保山管理所召开潞江乡片护林员工作会议 …………… (64)
高黎贡山山脉上又添自然保护区新成员
　　——龙陵县小黑山被列入省级自然保护区 ……… (65)
"高黎贡山森林资源管理与生物多样性保护"国际合作项目
　　1995年度工作总结报告会议在昆明召开 ………… (66)

《云南森林旅游》画册摄制组环行高黎贡山 …………… （67）
李渤生研究员考察高黎贡山自然保护区 ………………… （69）
联合国大学"人·土地管理与环境变化"全球项目东南亚
　　大陆山区研究组会议在保山召开 …………………… （70）
昆虫专家到高黎贡山研究地下昆虫 ……………………… （71）
荷兰专家组考察高黎贡山 ………………………………… （72）
农民参与保护生物多样性保护 …………………………… （73）
台湾科学考察团考察高黎贡山自然保护区 ……………… （77）
徒步旅行发现自然奇观 …………………………………… （78）
中央电视台《焦点访谈》记者现场采访农民生物多样性保护
　　协会活动 …………………………………………… （81）
尊重动物的野生生存权利　保护生物多样性不受破坏
　　——高黎贡山保护区保山管理处的野生动物收容拯救
　　　工作成绩显著 ……………………………………… （82）
中央电视台《动物·人·生存》节目制作组到
　　高黎贡山进行野外拍摄 …………………………… （83）
"保护高黎贡山的生物多样性我也有责任"
　　——记中国第一个为生物多样性保护个人捐款的
　　　戍边军人 …………………………………………… （84）
美国生物多样性政策考察团考察高黎贡山 ……………… （85）
相互激励　再创佳绩
　　——大蒿坪、坝湾管理站第六次联防小组会议纪实 … （87）
高黎贡山农民生物多样性保护协会举办培训班 ………… （88）
"高黎贡山热起来了"
　　——高黎贡山自然保护区1996年宣传工作总结 ……… （89）
宣传保护见成效　农民主动献林雕
　　——村民孔元兴夫妇主动向保护区管理处送交国家
　　　二级保护动物 ……………………………………… （95）
保山地区旅游领导小组视察百花岭度假村 ……………… （97）
黄炳生副省长等领导视察百花岭度假村 ………………… （98）

中美科学考察团联合考察高黎贡山国家级自然保护区 …（99）
陆生野生动物资源普查工作在我区全面开展 …………（99）
高黎贡山加入中国生物圈保护区网络 ………………（100）
保山地区陆生野生动物普查项目外业工作基本结束 …（101）
吉野熙道博士考察高黎贡山 …………………………（102）
齐抓共管　全民保护野生动物 ………………………（102）
保山地区首次陆生野生动物资源普查工作结束 ……（103）
香港、大陆两地科学家联合对滇西高黎贡山地区
　　鸟类资源进行考察 ………………………………（104）
保山地区自然保护工作会议在保山召开 ……………（105）
社区共管
　　——自然保护区有效管理的新途径 ……………（107）
中荷合作"森林保护与社区发展"项目专家组赴保考察……
　………………………………………………………（109）
FCCD项目荷兰专家、云南省项目官员赴高黎贡山
　　南段考察记 ………………………………………（111）
灰鹤情侣劫后余生 ……………………………………（112）
保山地区青少年生物环境科学考察冬令营在高黎贡山
　　自然保护区百花岭科考接待中心举办 …………（113）
中美学者联合考察白尾梢虹雉 ………………………（114）
英、港观鸟爱好者到高黎贡山观鸟 …………………（115）
FCCD项目将在自然保护区周边贫困村庄实施CEAP …（116）
GEF项目大田坡示范点社区环境教育进展顺利 ……（119）
农村社区与自然和谐发展的新尝试
　　——第一个高黎贡山自然保护区村级社区
　　　共管委员会成立 ………………………………（121）
中外旅游专家组到保山地区开展生态旅游调研 ……（123）
开展执法培训　提高执法水平
　　——高黎贡山国家级自然保护区保山管理处举办
　　　综合行政执法培训 ……………………………（125）

FCCD 项目 CEAP 进展监测首期培训班在保举行 …………（126）
贯彻"科教兴国"战略　实现"科教兴区"目标
　　——高黎贡山国家级自然保护区被批准成为云南省
　　科学普及教育基地 ……………………………………（128）

第四章　21 世纪的前 10 年 ………………………………（130）

高黎贡山保护区举办参与式方法培训班　提高全体工作
　人员工作技能 …………………………………………（130）
GEF 社区环境教育项目在高黎贡山有新进展 …………（131）
保山地区又有 15 个村寨即将实施中荷合作的《社区环境
　行动计划》 ……………………………………………（133）
云南知名作家结缘高黎贡山 ……………………………（141）
云南省林业厅领导到保山调研指导自然保护区工作 …（142）
生态旅游有新招　游客种下纪念树
　　——荷兰游客在高黎贡山种下第一批生态旅游
　　纪念树 ………………………………………………（144）
文学创作与自然科学联姻　生态保护专家与作家携手
　共创云南省作协高黎贡山文学创作基地 ……………（145）
荷兰驻华大使伍思德到保山考察 FCCD 项目 …………（147）
走千年古道探高黎贡山
　　——保山地市领导考察高黎贡山百花岭——江苴
　　生态旅游区 …………………………………………（149）
国家林业局 GEF 项目社区环境教育推广研讨会
　在高黎贡山成功举办 …………………………………（151）
美国哥伦比亚大学美中艺术交流中心专家考察
　高黎贡山 ………………………………………………（152）
高黎贡山蚂蚁研究结硕果 ………………………………（153）
高黎贡山查获一起盗伐珍贵林木案件 …………………（154）
省人大环资工委立法调研组视察高黎贡山自然保护区 …（156）
人大、行署领导在高黎贡山山脊现场办公研究高黎贡山
　旅游开发 ………………………………………………（157）

中荷合作保山地区 2001 年社区发展计划获准实施 ……… （159）
讨论精品书籍　畅谈高黎贡山发展
　　——《人类的双面书架》、《时间之痕》、《冷月》
　　　精品书籍讨论会在保山召开 ……………………… （160）
严查盗伐高黎贡山枫木案件 ……………………………… （162）
高黎贡山登上世界生物圈保护区的殿堂
　　——联合国教科文组织在人民大会堂为高黎贡山等世界
　　　生物圈保护区颁证 ………………………………… （163）
省市领导徒步翻越高黎贡山 ……………………………… （164）
国家林业局濒管办领导考察高黎贡山 …………………… （165）
省内外知名作家徒步翻越高黎贡山 ……………………… （166）
国家林业局、国家对外经贸部、荷兰驻华大使馆派员到
　　保山市调查与了解中荷合作 FCCD 项目的实施情况 … （168）
全国政协领导考察高黎贡山自然保护区 ………………… （169）
环保使者登上高黎贡山 …………………………………… （170）
著名作家刘先平先生及夫人考察高黎贡山 ……………… （172）
FCCD 项目在潘家沟开花结果 …………………………… （173）
FCCD 项目在高黎贡山东西坡社区 837 个村民小组开展
　　保护意识教育 ………………………………………… （175）
荷兰外交部项目考察代表团到保山市考察 FCCD 项目
　　实施情况 ……………………………………………… （181）
高黎贡山自然保护区保山管理局局长赵晓东高级工程师
　　当选中国人与生物圈国家委员会委员 …………… （184）
神奇的高黎贡
　　——中美合作高黎贡山生态资源考察纪实 ………… （185）
中央人民广播电台将连续 8 次报道高黎贡山
　　自然保护区 …………………………………………… （187）
全国、省、市三级政协委员视察高黎贡山世界生物圈
　　保护区 ………………………………………………… （188）
中共保山市委黄毅书记到高黎贡山自然保护区调研时要求：

强化世界生物圈保护区综合管理　促进全市生态经济社
会全面发展 ………………………………………… （193）
一本来自美国的权威报告　中国云南省保山市高黎贡山
南段快速生物资源调查报告 …………………… （195）
云南省省长助理陈小娅考察高黎贡山 …………… （197）
荷兰专家到高黎贡山进行中荷合作二期项目考察 ……… （198）
高黎贡山再获殊荣 ………………………………… （199）
措施有力　管理到位　高黎贡山南段取得了2003年
无森林火灾成效 ………………………………… （201）
香港嘉道理植物园考察团走访高黎贡山 ………… （207）
中美联合考察队完成高黎贡山（保山段）植物资源
考察 ……………………………………………… （208）
美国湿地生态宣传教育考察团考察高黎贡山 …… （209）
中、美、英联合考察队完成高黎贡山保山段首次昆虫与
苔藓资源考察 …………………………………… （211）
全国生态旅游知识竞赛获奖者考察高黎贡山 …… （212）
"自然保护区信息管理系统"培训班在保山举行 ……… （214）
中央电视台《科技博览》栏目到高黎贡山拍专题片 …… （215）
市委黄书记第三次翻越高黎贡山 ………………… （217）
市长熊清华考察高黎贡山 ………………………… （218）
腾冲县领导集体考察高黎贡山 …………………… （220）
中央电视台海外部《走遍中国》栏目到高黎贡山拍摄
专题片 …………………………………………… （221）
高黎贡山羚牛调查项目正式启动 ………………… （222）
保山师专党员徒步翻越高黎贡山 ………………… （223）
德国植物学家到高黎贡山自然保护区考察 ……… （225）
中美鸟类专家到高黎贡山百花岭开展观鸟生态旅游 …… （226）
高黎贡山保护与可持续发展国际研讨会在保山顺利
召开 ……………………………………………… （227）
依托基地　立足社区开展科普与保护意识教育宣传 …… （229）

北京东方河图影视文化公司到高黎贡山拍摄南方丝绸
　　古道专题片 …………………………………………… (231)
省人大常委会黄炳生副主任到高黎贡山自然保护区视察
　　指导工作 ……………………………………………… (232)
朱明育同志获保山市首届"十大优秀公民"殊荣 ……… (233)
山脊联合巡护 …………………………………………… (234)
在今年的洪涝泥石流滑坡自然灾害中百花岭生态旅游区
　　损失严重 ……………………………………………… (235)
高黎贡山保护区百花岭科普环线上有了完善的标牌
　　系统 …………………………………………………… (236)
翻越高黎贡山探寻丝绸古道
　　——云南电视台与高黎贡山保山管理局联合拍摄
　　　　高黎贡山专题片 ………………………………… (237)
高黎贡山全力打造云南省科普教育基地 ……………… (238)
云南省报纸副刊记者编辑云集高黎贡山采风 ………… (240)
省人大常委会黄炳生副主任考察高黎贡山保护区 …… (243)
保山市科技局到百花岭与我局共商高黎贡山科普基地
　　建设 …………………………………………………… (244)
"羚牛行动"日记
　　——保山分队穿越高黎贡山东西坡保护区 ……… (245)
高黎贡山保护局不断探索管理工作的新模式 ………… (252)
高黎贡山保护局派出"千百万"工程工作组
　　进百花岭村开展调研 ………………………………… (254)
国家林业局西南航空护林总站史永林副总站长到
　　高黎贡山检查森林防火工作 ………………………… (255)
国家林业局保护区宣传报道团到高黎贡山采风 ……… (256)
高黎贡山被评为"云南最美的地方" ………………… (257)
实施综合巡护　强化资源管护
　　——高黎贡山国家级自然保护区"羚牛行动"
　　　　圆满结束 ………………………………………… (259)

高黎贡山古城自然公园项目通过专家论证 ……………… (260)
高黎贡山管理局深入扶贫点抗旱救灾 ……………… (261)
中、美、英科学家在高黎贡山自然保护区生物多样性
　　联合考察中取得丰硕成果 ……………… (262)
高黎贡山自然保护区保山管理局努力建立完善的
　　野生动植物监测体系 ……………… (263)
高黎贡山自然保护局"千百万"工程开展得有声有色 … (265)
集思广益　共谋发展
　　——高黎贡山自然公园概念规划国际研讨会
　　　　在保山召开 ……………… (266)
荷兰驻华使馆一秘Martien Beek一行莅临我市考察
　　FCCD项目工作 ……………… (268)
云南省科技厅领导莅临高黎贡山就药用植物资源保护与
　　利用项目进行实地考察 ……………… (269)
高黎贡山国家级自然保护区南段东坡首次发现松茸分布
　　——填补了该区域没有松茸记录的空白 ……………… (270)
中国第一个保护传统资源的民间组织
　　——新庄传统资源共管会在高黎贡山成立 ……………… (272)
心系基层　谋求发展
　　——市委书记熊清华一行中秋节到高黎贡山开展
　　　　旅游调研 ……………… (274)
腾冲县举办国家重点生态公益林专业护林员岗前培训 … (276)
百花岭举办"千百万"工程综合培训班 ……………… (277)
中央电视台著名主持人崔永元考察高黎贡山 ……………… (278)
智力帮扶　共同保护
　　——高黎贡山保护区保山管理局积极探索社区教育的
　　　　新模式 ……………… (279)
省林业厅郭辉军副厅长到高黎贡山进行生态旅游调研 … (280)
热血铸就荣誉
　　——高黎贡山"十五"荣誉巡礼 ……………… (281)

我局高工施晓春获"十大杰出青年"提名奖 …………………(282)
高黎贡山国家级自然保护区"十五"科普工作成绩
　　斐然 ………………………………………………………(283)
高黎贡山保护区被列为"全国野生动物保护科普
　　教育基地" ………………………………………………(288)
迎新春，心系扶贫点
　　——我局开展春节送温暖活动 ………………………(288)
早动手，抓落实求实效 …………………………………(290)
中国作家高黎贡山行 ……………………………………(290)
艾怀森局长被确定为林业工程专业学科带头人 ………(292)
高黎贡山保护区对非法入区开展旅游活动
　　依法进行查处 ……………………………………………(292)
借助外力提升科研监测水平努力开创保护区管理新局面
　　——高黎贡山自然保护区与保护国际（CI）
　　　　签署科研监测合作协议 …………………………(294)
狠抓落实　切实做好高黎贡山保护区森林防火工作 ……(295)
国家科技基础条件平台工作重点项目
　　正式在高黎贡山启动实施 ………………………………(297)
科技部信息研究所考察高黎贡山 ………………………(298)
中美联合考察队完成高黎贡山动物资源考察 …………(298)
高黎贡山自然保护区已圆满完成生态旅游示范项目
　　施工设计野外考察 ………………………………………(300)
重拳出击　保护资源 ……………………………………(301)
高黎贡山灵长类行为研究拉开序幕 ……………………(302)
科技帮扶出新招 …………………………………………(305)
心系受灾群众　积极排忧解难
　　——高黎贡山自然保护区腾冲管理所认真做好
　　　　野生动物肇事补偿工作 ……………………………(306)
高黎贡山保护局在百花岭村举办"千百万"工程
　　第二期综合培训班 ………………………………………(307)

高黎贡山南段生物走廊带上建成中国大陆地区的
　第一个自然公园 ………………………………………（309）
保山组织出版高黎贡山大型研究丛书
　——《高黎贡山研究文丛》 …………………………（311）
高黎贡山自然公园已被评为 AA 级旅游景区……………（311）
美国麦克阿瑟基金会再次聚焦高黎贡山 …………………（312）
国家林业局开展示范自然保护区建设　高黎贡山自然保护区
　榜上有名 ………………………………………………（314）
全国政协人口资源环境委员会调研组莅临高黎贡山自然
　公园考察指导工作 ……………………………………（316）
白眉长臂猿研究取得突破性进展 …………………………（318）
高黎贡山国家级自然保护区建成自动气象观测站 ………（319）
市长段跃庆在高黎贡山调研时指出保护中开发
　开发中保护 ……………………………………………（319）
保护是根本　改革是动力　发展是目的
　——国家林业局保护司刘永范副司长考察高黎贡山 …（321）
高黎贡山国家级自然保护区保护管理成效显著
　白眉长臂猿等珍稀濒危动物种群数量稳定增长 ………（322）
回良玉副总理在高黎贡山自然保护区考察时强调：顺势而为，
　与时俱进，用现代的知识和手段保护好高黎贡山 ……（324）
高黎贡山国家级自然保护区南段生物走廊带成效评估与
　保护策略国际研讨会在保山召开 ……………………（325）
开展物种近原生地保护打造新型科普教育基地
　——保山管理局努力探索高黎贡山保护和
　　科普教育新模式 ……………………………………（327）
高黎贡山自然保护区保山管理局在白花林村举办"千百万"
　工程第三期综合培训班 ………………………………（329）
发挥资源优势　培植绿色文化产业
　——高黎贡山国家级自然保护区保山管理局积极探索
　　资源可持续利用的新模式 …………………………（330）

FCCD 项目圆满结束我市项目实施单位成绩斐然 …………（332）
完善档案管理　推进示范保护区建设
　　——我局综合档案室达云南省企业科技事业单位
　　档案工作规范管理四星级标准 ……………………（333）
高黎贡山发现野生林麝种群 ……………………………（334）
高黎贡山组建首支专业扑火队 …………………………（335）
保山茜回归高黎贡山　近地保护取得新进展 …………（336）
高黎贡山国家级自然保护区保山管理局正式拉开
　　灵长类动物研究序幕 …………………………………（338）
高黎贡山自然公园百花含笑喜迎宾客 …………………（339）
高黎贡山国家级自然保护区腾冲管理所荣获
　　"市级文明单位"称号 …………………………………（341）
全国政协王志珍副主席一行到高黎贡山
自然保护区调研 …………………………………………（342）
云南省委书记白恩培到高黎贡山调研对
近地保护新模式给予肯定 ………………………………（343）
中美专家联合深入高黎贡山国家级自然保护区考察 …（343）
高黎贡山管理局充分发挥指导员后盾作用以解放思想
　　大讨论活动促进新农村建设 ………………………（344）
全国政协副主席白立忱一行到高黎贡山调研 …………（346）
高黎贡山国家级自然保护区两景区被确定为
　　《云南旅游护照》定点接待单位 ……………………（346）
高黎贡山保护局与保山师专签订共建实训基地
　　合作协议 ……………………………………………（347）
荷兰贸易促进委员会首席代表 Ms. Renée Snijders 一行
　　徒步考察高黎贡山生态旅游 ………………………（348）
FFI 亚太区域项目协调员一行考察高黎贡山国家级
　　自然保护区 …………………………………………（350）
高黎贡山自然保护区生态旅游规划野外考察圆满结束 …（351）
保山管理局获"新农村建设优秀派出单位"的荣誉
　　称号 …………………………………………………（353）

市森林防火督查组对高黎贡山周边社区进行了森林
　　防火督查 …………………………………………（354）
美国麦克阿瑟基金会环境与可持续发展项目负责人
　　考察高黎贡山 …………………………………（355）
高黎贡山野生兰科植物有了完备科学档案 …………（356）
市长李正阳一周内两次到高黎贡山调研旅游并指出
　　保护优先　坚持特色　区域统筹　市场运作 …（373）
学习实践科学发展观　促进农民生物多样性保护协会
　　健康发展 ………………………………………（375）
保山市被授予"中国白眉长臂猿之乡"称号 ………（375）
首个亿万富翁团沿千年古道徒步翻越高黎贡山 ……（378）
野性之美不胜收　艺术灵感如泉涌　中国艺术研究院杜滋龄
　　工作室画家到高黎贡山写生取得丰硕成果 ……（379）
高黎贡山生态旅游规划在昆明通过专家评审 ………（380）
高黎贡山生物走廊带自豪项目实施进展顺利 ………（381）
《爱有来生》在高黎贡山演绎　七夕节全国首映 ……（382）
高黎贡山科研取得重大突破　发现动植物新种178个
　　——高黎贡山动植物标本鉴定项目总结及
　　　成果发布会在长沙举行 ……………………（384）
高黎贡山隆阳分局实施黑熊动态监测管理项目研究和
　　探索野生动物肇事管理对策 …………………（385）
高黎贡山隆阳分局参加市、区"全国科普日启动仪式"
　　并开展以保护生态环境为主题的科普宣传活动 …（386）
首批外国学生在高黎贡山实习圆满结束 ……………（388）
"国家公园解说系统设计和管理培训班"在保山成功
　　举办 ……………………………………………（389）
高黎贡山自然保护区西坡惊现一美景 ………………（390）
"亚太森林恢复与可持续管理网络"
　　——森林资源管理国际培训班学员到高黎贡山
　　　考察学习 ……………………………………（391）
高黎贡山建成全要素生态自动气象站 ………………（392）

第一章
高黎贡山人文简史

一、高黎贡山史源考

高黎贡山不是特指某一山某一岭的具体地名。狭义上的高黎贡山，是指横亘于怒江大峡谷西侧、北起青藏高原、南达中印半岛的巨大山体。分布于云南西部，属横断山系中最西的山脉，是西藏唐古拉山脉伯舒拉岭的南延部分，呈北西——南东走向，从贡山进入云南后称高黎贡山，并呈南北走向，南端入缅甸境，全长 600 余公里，中国境内 504 公里，平均宽 50 公里。北段在怒江州境内，海拔在 4 000 米以上，中段为中缅界山，海拔在 3 000 米左右，末梢已抵缅甸南部的印度洋海面。整个高黎贡山北部最高处和南端最低处的高差达 3 000～4 000 米左右，气候要素垂直变化十分明显，所谓"一山分四季，十里不同天"。

广义上的高黎贡山地区是指高黎贡山山脉周边与高黎贡山有地理或文化等各方面联系的广大地区，它基本上涵盖了怒江州福贡、贡山、泸水等县，德宏州潞西市、盈江县、陇川县，保山市的腾冲县、龙陵县全部以及隆阳区的一部分等。历史上这些地区也多属于一个文化、经济行政区，德宏所属市县多隶属永昌府；怒江在 1949 年以前尚未形成统一的行政区划，泸水在明末清初才推行土司制，福贡、贡山到了民国时期才正式设治，从西汉至民国的两千多年里，怒江各地分属于丽江府和永昌府的郡、府、州、县和后来这些地区的土司统领。由此，高黎贡山所含地区历史上属于一个经济文化行政区。本文研究采用高黎贡山广义上的界定。

最早记载高黎贡山的史书是在唐代，樊绰《云南志》卷二，山川江源第二记载"高黎共山在永昌西,下临怒江。左右平川,为之穹赕、汤浪、加萌所居也。草木不枯,有瘴气。自永昌之越赕,途经此山,一驿在山之半,一驿在山之巅。朝济怒江登山,暮方到山顶。冬中山上积雪苦寒,秋夏又苦穹赕、汤浪毒书酷热。……"。第一次详细记载了高黎贡山的地理位置、植物情况、气候条件及翻越的艰辛。

唐代樊绰《云南志》将高黎贡山的山名称作"高黎共山",从唐代至民国,大多史书用此称呼,今则称"高黎贡山","共"字改为"贡"。唐南诏大理国时期蒙氏僭封为西岳,在历史上,"高黎"被称为高丽、高仑、高良。俗呼"高良工",讹为"高良公";又名"昆仑冈"、"高仑冈"、"磨盘山"、"雪山"等,但其中不乏讹误。

"高黎贡山"山名与景颇族的渊源有关,《景颇族简史》中讲到"高黎贡"是景颇支语,意为:高里(日)部落的山。约公元8世纪时,景颇支系高日部落便栖居于高黎贡山一带。他们是景颇分支"小山"的一支,其渊源可追溯到中原河湟地区的氐羌氏族。据说,在漫长的迁移历史中,他们的祖先从青藏高原上的日月山、昆仑山出发向南,沿金沙江、澜沧江、怒江河谷南下,一部分人沿途留下,而继续向前走的那部分人来到高黎贡山,并定居下来。

1919年,法国汉学家费琅发表了《昆仑与南海古代航行考》一文,指出,"昆仑"一词中可能隐藏着人类迁徙的密码。他通过大量历史语言和文献考据说明,在大约公元前1000年,亚洲高原上存在着一个"昆仑"民族,他们沿着河流向南不断迁徙,从河湟流域到横断山区,再到恒河流域、马来半岛,在长达1000年的时间跨度里,最后抵达非洲、马达加斯加一带。沿途他们留下了大量与"昆仑"有关的地名,而高黎贡正是其中之一。①

因是,"高丽共"是景颇语中的一个地名。"高黎"又译作"高日",是景颇族的一个姓氏,汉姓为"排"。"贡"又作"共",

---

① 周勇.寻找神秘之山的初民[J].华夏地理,2008年(11).

是景颇语中"大山"的意思,"高黎贡山"可以理解为高日氏居住的大山。①

唐代樊绰《云南志》第一次详细记载了高黎贡山的有关情况以后,唐朝僧人慧琳也在《蜀川通天竺国永昌道》中描述了大唐到天竺(印度)的捷径,走永昌道,翻越高黎贡山的情况。此处没直接提及"高黎贡山"字眼,但记述了翻越高黎贡山的艰险。

元代《混一方舆胜览·云南行中书省》记载"高黎贡山,在永昌腾冲之间,东临怒江,西即麓川江索桥也,蒙氏封为西岳。"此后在元朝至正年间云南诸路儒学副提举王升刻石碑《重修高仑冈记》立于冈隘分水岭,明嘉靖三十八年(1559年)掘土获此碑,但碑文残缺无全文,碑文已不详。

明朝有大量史书对高黎贡山都有记载,如明代《肇域志·云南志》"高黎贡山,在州城东北一百二十里,山极高峻,介腾冲、潞江之间,冬月潞江无霜。其山顶霜雪极为严冱,蒙氏封为西岳。旧名昆仑冈,夷语讹为'高良公'。界在潞江、麓川江之间,山极高峻,绝顶有泉,分流而下,又名分水岭。……"此外,《明史·地理志》、《读史方舆纪要》、《云南图经志书》、正德《云南志》、天启《滇志》、《滇略》、《寰宇通志》、《明一统志》、《徐霞客游记》等都有记载。

清代《清史稿·地理志》:"高黎贡山,一名昆仑岗,山顶有泉,东入保山,西入腾越,又名分水岭。……"另《滇南志略》、《清一统志》、道光《云南通志》、《腾越州志》、《腾越厅志》都有叙述。民国时期的《永昌府文征》、《滇西兵要界务图注钞》、《中印道路经济地理调查》等。其中最重要的是樊绰所著《云南志》,以后历代史书对高黎贡山虽都有记载,但基本没有超越樊书所记内容,只是有所损益。当然,对这些历史文献资料的梳理说明,"高黎贡山"从来没有淡出历史学家的视线,并且我们可从中摸清高黎贡山历史的一些主要历史事项。

---

① 汤世杰.无止境的高黎贡[J].华夏地理,2008年(11).

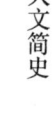

二、隐没在高黎贡山中的辉煌文化史迹①

保山市第三次全国文物普查市级重点课题——南方丝绸之路永昌道普查项目，自 2008 年 11 月 11 日正式启动以后，经课题项目组一行 4 人近一个月的艰苦跋涉，于 12 月上旬圆满完成原定三大片区中难度最大的高黎贡山片区 4 条翻山古道的野外调查任务。实地测查古道线路 280 公里，发现各类文物遗迹共 69 处，夺得了保山市本次大范围、高规格文物普查工作的首场胜利。为便于了解，现将有关调查成果综述如下：

（一）古道的基本情况

高黎贡山古称高仑岗，因土人俗称高良工，后遂谐音转化为高黎贡，为滇西地区最早见于史籍记载的山脉之一。山脉缘起于青藏高原南部的西藏察隅一带，沿我省西北怒江州境一路南下，延绵数百公里，屏立于滇西纵谷区保山段的怒江、龙川江两大激流深谷之间。山脊海拔一般都在 3 000 米以上，多数地段悬崖叠嶂，密林蔽日，形势险要，自古以来就是我国西南著名南方丝绸之路从大理、保山过怒江前往腾冲、德宏乃至缅甸、印度等地的控制性交通要隘。根据史料记载结合实际调查得知，该丝绸古道翻越高黎贡山的线路，主要是从我市范围北起北斋公房、南至蒲蛮哨城门洞约 100 公里的山段上穿过。根据形成时间和地理分布的不同，大致可划分为北、中、南三大段共四条过山主线。其中：北段一条，称北斋公房古道；中段一条，称南斋公房古道；南段两条，分称城门洞古道和大风口古道。各道历史、分布及里程如下：

1. 北斋公房古道。系因以海拔 3 150 米的北斋公房垭口为最高控制点而得名。据史载，古道最早可能形成于西汉以前，是早期民

---

① 本节内容为南方丝绸之路永昌道课题组所撰《探寻隐没在高山密林中的辉煌文化史迹——云南保山高黎贡山古道调查成果综述》的全文，野外调查：李枝彩、肖卫、杨庆蛟、董银虎，资料整理：李枝彩，2009 年 1 月 28 日。

间商旅自四川前往印度等地贩卖蜀布、邛竹杖等商品的主要过山通道。东汉永昌郡建立后，曾一度纳入官方经营，作为西出哀牢县地（今腾冲、德宏及缅北等地）的战略要塞。元明以来，随着大理云龙盐矿的开发，长期成为各地盐商向腾冲、德宏各地贩运盐巴的主要通道，直至民国后期滇缅公路通车，盐运改走公路后才逐渐冷落下来，前后沿用时间长达2 400多年。古道东起六库栗柴坝渡口（东通云龙），向西经蛮云街上旧乃山北，或从隆阳芒宽勐古渡口（东通保山）向西经西亚街上旧乃山南，至小横沟交汇后，再西上灰坡、马面关、茶铺、冷水沟，至北斋公房垭口下山，经望乡台、北斋公房、朝阳殿、黄土坎、杨家寨，再转南经桥头街至腾冲界头止，全长约75公里。

2. 南斋公房古道。系因以海拔3 173米的南斋公房垭口为最高控制点而得名。据史载，该古道最早可能形成于唐代中期，是南诏王阁罗凤"西开寻传，南通骠国"及其孙异牟寻"西取越赕，置软化府"，沟通与缅甸、印度等国商贸往来的战略通道。元明以来，曾作过大规模的维修扩建，先后成为元代征缅、明初王骥三征麓川，明末邓子龙、刘綎平平缅靖边和民国中国远征军反攻腾冲等多次大规模边境战争的进军线路之一。至1952年原保山至腾冲老公路修通后被废弃，前后沿用1 200余年。古道东起本市隆阳芒宽双虹桥，向西经烫习上白花林大塘子、汉弄、旧街、黄竹河、黄心树，至南斋公房垭口下山，又经雪冲洼、高脚崖、岗房、林家铺、山脚村、江苴街至腾冲曲石，全长约65公里。

3. 城门洞古道。系因以海拔2 489米的城门洞分水关垭口为最高控制点而得名。据史载，该古道最早可能形成于元初，是该时期云南行省纳速喇丁多次征缅并设置云南通缅国驿道的主要过山路径。明清时期曾作过多次大规模维修扩建，作为明初三征麓川、明末平缅靖边和清乾隆傅恒征缅等多次大规模边事活动的主要行军路线。至清道光年间潞江惠人桥建成，驿道改走禾木树、大风口后被废弃，前后沿用约400余年。古道东起本市隆阳道街老渡口，向西经小平田、坝湾驿上磨盘山、石梯寨、蒲蛮哨，至城门洞分水岭下山，又经太平铺、竹笆铺、大栗树至腾冲上营龙江桥止，全长约70公里。

4. 大风口古道。系因以海拔2 480米的大风口分水关为最高控制点而得名。据史载，该古道最早形成于清道光年间潞江惠人桥建成之际，是继城门洞古道之后保山至腾冲官营驿道的主线路，民国初年曾作过大规模扩修铺筑和局部改线，民国滇西抗战时一度成为中国远征军反攻腾冲的重要通道之一。至1952年原保腾公路通车后被废弃，前后沿用约120年。古道东起本市隆阳潞江惠人桥，向西经慕卡村上禾木树马站，经象脖子、小松园，至大风口分水关下山，经黄竹园铺，至太平铺与原城门洞老路相交。或由大风口转西北石门坎下平河马站、三岔洼、二台坪、大嵩坪、崖子脚、中寨至龙江桥与城门洞老路交汇，全长（含岔道）约70公里。

（二）古道上现存的遗址遗迹

本次调查，在基本摸清上述高黎贡山片区四条古道主线的形成发展历史、地理分布走势和线路里程等重要情况的基础上，先后测查登录沿途保留的各类文物遗迹共74处，其中，除原已发现并纳入保护名录的隆阳芒宽双虹桥、潞江惠人桥、塘子驿站告示碑和腾冲上营龙江桥、太平铺烽火台外，其余69处均属本次调查新登录。这些遗址遗迹，按其功能性质的不同，大致可分为以下八大类：

1. 典型道路遗存13段。包括人工铺筑的平整石板路和由人马长期践踏形成的凹陷槽谷路两种。其中最典型的有：位于北斋公房古道上的北斋公房西坡石板路（长约3公里）、茶罐口山槽谷路（长约600米，深3~5米），位于南斋公房古道上的旧街石板路（长约2.5公里）、死亡谷槽谷路（长约700米，深3~5米）、南斋公房西坡石板路（长约8公里）、江苴古街道（长354米），位于城门洞古道上的太平铺东坡石板路（长约1公里）、锈水湾石板路（长约300米），位于大风口古道上的风口石板路（长约1公里）、黄竹园铺石板路（长约3公里）、二台坪石板路（长约1.5公里）等。

2. 历代古渡、桥梁遗迹12处。其中最重要的有：位于北斋公房古道上的六库栗柴坝渡口（开辟于汉晋之前）、芒宽勐古渡口（开辟于汉晋时期），位于南斋公房古道上的黄竹河石拱桥（建于清光绪）、五道河风雨木梁桥（重建于1946年），位于城门洞古道上的潞江道街老渡口（开辟于元初）等。

3. 历代关隘碉卡遗迹14处。具体包括：位于北斋公房古道上的马面关遗址（建于明初）、北斋公房西坡岗房遗址（清代以前），位于南斋公房古道上的东坡岗房遗址（清代以前）、南斋公房垭口远征军碉堡（民国）、西坡岗房遗址（清代以前），位于城门洞古道上的城门洞分水关遗址（始建于元代）、竹笆铺遗址（始建于元代），位于大风口古道上的黄竹园铺分水关遗址（建于清道光）以及位于怒江河谷各渡口附近的潞江张贡大坡、小辣子树地、白崖渡东坡、道街石头寨老船口、蚂蟥塘、三达地小黑龙井等地的中国远征军江防碉堡等。

4. 历代驿站马店旧址9处。具体包括：位于北斋公房古道上的茶铺遗址（明代以前），位于南斋公房古道上的旧街马站遗址（清代以前）、黄竹河马站遗址（清代以前），换米处马站遗址（清代以前）、林家铺遗址（清代以前），位于城门洞古道上的城门洞驿站旧址（始建于元初），位于大风口古道上的禾木树马站旧址（始建于清道光）、黄竹园驿站旧址（建于清道光）、上平河马站旧址（建于民国初年）等。

5. 历代战场遗址9处。具体包括：位于北斋公房古道上的灰坡抗日战场（民国）、小松山日军阵地（民国）、冷水沟——北斋公房垭口抗日战场（民国）、凤头山抗日战场（民国），位于南斋公房古道上的大塘子麻栗山抗日战场（民国）、南斋公房垭口抗日战场（民国），位于城门洞古道上的磨盘石古战场（清初），位于大风口古道上的禾木山抗日战场（民国）、小松园日军阵地（民国）等。

6. 历代宗教建筑遗址4处。具体包括：位于北斋公房古道上的朝阳殿（三官殿）遗址（建于明代）、北斋公房（腾云寺）遗址（建于明代），位于南斋公房古道上的南斋公房遗址（建于明代）和位于大风口古道上的蛮猛寺遗址（重建于清宣统）。

7. 历代碑碣石刻共 5 方。其中包括：位于北斋公房古道上的同善桥功德碑（清代），位于南斋公房古道上的黄竹河桥功德碑（清光绪），位于大风口古道上的"裁革云南全省夫马差役告示碑"（清光绪九年）、重修潞江蛮猛寺功德碑（清宣统二年）和赵藩《过高黎贡山吟》诗碑（民国元年）。

8. 历代纪念建筑设施 3 处。具体包括：位于北斋公房古道上的腾冲商旅"望乡台"遗址、界头街"腾冲抗日县政府"驻地旧址（民国）和位于南斋公房古道上的江苴街"腾冲抗日临时县务委员会"驻地（文昌宫）旧址（民国）。

三、高黎贡山的重大历史事件

（一）高黎贡山是著名的西南丝绸古道——蜀·身毒道的必经之地

"蜀·身毒道"是汉代对西南丝绸古道的称谓，蜀是四川，身毒是对印度的古称，是我国通往南亚、西亚以及欧洲最古老的道路，也是中国对外交流的最早通道。它起自四川成都，经云南、大理、保山、腾冲和缅甸北部，到达印度东北地区的阿萨姆，沿布拉马普特拉河而下，再经孟加拉、北印度、中亚地区，最后抵达大秦（古罗马帝国）。

西南丝绸古道在中国境内的地段由三大干线组成。其中一条是从四川出发后分为东西两条向南又西转汇合于今云南大理，从大理开始，向西过永昌（今保山），到腾冲出缅甸。从大理至腾冲这段称为"永昌道"，是"蜀·身毒道"在中国境内的最西段。

大多数学者认为最迟到公元前 4 世纪末，"蜀·身毒道"就已经开通（林超民《蜀身毒道浅探》，方国瑜《西南历史地理考释》，陆韧《云南对外交通史》），大批驮着蜀布、丝绸漆器的商队从蜀地出发越过高黎贡山，抵达腾越与印度商人交换商品。只不过当时这只是一条南北民族迁徙、民间贸易的自然通道，战国之后由于商业的发展，逐渐演化为一条巴蜀商人与国外通商的民间贸易通道。

当西南的民间商贾在越过高黎贡山的这条古老的道路上至少已经进行了两个世纪的"国际贸易"后,中原的商人们才驮着丝绸从西北进入欧洲。汉武帝元狩元年(公元前122年),出使西域的汉使张骞归来,向汉武帝报告"居大夏时,见蜀布,邛竹杖,使问所从来,曰'从东南身毒国,可数千里,得蜀贾人市'。或闻邛西可二千里有身毒国"(《史记·西南夷列传》)。张骞十分意外地在大夏(今阿富汗北部)见到了来自中国的"蜀布"和"邛竹杖",从而发现了这条久已存在的中外交通路线——"蜀·身毒道"。

强盛的汉王朝出于政治、经济、军事等多方面的需要,对这条通路及其所在地区进行了大力的开发和经营,以求路通而"令百姓知天子意"(《史记·司马相如列传》)。其发展过程大体可划分为三个阶段:1.西汉时期的开发经营。永昌道为官方正式开通,并带动了滇西社会经济的真正起步。2.东汉的繁荣发展时期。这时永昌地区为云南社会经济较发达地区,永昌道成为连接中国与亚、非、欧等地区的重要通道。3.东汉末至魏晋时期。由于政治腐败,战争连绵,这条通道多次被阻隔,当地社会经济也随之江河日下。①

永昌古道山大川高,路途险恶。永昌西去滇越,必经高耸的怒山、汹涌澎湃的怒江和陡峭险峻的高黎贡山。道路之险,无与伦比。古道到今保山坝又先后分为北道、中道、南道3条往西过怒江翻越高黎贡山过腾冲城出缅甸。

第一条为北道:由保山芒宽乡的西亚登山,经灰坡梁子登上山顶,翻越山口下到北斋公房,再经马面关抵腾冲界头乡的黄家寨,现代人们称为北斋公房道。

第二条为中道:上保山芒宽乡的双虹桥过江,经烫习登山,抵南斋公房翻越山口,然后下到林家铺经大坝抵腾冲曲石江苴街,现代人们称为南斋公房道。

---

① 张波,赛宁.汉晋时期西南丝绸路上的永昌道[J].云南民族学院学报,1999(2).

第三条为南道：由保山道街乡惠人桥过江，经禾木树、象脖子到高黎贡山顶的分水岭，然后下到黄竹园、太平铺，经龙江桥、橄榄寨抵腾冲城，现代人们称为分水岭道，地方志书上称"官道"，是使用时间较长的驿道。

高黎贡山山顶终年云雾围绕，白雪皑皑，就是阳光透照林间，人行道中，仍感寒气袭人，步步有风。以至于唐代许多大理的商人被阻滞留于缅甸时，痛苦地唱道："冬时欲归来，高黎贡上雪。秋夏欲归来，无那穿贼热。春时欲归来，囊中络赂绝。"（唐·樊绰《云南志》卷二），"无那"就是无可奈何的意思，"络赂"就是钱财的意思。即使在今天，高黎贡山国家级自然保护区保山管理局有个规定：凡是能翻越高黎贡山南斋公房的人都可以获得一份由该局颁发的翻越高黎贡山的证书，以此来证明能翻越此山的壮举。但就是这样令人生畏的大山，也没能挡住人们想与异域交往的信念。唐朝取经传教的僧徒慧琳也说："此路与天竺近，险阻难行，是大唐与天竺之捷径也，仍须及时，盛夏热瘴、毒虫，遇着难以全生；秋多风雨、水泛，又不可行；冬虽无毒，积雪冱寒，又难登涉；唯有正、二、三月，乃是过时。"（唐·慧琳《蜀川通天竺国永昌道》）。那些开拓这条道路的人们面临的困难将是何等的艰辛！他们在高黎贡山开出了路，在西南高原上创造了又一奇迹，也为后来者筑起了开拓高黎贡山的坚韧风骨。①

尽管古道难行，古代的商旅仍运载着丝绸、布匹、瓷器、铁器、漆器、茶叶等到腾冲，分别流散到缅印各地，又携回宝石、珍珠、海贝、琉璃等辗转贩卖。这直接沟通了中国与欧亚的交流，沿路处处留下了中原文化与边夷少数民族文化交汇融合的烙印。高黎贡山作为这一辉煌历史的见证，参与和经历了这一段历史，并因其特殊的地理位置和自然环境而把这一段历史尘封和保护下来，沉淀形成了瑰丽的历史人文文化和丰富的人文景观。

---

① 徐治，王清华，段鼎周，等．南方陆上丝绸路［M］．昆明：云南民族出版社，1987．

(二)三国时期诸葛亮南征,高黎贡山所属地区经济得到巨大的开发

保山"肇自汉武,发蒙于武侯",也就是说,汉武帝开疆拓土,始建永昌古郡,而开发开化却是在诸葛亮武侯时期。公元69年,哀牢王柳貌率50余万人内附,汉明帝特立永昌郡,永昌郡辖区大致涵盖今中国云南省整个西部、缅甸克钦邦东部、掸邦东部的土地,管理哀牢人,自此,永昌郡是汉朝在西南方的基地,中原文明与西南少数民族经济文化得到交流与发展。东汉末年,三国鼎立,中原骚扰,蜀郡势单力薄时期,地方大姓统治者势力抬头。益州郡大姓雍闿、牂牁郡太守朱褒、越嶲郡"叟帅"高定元等起兵反叛。为安定后方,而且征发人力物力,诸葛亮审时度势,决定南下平定南中,从成都出发,沿岷江而下,兵分三路,迅速平定叛乱。

诸葛亮平定南中后,一是将南中划为永昌(郡治在今云南施甸)等7郡68县,二是团结南中大姓和夷帅,任用"义辅汉室、守志不回"的保山金鸡村人吕凯为云南郡守,缓和民族之间的矛盾和纷争,安定南中社会秩序,以稳定蜀汉对南中各民族地区的统治。三是传授蜀汉农业生产先进科学知识和经验,帮助南中少数民族发展农业生产。如明代《滇考·诸葛武乡侯南征》记载说:诸葛亮"七纵七擒孟获"到达滇西的永昌(今保山),"大兵俱渡江与吕凯等会,树旗台,按八门,休兵养士,命人教打牛以代力耕,彝众感悦。""命人教打牛以代力耕",就是用双牛犁田,这种牛耕形式习俗一直留存至今。又说:"丞相在南中邓彝筑城堡,务农桑,诸彝感慕德化,皆自山林徙居平壤。"也就是说,诸葛亮除教农民如何种植水稻等农耕生产技术外,还教农民栽桑养蚕,并将他们从山区迁居坝区,改游牧为农耕。僻居深山的"哀牢夷",渐去山林,徙居平地。至今在云南景颇族人民中还流传着景颇族不懂得种水稻,诸葛亮来了,教会景颇族种植水稻的传说;在傣族群众中流传着诸葛亮教傣族人民盖房子的传说,说今天的傣族房子像诸葛亮的帽子。在诸葛亮南征所到之处,诸葛亮还教当地少数民族兴修水

利,挖塘蓄水,用来灌溉农业生产。至今在保山城南还有诸葛堰水名,相传为诸葛亮南征时所筑。①

由此可见诸葛亮对滇西地区的开发做出了重要的贡献。无怪乎诸葛亮入云南仅6个月,只到过极少的几个地方,战事活动主要在五尺道沿途,但在云南却留下了很大的影响。仅高黎贡山地区与之活动相联系的古遗迹就有诸葛武侯城(今龙陵)、诸葛营村(汉营)、诸葛井(金井)、哑泉、盘蛇谷(今蒲缥)、老仙水、登高、甘浩、三达地、炮打山(均位于怒江东岸道街乡)以及腾冲镇兵石、陇川寄箭山、分水岭等。诸葛孔明在南方人们的心目中既是战争的指挥者,又是传播文明的使者,成为人们心中崇拜的神。

(三)南诏封高黎贡山为"西岳"

唐宋时期,云南脱离中央,在南诏大理国民族政权的统治之下,并建都大理。又以保山为其向西发展的基地,南诏设永昌节度,治所设永昌城。民国《保山县志》:"唐开元二十六年(738年)间,南诏破施浪诏(今洱源青索乡),余众走永昌,皮罗阁追之,收永昌地,置拓榆城。……永昌渐成南诏西境重镇,置永昌节度。"在南诏统治时期,第九代王异牟寻仿效中原天子,为了显示其主宰一切的天威,把他管辖的名山进行了封赠。据明朝杨慎《滇载记》记载,他以当时的洱海地区为中心,于唐德宗贞元元年(785年),封大理苍山为中岳,东川云龙山为东岳,乐甸蒙乐山为南岳,永昌高黎贡山为西岳,丽江玉龙山为北岳。所以后世史书提到高黎贡山都说道:"蒙氏封为西岳。"这时期印度佛教在滇西涌起传播热潮,到处建有寺庙,佛寺文化得到很大发展。仅腾冲城附近发现7处南诏、大理国时代的佛寺遗址,有3处遗址面积各达到一二万平方米,有的柱磴平面直径达到1米,遗址内出土有石刻佛像、番僧像、铠甲以及羊、马头像,有3处是著名天竺僧人摩伽陀

---

① 薛琳.诸葛亮南征对祖国西南边疆统一的贡献[J].大理学院学报,2007(1).

修行传道处所，有 1 处是供奉南诏王世隆的土主庙。①

（四）元代马可波罗游金齿州（今保山）

元代设大理金齿等处宣慰司都元帅府，管辖大理路，永昌府，腾冲府。保山逐渐成为滇西最大的行政中心。元代在保山腾冲地区实行军民屯田，大大促进了农业生产的发展。在此期间，最值一提的是马可波罗游金齿州。

1287 年，意大利大探险家马可·波罗一行从大都出发，经涿州、太原、西安、斜谷、成都，沿灵关道到建都（今西昌），渡过不里郁思河（金沙江），入云南押赤城（今昆明）。至哈剌章（今大理），再沿永昌道西行，经金齿进入缅甸。在金齿地区，马可波罗对高黎贡山所属金齿州的风土人情进行了描述。他注意到永昌人"吃生肉"的习惯，人们用金片镶牙的习俗，以及妇女一经分娩便立起劳作，而由丈夫抱子卧床坐月子（产翁制）的风俗。此外，他的游记还记述了当时的永昌人"崇拜家中的长者和祖宗"、土人刻木记事交易、"永昌"以"黄金作通用货币"、"山岚瘴气"盛行、缺乏医药知识由巫师骗人等种种情况。

（五）明清时代的高黎贡山

1. 徐霞客笔下的高黎贡山

明代大地理学家徐霞客，于崇祯十二年（1639 年）3 月 28 日从霁虹桥入境至 8 月 4 日从昌宁离开保山，4 个多月里，他芒鞋犁杖，走危地、探险境、结乡贤、访野老，情随怒水沧江流荡，足迹遍及高黎贡山两麓，遍访名胜古迹，考察地理、交通、物产、民俗等自然、经济、文化实况，并以其如椽巨笔写下了洋洋约 6 万字游记。《徐霞客游记》中"滇游日记"八（末尾部分）、九、十、十一、十二（前面部分）记述了包含今保山市、腾冲县、昌宁县等地方。在翻越高黎贡山古道中，他从各个不同的角度对高黎贡山进行了综合考察，包括高黎贡山的山名、来龙去脉、地形地貌、人文

---

① 耿德铭. 保山文化史回首三万年（之一）［EB/OL］. (2007 - 03 - 19). http：//www. lyxw. gov. cn / lywh / Print. asp? ArticeID≈314.

历史、风土人情等。

4月11日，在他翻越高黎贡山的过程中，夜宿磨盘山，想起诸葛武侯、王威宁骥前后开疆拓土，经营保山，远征将士为之身死，感慨良多："其夜依峰而栖。夜色当空，此即高黎贡山之东峰。忆诸葛武侯、王威宁骥之前后开疆，方威远征之独战身死，往事如看镜，浮生独依岩，慨然者久之！"（《徐霞客游记·滇游日记九》）

4月12日到了潞江坝后，他这样写道："由此西望，一尖峰当西复起，其西北高脊排穹，始为南渡大脊，所谓高黎贡山，土人讹错传为高良工山，蒙氏僭封为西岳者也。其山又称为昆仑冈，以其高大而言，然正昆仑南下正支，则方言亦非无谓也。"（《徐霞客游记·滇游日记九》）他在火塘边与"土人"叙谈，得知此山俗名"昆仑冈"，于是敏锐地联想到南诏蒙氏曾封此山为"西岳"，进而目透群峰，以其特有的科学判断力作出结论："以其高大而言，然正昆仑南下正支"，首次向世人揭示了高黎贡山的来龙去脉。

4月28日，徐霞客到界头乡，高黎贡山西麓，从土人方音那里进行分析追踪，把高黎贡山和喜马拉雅山联系起来考察，直至把高黎贡山的来脉去势提示得清清楚楚："盖高黎贡俗名昆仑冈，故又称高仑山。其发脉自昆仑南下，至姊妹山，西南行者，滇滩关南高山；东南行者，绕小由大塘，东至马面关，乃穹然南耸，横架天半，为雪山，为山心，为分水关；又南而抵芒市，始降而稍散，其南北之高穹者，几五百里云；由芒市达木邦，下为平坡，直达缅甸而尽于海：则信为昆仑正南之支也。"（《徐霞客游记·滇游日记九》）

徐霞客还对高黎贡山地区的奇山异水、奇景异物屡屡叫绝。如徐霞客到了腾冲高黎贡山西麓的芹菜塘："村庐不多，而皆有杜鹃灿烂，血艳夺目。"（《徐霞客游记·滇游日记九》）在保山旅游考察期间他看到了很多奇花异木、珍禽异兽。此外，他对高黎贡山地区的风土人情也进行了记述。如徐霞客记述了腾冲高黎贡山新安哨的藤竹编织情况，"抵新安哨，两三家夹岭头，皆以劈藤竹为业。"

(《徐霞客游记·滇游日记十》)在高黎贡山的竹笆铺,徐霞客还买了鹿肉烧烤;在蒲缥和腾冲橄榄坡,了解到米价都很便宜等。

2. 高黎贡山是历代兵家必争之地

历史上,各代王朝对边疆用兵,高黎贡山是必争之地,这里上有高黎贡山之险,下有沧江怒水之堑,据"八关九隘"之威势,扼"三宣六慰"之咽喉。军事家们要控制腾冲,必须先夺取高黎贡山。明清时期有史可考,跟高黎贡山有关的战役有:明正统年间兵部尚书王骥带领10万大军"三征麓川"的战役;南明永历帝南奔时,部将李定国与清兵进行的磨盘山战役;清末高黎贡山被英军强占的"片马事件"等。

(1)王骥"三征麓川"

麓川政权兴起于元末,发展于明初,是我国西南边疆以德宏傣族为首建立的政权。麓川控制的地域范围,主要包括今云南省德宏傣族、景颇族自治州和临沧地区,以及西双版纳傣族自治州北部,还包括今缅甸联邦的北掸邦部分地区。明英宗正统年间,爆发了以兵部尚书王骥为首的三次大规模征讨麓川的战争,史称"三征麓川"之役。

《清一统志·云南志》卷498记载:"高黎贡山:在厅城东一百二十里。……蒙氏封为西岳。明永乐初平缅,诸蛮刀干孟叛,何福讨之,跻高良公山,直捣南甸,大破之。正统二年,麓川贼思任发叛,别将高远,追败于高黎贡山下。七年,总督王骥分军破上江贼寨,中军渡下江,通高黎贡山道,进至腾冲。其山延袤数百里,当走集之道,战守要地也。"《滇行记》:"越怒江二十里为磨盘山,行险箐深,仅容单骑,为西出腾越之要冲。"由此可看出,明初,明政府平息麓川政权叛乱,擒刀干孟,跻高黎贡山,最终取胜;在王骥三次征麓川的过程中,正统二年(1437年),麓川政权思任发再叛,追败于高黎贡山下;正统七年(1442年),王骥攻破上江寨,率兵渡下江,通高黎贡山道路,入腾冲,追讨思任发父子。

明朝王骥三次征麓川,大军都是先到金齿(今保山),然后通高黎贡山道,进至腾冲,继而分兵征讨麓川政权,其历史事件无不与高黎贡山有着直接的联系。高黎贡山是战争胜败的咽喉之地，战略位置非常重要。

（2）李定国磨盘山（高黎贡山）激战

明末，李自成、张献忠等领导的农民起义军席卷大江南北。李自成进入北京，推翻明王朝的统治。接着明将吴三桂引清军入关，共同镇压义军。明王朝在江南的一些官吏，为撑持半壁河山，曾先后拥立明王室后裔福王朱由崧、鲁王朱以海等为帝，但都很快战败。1646年1月，又拥立桂王朱由榔于肇庆，改元永历（1647年），想与清王朝对抗到底，谋求恢复明朝。1656年2月，原农民起义军张献忠部将李定国等，把永历帝护迎至昆明。1658年12月，清军三路入滇，集于曲靖。李定国只得拥永历帝退走昆明，率军西走，来到滇西永昌磨盘山。吴三桂带领清军步步追击。

1659年（顺治十六年）2月，清军渡过怒江逼近腾越州（今云南腾冲），这里是明朝西南边境，山高路险，"径隘箐深，屈曲仅容单骑"（刘健《庭闻录》卷三）。磨盘山之战的胜利，直接决定着复明抗清，以求东山再起的关键，是生死存亡的最后时刻。李定国估计清军屡胜之后必然骄兵轻进，决定在怒江以西二十里的磨盘山（高黎贡山东麓）沿羊肠小道两旁草木丛中设下埋伏。清满汉军队在吴三桂等率领下果然以为明军已经望风逃窜，逍遥自在地进入伏击区。正在这一决定胜负之际，明光禄寺少卿卢桂生叛变投敌，把李定国设下埋伏的机密报告吴三桂，事泄而败。因兵将损失严重，李定国决定离开腾越州（今云南腾冲），令定朔将军吴三省断后并收集溃卒，自己率领主力前往孟定（今云南耿马傣族佤族自治县西之勐定街，他书多讹作孟艮。）卢桂生叛变告密使李定国部署的磨盘山战役未能取得预期效果。卢因在关键时刻有"功"，被清朝赏给云南临元兵备道的官职。①

磨盘山战役李定国三道设伏，天衣无缝，不料被叛徒卢桂生告密，最终以失败而告终。双方都伤亡惨重，无数将士血染山岗，鲜

---

① 顾城．南明史［M］．北京：中国青年出版社，2003：927．

血染红了古老的南方丝绸路西段。至今,高黎贡山上的人们还传颂着李定国神奇的大西军的故事。

(3) 片马事件

《永昌府文征》文录,卷30,李郅"高黎贡山记"载:"关系中国西南国防者莫如腾冲、保山两属交界之高黎贡山。……英人于清光绪三十一年肆其野心,派兵筑路,强占高黎贡山登埂土司之片马五寨。"1911年,英军两千多人乘高黎贡山雪封路阻,内地与片马交通阻绝之机,悍然出兵,占领泸水卯照土千总辖地片马,制造了震惊中外的"片马事件"。片马位于高黎贡山西测泸水县境内,西面与缅甸接壤,北通印度、巴基斯坦,是印、缅进入滇、川、藏的咽喉要地。

(六) 高黎贡山是滇西抗日主战场之一

抗日战争前期,日军占领了我国东北、华北、华东大片领土,统率正面抗日战场的国民政府迁往重庆。日军为切断我国最后一条对外交通线——滇缅公路,从西南夹攻中国。于1942年5月3日,侵略军从缅甸侵入滇西边境今德宏州的畹町,4日侵占芒市和龙陵,同时狂炸保山县城,5日进至惠通桥被阻击,10日侵占腾冲县城。占领了怒江以西3万平方公里的领土,高黎贡山也因此沦为敌手。其后由于沿江两岸我国军队的顽强防御和广大敌占区各民族抗日武装的不断打击和牵制,敌我对峙两年多,日军始终未能渡江东进。①

高黎贡山被日军占领后,也进入了灰暗的日子,在此期间,进行了无数次大小不等的战斗。敌我双方在高黎贡山地区驻军、指挥、设防、进攻、运输等主要军事活动区域和地段,形成和保存下一大批重要历史文物遗迹。对此,李枝彩学者在《高黎贡山抗战遗迹》一文中进行了详细而充足的论述,并且对这些遗迹战略位置、怎样设防、占领、反攻、伤亡等战争情况进行了细致的介绍。主要包括:小横沟——灰坡争夺战,冷水沟——北斋公房围歼战,

---

① 耿德铭.滇西抗战史证[M].昆明:云南人民出版社,2006.

大塘子战役、南斋公房争夺战、反攻潞江禾木树作战等。①

高黎贡山地区是滇西抗战的主战场之一。日军强占怒江以西的广大地区后，曾数次强渡怒江，但在我军民的严阵死守面前，终没能突破怒江防线。为了打通滇缅公路这条交通大动脉，国民党以第十一、第二十集团军共20万人，两次组建了远征军，委任名将卫立煌为总司令，于1944年5月强渡怒江，开始向日军据点发起大反攻。在高黎贡山南、北斋公房60多公里宽的战线上，中国远征军第二十集团军与日军在各据点经过得而复失、失而复得的35天激烈鏖战，粉碎了日军夸下的"世界上没有任何军队可以攻上高黎贡山"的狂言，收复了雄奇的高黎贡山。接着一路攻下龙川江，拿下固东，克复飞凤山、宝峰山各据点，占领了可俯视腾冲守敌的来凤山。8月2日开始攻城。历经40多天的"焦土抗战"，终于9月14日将日军歼灭，收复腾冲。中国远征军阵亡8 000余人、伤10 000多人，共歼日军4 000余人，付出了沉重的代价。

中国远征军强渡怒江，仰攻高黎贡山，消灭日寇，收复失地，在抗日战争史上写下了光辉的一页。战争结束后，在高黎贡山地区遗留的大量军事用品、战场遗址、英烈墓葬陵园、纪念碑塔等，它们是侵略和反侵略的铁证，是感召和激励后代奋发图强的生动教材。

四、高黎贡山地区的民族宗教

高黎贡山横亘南北，西连滇越古国的旧地——被称为极边第一域的翡翠城腾冲，具有影响深远的腾越文化与缅北山地民族文化东南亚诸多民族文化相交流；东接哀牢故地——史称永昌府的滇西重镇保山，深厚的中原汉文化在这里与土著少数民族文化相交汇融洽，高黎贡山地区由此成为一个种类繁杂、层次多样却又和谐统一的民族综合文化区，民族文化沉淀厚重，是民族迁徙和融合的走廊。

---

① 李枝彩. 高黎贡山抗战遗迹追寻［EB/OL］. 保山新闻网·隆阳文化．(2008 - 07 - 03)．http：//www.baoshan.cn/1/2008/07/03/61@406.htm.

高黎贡山周边社区是多民族聚居区，居住着汉、傣、傈僳、怒、白、苗、彝、独龙、阿昌、回、佤、布朗、藏等16个兄弟民族（保山境内有12种），约170万人，这里民族分布格局为"大杂居，小聚居"，他们神秘多彩的风俗习惯和宗教信仰，构成了浓郁的地域文化特色。如傣族的泼水节与象脚鼓，傈僳族的刀杆节与上刀山下火海，彝族的火把节与大钹、打歌，德昂族的堆沙节与水鼓舞，苗族的花山节与芦笙舞等。通过初步研究，已经证明这里现居的10余个世居民族分别源于古氐羌、古百濮、古百越、古三苗族群和古东胡、古吐蕃、古女真、古中亚民族。他们的饮食、服饰、建筑、生产工具、生活用具、民族工艺品等物质文化，以及民风习俗、宗教、祭祖活动、歌舞、社会道德价值观念、民族节庆、民族婚恋、民族文学、民族体育等精神文化，都是宝贵的文化遗产。①

高黎贡山历来是一座神山，有众多的名刹古寺，世界三大宗教（佛教、基督教、伊斯兰教）与原始宗教都在这里汇集，除普遍存在信仰以万物有灵为基础的原始宗教外，汉族多半信仰道教和汉传佛教，傣族、阿昌族多信仰南传佛教，藏族普遍信仰藏传佛教，傈僳族、景颇族、怒族、独龙族中的许多人信仰基督教或天主教，回族信仰伊斯兰教，是活生生的民族博物馆，在这里呈现出罕见的多种宗教共存的局面。

佛教于公元7世纪间传入云南，而且派系齐全，宗支繁多，高黎贡山地区各民族对佛教几大派系都分别有信仰。印度密教阿吒力于公元7世纪末8世纪初传入，信奉者主要集中在怒江州泸水县部分白族地区，在泸水县蛮捧和老窝建有两个密宗寺庙。怒江州贡山县的部分藏族、怒族群众信仰藏传佛教（俗称喇嘛教）。清乾隆年间，由今四川省甘孜藏族自治州德格县德格喇嘛寺喇嘛杜建功传入丙中洛地区，道光五年在丙中洛建立"普化寺"。高黎贡山地区的

---

① 尹未仙.高黎贡山中部多民族文化资源的保护与开发[J].保山师专学报，2006（6）：361.

傣族、德昂族和阿昌族均信仰南传上座部佛教。南传上座部佛教大致是在公元13世纪晚期从缅甸和泰国先后传入德宏地区；15世纪以后至17世纪，南传上座部佛教传入高黎贡山地区保山市境内，成为傣族全民信奉的宗教，与傣族毗邻而居的阿昌族、德昂族也信仰此教。中唐至宋、元时代，汉传佛教进入高黎贡山地区。现今高黎贡山地区的汉族、白族和部分彝族，腾冲明光境内的阿昌族仍旧有汉传佛教的流传。

天主教于1888年进入高黎贡山地区怒江州贡山县境内。到20世纪20年代后，天主教在贡山得到了发展，部分怒族和藏族信奉天主教。自1921年始，天主教传教士深入到德宏州景颇族、傣族和傈僳族地区传教。现今，天主教在高黎贡山地区仅有部分怒族和藏族，还有少量彝族群众信奉。与其他传入教不同的是，基督教进入云南最初的历史就跟高黎贡山联系在一起。清光绪二十年（1894年），英国牧师到腾冲售卖《马可福音》。之后外国传教士接踵而至高黎贡山地区传教。1913年，傅能仁进入怒江地区试作传教活动。现今基督教教会在高黎贡山地区怒江州境内的分布，与傈僳族、怒族、独龙族的地理分布相对应。

伊斯兰教进入高黎贡山地区的时间与回民进入时间一致，元代伊斯兰教传入保山。明洪武至清道光年间，保山腾冲等地伊斯兰教尤为鼎盛。清初腾冲回族已有4 000余户，遍布城乡各地，建有清真寺6所。高黎贡山地区的回族与汉族、傣族、白族等长期形成了相互并存、相互影响的紧密关系。信奉伊斯兰教的穆斯林在保持自己固有的生活习俗和传统信仰的基础上，又不同程度地受到其他民族的一些影响。

道教进入高黎贡山地区的最早时间无史料明确记载。《保山宗教史》记载道教于明朝传入保山，明洪武年间，被称"水旱有祈必应"的长春真人刘渊然到保山。明宣德初年，奏准在金齿传教，后道观逐渐增多，道教流行。道教在高黎贡山地区的汉族、白族群众中有广泛的信仰，并呈现释、道、儒三教合一的局面。大多数汉族群众对汉传佛教菩萨和道教神仙同时祭拜，甚至出现佛、道神像共处一室的景象。道教对少数民族生活风俗和宗教信仰有很大影响,很多民族都表现出较明显的崇道风俗。

考察高黎贡山地区的人文历史,犹如翻开一幅历史百科长卷。从人类诞生之初,它就是人类活动的舞台,在著名的西南丝绸古道上也有它浓墨重彩的一笔,它还是无数惊心动魄古战场的咽喉之地。高黎贡山古道,不但孕育了高黎贡山两侧乡民的历史和文化,它还带来了西南经济的繁荣,带来了各民族的融合、发展及文化交流。历史的沧桑与现实的繁荣给这座神奇的大山注入了博大的、深邃的文化内涵。因此,有人说,高黎贡山所凝集的元素,足以使人类认识自我的历史,物种的历史,甚至思想的历史和人类的未来。

(太丽琼 尹未仙 供稿)

第一章 高黎贡山人文简史

第二章
1868～1993年大事记

★1868年和1875年英国人安德森（John Anderson）率领探险队，从缅甸八莫进入高黎贡山地区采集鸟类、两栖类和鱼类标本。

★1895年法国人叔里欧（Sonlie）到高黎贡山考察和采集标本。

★自1904年起到1932年乔治·福瑞斯特（George Forrest）先后7次组织大规模考察和采集，采集植物标本达30 000多号，100 000多份，并采集了许多鸟兽和昆虫标本。其中，1919年在腾冲西北部的高黎贡山原始森林中发现大树杜鹃，其中一株树高24.09米，胸径87厘米，冠幅13.32米，树龄280年。此树被制成木材圆盘标本运往英国，陈列于爱丁堡皇家植物园博物馆，大树杜鹃的发现曾轰动植物学界。

★1915年奥地利人韩马吉（H. Handel-Mazzetti）到高黎贡山考察和采集标本。

★1922～1924年英国金德华（F. kingdon Ward）到高黎贡山考察和采集标本。

★1920～1927年美国人约瑟夫·洛克（Joseph F. Rock）到高黎贡山考察和采集标本。

★20世纪30年代初，北平静生生物调查所先后派蔡希陶、王启无、俞德浚先生到高黎贡山地区进行植物考察和采集植物标本。

★20世纪40年代北平研究院植物研究所刘慎谔先生到腾冲一带做过植物地理考察研究，庐山植物园秦仁昌、冯国楣先生在腾冲、贡山等地进行过植物考察。

★1952年，腾冲县人民政府和原保山县人民政府按照《西南区大森林收归国有实施办法》的规定，将高黎贡山天然林划为国有林。

★1955年5月13～18日，中苏考察团莅临保山，考察本区紫胶主产区和高黎贡山部分地域的植物昆虫。苏方有植物学家波波夫等7人参加，中方有中国科学院云南分院院长、著名植物学家杨崇乐及吴征镒教授等34人参加。

★1960年，中国科学院昆明动物研究所、云南大学、武汉大学、北京自然博物馆共同组织了高黎贡山动物资源调查。

★1962年，高黎贡山划为国有林禁伐区，并先后成立了坝湾、芒宽、大蒿坪、永安等四个林管所进行管理。

★1962年，国务院发出《关于积极保护和利用野生动物资源的指示》，明确提出了"加强资源保护，积极繁殖饲养，合理猎取利用"的护、养、猎并举的狩猎方针。并规定禁猎珍贵稀有或特产鸟兽。按此文件要求，在高黎贡山进行了珍贵稀有或特产鸟兽调查，布于本区的珍稀野生动物有：羚牛（扭角羚）、孟加拉虎、长臂猿（黑猴）、灰叶猴（灰猴）、蜂猴（懒猴）、毛冠鹿、金钱豹、大灵猫、小熊猫、白尾梢红雉、红腹角雉等。

★1963年10月，成立界头林管所，撤销永安林管所。

★1963～1965年的3年中，共召开各种会议380多次，宣传面约4.5万多人次。相继组建狩猎管理委员会3个，74人，公社猎管会39个，271人。

★1965年，中国科学院动物研究所和昆明动物研究所组织高黎贡山联合考察。

★1976年3月，成立曲石林管所。

★1980年，云南省林业厅组织云南省森林勘查四大队对高黎贡山进行踏查区划，为建立高黎贡山自然保护区奠定了基础。

★1980年4月，保山县人民法院对捕杀4只羚牛的原保山县高黎贡山百花岭林场副场长高其良，判处有期徒刑6个月。

★1980年8月24日，云南省森林勘查四大队对高黎贡山建立

自然保护区进行了调查规划。

★1981年2月，昆明植物研究所冯国楣等研究人员，在腾冲县界头乡高黎贡山自然保护区原始林区内，发现数十株高20米以上的大树杜鹃群落。其中最大的一株，树高26米，胸径127厘米，树龄300年。这一发现，比1919年英国学者乔治·福瑞斯特在高黎贡山采集，至今收藏在英国爱丁堡皇家植物园博物馆内的大树杜鹃圆盘标本还要大40厘米。

★1981年5月，云南省人民政府发出《关于加强野生动物保护管理的通知》和《关于保护野生动物的布告》，保山行政公署随即转发并提出贯彻措施，要求各县认真贯彻执行。地区统一印发《关于保护野生动物的布告》5 000份，保山地区林业局与保山县城建局在保山花街和春节期间联合举办高黎贡山野生动物资源标本展览，共展出动物标本70余份，植物标本40余份和各种宣传图片，展出5天，参观人数达2万多人。

★1981年11月6日，云南省政府批准高黎贡山为全省规划建立的22个重点自然保护区之一。主要保护对象为亚热带常绿阔叶林、高山针叶及珍贵野生动物。

★1981~1983年，中国科学院青藏考察队及横断山考察队进行的高黎贡山（北段）植物植被考察。

★1982年4月，腾冲县林业局和林学会组织考察组，在界头乡大塘村大河头一带高黎贡山原始林区0.25平方公里的范围内，发现40余株大树杜鹃，有12株胸围在3米以上，其中最大一株树高27米，基部直径307厘米，树龄630年。被植物学界公认为迄今为止，世界上最大的一株大树杜鹃。

★1983年，云南省人民政府授予高黎贡山自然保护区护林有功人员：高山（和尚）、段华生（林业技术干部）、高登祥（护林员）省级"先进工作者"称号。

★1983年1月，根据中央《关于制止乱砍滥伐森林的紧急指示》精神，由中纪委牵头，云南省人民政府、保山行政公署和保山县人民政府组成联合工作组，查处了保山高黎贡山自然保护区黄楠园严重毁林案件。

★1983年4月27日，云南省人民政府云政函（1983）58号《云南省人民政府关于建立高黎贡山等五个自然保护区的批复》正式批准建立高黎贡山自然保护区。

★1983年12月3日，腾冲县古永公社陈家寨生产队社员陈玉书用农药毒死孟加拉虎1只，按保山行署批示对陈玉书进行了处理，高黎贡山国家级自然保护区保山管理部门将被毒死的孟加拉虎制成标本陈列在标本室中。

★1985年2月10日，成立高黎贡山国家级自然保护区腾冲管理所和高黎贡山国家级自然保护区保山管理所。

★1985年10月，保山行署林业局森保站结束历时两年的高黎贡山资源调查，编写了《高黎贡山自然保护区首次动植物资源调查报告》。

★1986年7月6日，国务院国发（1986）75号，《国务院批转林业部关于审定国家级森林和野生动物类型自然保护区请示的通知》批准高黎贡山为国家级自然保护区。

★1986年9月18日，保山行署林业局保署林森保字（1986）3号文件，《关于野生动物损坏群众庄稼处理意见的通知》。

★1987年2月24日，云南省林业厅云林发字（1987）44号文件，《一九八七年林业工作要点》，提出要抓好30个自然保护区的管理保护工作，尤其是要抓好西双版纳、高黎贡山两个国家级自然保护区的建设项目。

★1987年5月，保山地区行署林业局成立高黎贡山自然保护区管理工作站，由陈鸿芝任站长，周云生任副站长。

★1988年8月8日，云南省林业厅文件云林营字（1988）第317号：《关于统一国家级自然保护区名称工作的通知》，我省国家级自然保护区名称统一为：1. 云南西双版纳国家级自然保护区；2. 云南高黎贡山国家级自然保护区；3. 云南哀牢山国家级自然保护区；4. 云南白马雪山国家级自然保护区。

★1989年11月18日，成立云南高黎贡山国家级自然保护区保山、腾冲、泸水管理所联防委员会。在保山芒宽召开第一次会议并通过联防公约；联防委员会设主任、副主任、秘书长、副秘书长各1人，委员若干人（共23人）联防委员会成员每届任期3个，每年召开一次会议，联防委员会下设值班办公室，由三个管理所轮流设置值班，每年召开年会为交接班时间。

★1989～1991年由西南林学院和云南省林业调查规划院主持开展了多学科综合考察，并于1994年出版了《高黎贡山国家级自然保护区》专著。

★1990年12月29日，荷兰野生动物基金会主席、世界野生动物基金会（WWF）官员尼尔斯·哈尔伯茨门及夫人，应邀到保山地区对高黎贡山国家级自然保护区进行为期8天的考察。

★1993年，保山地区行政公署林业局文件，保署林发（1993）10号《关于开展高黎贡山自然保护区总体规划的通知》，由保山地区林业局和云南省林业调查规划院（大理分院）共同组成领导小组，大理分院具体负责。

★1993年10月15日至17日，全国人大环境和野生动物保护司赴云南检查团野生动物保护执法检查组莅临保山地区检查。检查组由林业部副部长祝光跃带领，有国家海关总署、国家工商局、全国人大环保委等部门参加，一行9人，在云南省林业厅副厅长史记武等领导的陪同下，到高黎贡山国家级自然保护区曲石管理所检查指导工作，听取了保山地区行政公署、腾冲县人民政府就环保、野生动物执法保护管理的情况汇报。祝副部长在听取汇报和检查工作时作了重要谈话。祝副部长对保山地区贯彻执行《中华人民共和国环境保护法（试行）》、《中华人民共和国野生动物保护法》的工作给予了充分肯定。认为保山地委、行署，各县（市）党委、政府，以及林业主管部门和其他相关的部门，对环保、野生动物保护管理执法工作高度重视，措施有力，成效显著。

★1993年10月27日，保山地区行署林业局保署林发（1993）59号文件，批准建立高黎贡山国家级自然保护区自治、赛格保护站。

★1993年3~5月，由云南省林业调查规划设计院第五调查大队开展高黎贡山国家级自然保护区总体规划外业调查工作。
　★1993年6月，保山地区行署以保地机编（1993）22号文批准成立云南省高黎贡山国家级自然保护区保山管理处，为保山行署林业局领导下的副处级事业单位。

（杨　槐　供稿）

第三章
20世纪末的保护

云南高黎贡山国家级自然保护区
保山管理处正式成立

经保山地委、行署批准，云南高黎贡山国家级自然保护区保山管理处于1994年1月19日在保山正式成立。该处的成立，标志着高黎贡山国家级自然保护区的保护管理工作将进入一个新的阶段。

高黎贡山自然保护区总面积123 900公顷，隶属保山、腾冲、泸水三县（市），保护区以其独特的地理地貌、丰富的动植物资源而著称于世，现录有兽类115种，鸟类341种，昆虫类546种和亚种，鱼类47种和亚种，爬行类25种和亚种，属国家保护的珍稀动物65种，被称为："世界雉鹑类的乐园"、"哺乳动物祖先分化的发源地"、"南北野生动物的走廊"。现录有高等种子植物1 700多种，有世界闻名的大树杜鹃王、有秃杉、楠木、樟木、云南红豆杉、垂枝香柏、铁杉、冷杉等珍贵稀有树种，有药用植物439种，兰花40余种，国家级保护植物有65种。

保护区优美的自然风光、古老而神秘的历史文物、古朴粗犷的原始森林、水质各异的热泉、汽泉、瀑布、丰富的动植物资源，形成了一个令人神往的旅游胜地。

在保护区管理处成立大会上，保山地区行署副专员朱家忠同志代表地委行署作了重要讲话，明确了保护区管理处的主要任务是：
1. 宣传贯彻党和国家有关自然保护区的方针、政策、法律法规；
2. 做好保护区范围的林政、森林防火、野生动植物管理工作的协调管理；3. 积极组织野生动植物资源调查，做好科学研究、教学及合理开发等项目的建设。把高黎贡山保护区建设成为我区乃至我省对外开放的窗口，旅游胜地，天然生物博物馆，珍稀动植物繁育中心，科研教学基地。

　　保护区周围的各级党委、政府要加强对自然保护工作的领导，支持关心自然保护区各项建设工作。当前，要抓好以森林防火，制止乱砍滥伐，乱捕滥猎，毁林开荒为主的保护管理工作。陈念祖同志也代表省林业厅到会讲话，并强调要求把高黎贡山国家级自然保护区建设成为全国一流水平的自然保护区。

　　保山管理处处长赵晓东同志在成立大会上代表保护区全体干部职工表示：感谢林业部、省人民政府、省财政厅、省计委、省林业厅及各级党委、政府多年来对高黎贡山自然保护区各项工作的关怀和支持，以后将更加积极努力工作，当好各级党委、政府的参谋和助手，履行好党和人民交给的光荣职责，为自然保护区的发展做出新的贡献。并热忱欢迎国内外朋友到高黎贡山保护区来进行观光、旅游、考察、科研教学活动。

　　保山地委副书记张培光，地委委员、宣传部长傅宗明，地区政协工委副主任胡应舒等地直有关部门领导参加了成立大会。

　　西南林学院、云南林业调查规划院营林分院、省林业厅营林处、怒江州林业局、泸水县人民政府、泸水管理所等单位代表到会祝贺，林业部保护司、林业部西南防空护林总站、中国科学院昆明动物研究所、云南大学生物系、西双版纳保护区管理局、哀老山保护区、白马雪山保护区、等单位发来了贺电。（1994年2月2日）

云南高黎贡山国家级自然保护区总体设计通过验收

受林业部委托,云南省林业厅于 1994 年 3 月 26 日在昆明主持召开了云南高黎贡山国家级自然保护区总体设计验收会议,会议由云南省林业厅副厅长凌鹤、吴广勋主持,邀请了省政府办公厅、省计委、省财政厅有关处室、西南林学院、云南大学、中科院昆明生态所、昆明动物所、云南林业调查规划院等单位领导专家 60 余人参加了会议,并组成了以著名植物生态学家、西南林学院薛纪如教授为组长,云南大学金振洲教授,中科院昆明生态研究所副所长邱学忠研究员为副组长的专家验收组。通过专家评审,专家们一致认为高黎贡山国家级自然保护区总体设计符合有关规程要求,并达到了国内同类设计的先进水平,予以验收。

1993 年 3 月,云南省林业调查规划设计院大理分院承担了高黎贡山国家级自然保护区总体设计任务,该院即组成了以院长挂帅的 19 人的勘测设计队伍,分成森林资源调查、专业调查和工程勘测三个专业组,于 1993 年 4 月 9 日奔赴现地,先腾冲、保山、后泸水逐县进行勘察,6 月初转入内业设计,12 月底完成全部设计工作。这次总体设计根据中华人民共和国林业部 1988 年颁发的《自然保护工程总体设计标准》和有关文件精神,确定了保护区的经营原则与建设方针,对保护区内部的功能分区,通过论证进行了合理划分,并对生物资源的保护、科研、多种经营、旅游、房建、道路、供水供电、通讯、组织机构与人员编制等工程和建设项目,进行了全面系统的设计。

在鉴定验收会上,云南高黎贡山国家级自然保护区保山管理处处长赵晓东工程师代表自然保护区全体干部职工感谢各级领导和有关部门多年来对高黎贡山国家级自然保护区的关怀和支持帮助,并表示要按照总体规划要求把高黎贡山国家级自然保护区尽快建成"物种基因库"、"天然博物馆",科研教学基地,旅游胜地,珍稀濒危物种繁育中心而努力奋斗。(1994年5月3日)

高黎贡山国家级自然保护区"百花岭度假村"考察活动结束

生态旅游业是国际上正在兴起的一种有助于自然保护的新型旅游业,其多方面的社会效益和良好的发展前景正受到越来越多的国家和政府的重视,为进一步开发高黎贡山森林旅游资源,按照高黎贡山国家级自然保护区总体设计的规划,将在百花岭野生动植物实验站开辟森林旅游度假村。云南高黎贡山国家级自然保护区保山管理处邀请林业部西南林学院园林工程设计所所长易林教授、云南日报记者沈向兴、保山报社记者杨江华、芒宽乡长李明周等一行十余人于1994年4月19~24日对高黎贡山国家级自然保护区百花岭实验站风景旅游资源及芒宽乡怒江河谷旅游资源及今后的综合开发进行了初步考察。通过考察,大家一致认为百花岭一带是开展森林旅游业不可多得的一块宝地,这里不仅具有原始森林、珍稀动植物、温泉、瀑布、奇松怪石等自然景观,还有现今保存最好的著名的南方古丝绸之路中的一段,此路宽1.5~2米,全长20多公里,全部用石块砌成各路面,沿路风光秀丽,历史古迹多,有三百多年历史的石拱桥,在山顶丫口有斋公房遗址等,此路又是抗日战争时期解放腾冲的主要通道和敌我双方主要争夺的战场,沿路能见到许多战争遗迹。山下横跨怒江的双虹桥是省级重点保护文物,在海拔1 400米和海拔2 300米处的澡塘河,金场河边分布着一个个温泉,可进行开发供游人疗养,河流落差极大,形成许多壮观的瀑布和迭水。在这样的地段上,分布了如此美丽神秘的自然风光和人物景观，实属罕见。建设百花岭度假村不仅是开发利用宝贵的风景旅游资源，还为我区对外开放，提高知名度提供了一个窗口，并以此为龙头，带动怒江河谷风景旅游资源的开发，对调整产业结构，发展第三产业有促进作用。

目前，保山管理处已经同西南林学院达成协议，由西南林学院提供帮助，进行详细规划，做好开发和各项前期工作。

欢迎各级领导和各界人士前来考察指导。（1994年5月20日）

（赵晓东　供稿）

黄绍智书记视察
高黎贡山国家级自然保护区时指出
高黎贡山要加快开放走向世界

1994年5月17日至20日，中共保山地委书记黄绍智在高黎贡山国家级自然保护区管理处、芒宽乡党委、政府及人大的领导陪同下，视察了高黎贡山国家级自然保护区百花岭实验站及芒宽乡热带水果基地等地。他指出高黎贡山要加快开放，走向世界。

在百花岭实验站，黄书记跋山涉水，不辞辛劳，深入到自然保护区腹地和附近村社进行考察，对自然保护区的管理、开发、利用，村社集体林发展等作了重要指示。他指出：高黎贡山在国外知识界非常有名，它不仅是保山、云南的，而且是世界的，人类的自然遗产，保护区在保持水土、涵养水源，促进地方经济发展起着很重要的作用，一定要保护管理好，不能遭受破坏，保护区的开发利用一定要做好规划设计，不能盲目上马，一哄而起，这方面我们有教训。对建设百花岭度假村他指示：自然保护区要保持其神秘性，使游客经过艰苦的探险式的游玩，在旅游中领略大自然的情趣，与大自然融为一体，游客玩了以后虽然感觉很累，但回想起来很惬意，有利于身心健康。要突出自然特色，避免人为因素太大，但也要防止过分的"土"，不能强调越土越好，古丝绸之道上要很好地挖掘一下，特别是一些传说典故，可以仿照过去一样，沿路设一些过去商人、马帮歇脚的地方，再调查一下过去的人的生活方式，吃些什么，用些什么，现在追求的就是返璞归真，回归自然。另外，还可以找些小伙子搞一些滑竿，使一些身体不好的人也能去，这个要给他们讲清楚，这不是被服侍与服侍的关系，而是服务与被服务的关系，要改变这种观念。

黄绍智同志说：到这个地方觉得空气特别新鲜，花香鸟语，真有心旷神怡的感觉，要扩大开放，使有钱人到这里来花钱。开发度假村要在加强管理的前提下欢迎社会、机关、企事业单位来联合开发，也要吸引外资来合作开发，高黎贡山自然保护区很有吸引力，外商来也是可能的，当前要加强水、电、路、通讯等基础设施建设。

他还对乡村领导指出：集体林也要向自然保护区那样严格保护管理，破坏了就不能再复原了，不能再开荒种粮食，次生林改造主要是种水果和经济效益高的经济作物，毁林开荒要坚决杜绝，坡度在25°以上的要退耕还林或种水果。水果是芒宽乡的一个优势，你们可以发展一万亩，政策要放开，条件要优惠，可以承包、租赁、拍卖荒山荒地，联营开发，资金可以引进和利用社会闲散资金，鼓励外边的人来开发，包括外商。这里是高黎贡山自然保护区得天独厚的优势，要围绕高黎贡山风光，旅游资源开发，来发展旅游、发展水果，要保护和培植风景。像你们的大青树，平时要管理好，注意环境卫生，培养村民良好的卫生风气，沿途还可多种些攀枝花、大青树、竹子等，现在荒山要清理一下，尽快绿化起来。

黄书记还对盲流人员在保护区边缘一带毁林开荒现象特别关注，详细询问了有关情况，并作了重要指示。

最后，黄书记尽兴挥毫为"百花岭度假村"及风景点题名书字。(1994年5月25日)

（赵晓东　供稿）

腾冲县强化野生动物保护管理工作

野生动物是国家的宝贵财富,它们在维护生态平衡,国民经济建设,科学研究及丰富人民生活、文化交流等方面都有重大作用。保护野生动物是每个公民的义务。林业部门是全国陆生野生动物的主管部门。为了强化管理工作,林业部(1994)20号文件,规定各乡镇林业工作站同时行使野生动物保护工作站的职能,实行一块牌子两套班子。对野生动物保护提出了七项任务。1994年3月省林业厅以"保护字(1994)第98号"文件转发了林业部文件。结合我省具体情况提出了贯彻意见。文件下发各县、市林业局之后,腾冲县林业局很快做了研究部署,以"腾林字(1994)30号"下发各乡林业站,并转发了林业部及省林业厅文件。要求各林业站组织学习和宣传文件精神,按照文件要求履行职责。各野生动物保护站的牌子和公章由县林业局统一制作。并在本乡组织一次"野生动物保护法"等法律的宣传,对违反野生动物保护规定的行为依法严肃查处。

腾冲县林业局之所以行动快,我们认为:

1. 领导重视。腾冲县是我区野生动物种类较多,数量集中的地区之一,野生动物保护工作开展较早,成效显著,多次受到部、省领导的肯定,历届政府和县林业局领导都十分重视这一工作。

2. 机构落实,人员到位。腾冲县是我区县级野生动物保护委员会成立最早的一家,办公室和县林业局林政资源合署办公。几年来他们在野生动物保护宣传方面,对破坏野生动物案件的查处方面收养抢救野生动物方面,做了大量工作。现在他们在野生动物保护工作方面又迈出了新步伐。

希望各县、市林业局按部、省通知的精神将野生动物保护工作推向新阶段。各县市局没落实机构和管理人员的尽快向市、县领导汇报并在林业局内部指定有关科室管理此项工作。要求各县市林业局尽快将部、省厅文件送到基层林业站组织学习、宣传、贯彻,将野生动物保护工作站的牌子挂起来,认真履行职务。并将落实、贯彻情况尽快上报地区野生动植物管理委员会。(1994年7月16日)

(陈鸿芝　供稿)

云南高黎贡山国家级自然保护区 1994年春季护林防火取得良好成绩

在保护区沿线各级党委、政府的领导下,在各相关部门的通力协助下,在保护区周围广大人民群众的有力支持下,保护区广大干部职工顽强拼搏,艰苦奋战,取得了高黎贡山国家级自然保护区今春护林防火无火灾的好成绩,保护了国家的宝贵资源。我们的主要做法是:

一、全面实行目标管理责任制

今年,我处在资源保护管理上全面实行目标管理责任制,对护林防火工作提出了明确、具体的要求,做了周密部署。管理处与管理所、管理所与管理站、管理站与护林员层层签订责任状,将工作任务落实到具体的领导、工作人员,明确了各自的职责,并将工作成绩与个人利益紧密结合起来,这样,从整体上充分发挥了保护资源最积极的因素——全区广大干部职工的能动作用。

二、深入细致地做好预防工作

今年,保山地区气候十分干旱,森林火警等级高,我们对预防工作特别重视,各所站都根据自己辖区的特点做了深入细致的工作。多年来的工作,使大家深深认识到,防火就是防人,森林火灾的发生绝大多数是由人为因素导致的,管火就要管人,因此,护林防火宣传马虎不得,大意不得,年年都要抓,时时都要抓,要抓得实,抓得细。在这一思想的指导下,面对今年严峻的防火形势,首

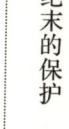

先在护林防火宣传上，我们认真对待，加大了力度。广大干部职工不怕麻烦，深入村寨，走进人家，开座谈会，放录像，使护林防火深入人心，对护林防火宣传碑、牌，该翻新的翻新，该添设的添设，出动护林防火宣传车，时刻提醒大家注意林火。第二是加强火源管理。我们对在保护区内从事各项工作人员的各项用火提出了明确要求，对进入保护区参观旅游及因其他事务进入保护区的人们提出了严格的用火限制，对在毗邻保护区地段进行烧荒烧窑、上坟烧香、煮饭抽烟等各项用火进行了严格管理。由于把关严格，从而杜绝了各种火源把火舌伸向保护区。第三是加强清查。各所站都认真清理偷砍盗伐，清理上山盲流人员、清桩查界、清查聋哑痴呆等不正常人员、清除各种隐患。

三、积极主动搞好联防

为了更有效地搞好护林防火工作，保护区各所站既明确各自的责任，又积极与其他护林单位合作，多层次建立了联防组织。依靠联防组织，树立高黎贡山护林防火整体意识，彼此密切配合，相互支援，携手联防，齐抓共管。保山管理所、腾冲管理所、泸水管理所建立了联防委员会，今年轮到腾冲所值班，在1月和5月对保山和泸水进行护林防火交叉互检，彼此互相交流，互相学习。腾冲所大蒿坪站与保山所坝湾站成立了联防小组，保山所的芒宽站与泸水所的大墩子站结成了对子，大家认真履行联防公约，定期交接班，互通情报，共管接合部。我们与保护区边缘的界头、明光、曲石、上营、五合、坝湾、芒宽各乡建立了联防关系，大家做到了火灾没有界限、扑火不分你我；无火共同防，有火一起扑。今年3月，腾冲明光林场小黑河林区起火，我自治站参与了扑救，4月腾冲界头乡冯家大山着火，我界头站的职工参与了扑救，泸水县灰坡茶铺丫口发生的火警，我保山所参与了扑救。通过联防，大家打破了行政界限，不各自为政，形成了"护林防火，人人有责"的局面。

通过以上工作措施，在保护区广大干部职工的努力下，我们取得了今春护林防火的良好成绩。但我们也清醒地认识到，护林防火不是一日两日，一年半载的事，而是一项长期的艰苦的社会系统工程。所以我们绝不忙过一阵，就松一阵，而要时刻保持清醒头脑，

正确看待护林防火工作,既要警惕,又不畏惧,一定要及时总结,再接再厉。(1994年7月20日)

(寸瑞红　供稿)

联防联治 为保护"绿色宝库"携手共进

高黎贡山国家级自然保护区隶属保山地区的保山市、腾冲县;怒江州泸水县,总面积124 459公顷。下设保山、腾冲、泸水三个管理所,其中保山、腾冲二个所及下属的8个管理站隶属保山管理处领导,泸水管理所及下属的4个站隶属怒江州保护区管理处领导,在没有开展联防工作以前,两地、州三县(市)林业部门三个管理所12个管理站由于行政隶属关系互不往来,保护区管理工作上各唱各的调,各吹各的号,在行政区划接合部位,出现两不管区域,给违法犯罪分子提供了可乘之机。1991年10月13日,为加强行政区划接合部的森林资源管理,确保自然保护区的完整和安全,做好"四防体系"工作,在保山、怒江两地州三县(市)林业局、县政府、县护林防火指挥部、三个管理所及保护区周围乡(镇)政府、林业站等部门组成"高黎贡山国家级联防委员会(以下简称联防委)"。

联防委制定了《联防公约》,确定了联防委的组织形式和机构,组织职能及奖惩制度。联防委下设值班办公室,三个管理所轮流值班,每所值班一年,每年在联防委会议上进行交接班。会上,交班单位向联防委员会作上一年度联防工作总结,接班单位作下一年度联防工作计划,各联防成员单位充分发表意见,交流工作经验和工作情感,以达成工作之共识。联防委针对工作过程中存在的问题和矛盾,对《联防公约》的内容进行讨论修改。《联防公约》还要求各保护区管理站之间成立联防小组,并根据实际情况制定小组联防公约,这样上下形成一个整体联防网络。《联防公约》要求各联防单位在森林防火、偷砍盗伐、偷捕盗猎、毁林开荒等工作上充分配合、积极协助、主动参与、相互支持，对联防工作中作出成绩的有功人员给予表彰奖励。

三年来，三个值班所都按《联防公约》的规定，认真履行各项义务，齐心协力，完成了值班任务。1993年2月泸水所出动两部车10人，带头对腾冲、保山进行跨地州的森林防火、林政管理工作宣传，并对联防工作进行监督检查，使保护区1993年无森林火灾发生。1994年1月，腾冲所也出动两部车13人对保山、泸水进行了为期5天的宣传和检查督促，使整个自然保护区也取得了1994年无森林火灾发生的好成绩。腾冲所自1993年12月~1994年6月，共出印了《护林联防简报》六期，向保护区各联防单位通报了联防工作的信息，交流了工作经验。保山所在1992年与各联防单位联合查处了9起林政案件（其中一起为林业刑事案件）、处罚犯罪分子21人次，在接合部立制了两块永久性标志牌，并积极协助联防小组解决工作中的矛盾和问题。1994年2月25日，在保山市与泸水县交界的灰坡梁子茶铺丫口，发生了一次火警（泸水县境内），保山所与西亚村立即组织60多人奔赴现场将场火扑灭。坝湾站与大蒿坪站成立联防小组，并制定了小组联防公约，确定交界地带轮流值日巡护，共同处理林政案件，效果较好。

实践证明，联防委员会的成立，对促进高黎贡山国家级自然保护区的管理朝规范化、科学化、制度化方向发展有着积极作用：一是各联防单位通过联防相互传递自然保护信息，谋求和探索共同发展的途径；二是相互配合，相互监督，携手处理解决林政管理和森林防火工作存在的一些问题和矛盾，逐步把高黎贡山国家级自然保护区推向全国先进、全省典范保护区；三是各联防单位相互交流，相互借鉴，相互促进，建立了工作思想感情，增进了单位与单位之间、个人与个人之间的友谊；四是真正体现了一个保护区整体统一的管理，维护了高黎贡山国家级自然保护区的完整形象和声誉。

总之，联防工作取得的硕果，是广大领导、干部职工累累心血和汗水的结晶，以后将再接再厉，戒骄戒躁，不断巩固和加强联防

工作，全面地做好综合协调工作，使之在高黎贡山自然保护区管理工作中发挥更大的作用。（1994年8月3日）

高黎贡山自然保护区召开半年工作总结会议

1994年8月3～5日，高黎贡山自然保护区半年工作会议在保山召开，有保护区各管理所、派出所、管理站领导，保山地区林业局公安科、林政科领导及保山管理处全体人员共35人参加了会议，会议由保山管理处周云生副处长主持。

会上，保山管理处赵晓东处长就1994年上半年的工作作了总结，对下半年的工作提出了意见，各所（站）长就上半年的工作情况作了汇报交流，并组织与会人员到保山千佛洞、长岭岗葡萄园进行实地参观学习。

保护区在地委、行署及各级党委、政府的领导下，在有关部门的大力支持下，在保护区全体干部职工的努力下，作了以下几方面的工作：一是森林防火工作取得无火灾发生的好成绩；二是首次全面推行了保护区综合目标管理责任制，处、所、站、职工层层签订责任状；三是协助完成了高黎贡山自然保护区总体规划设计，并于3月26日在昆明由省林业厅凌鹤、史记武两位副厅长主持召开了验收会，顺利通过验收；四是加强机构建设，调整充实基层人员，按需求配备了人员编制；五是进一步理顺财务关系，加强财务管理，把管理所的经费和财务统一纳入县（市）财政管理，作为一级会计核算单位；六是积极筹划百花岭度假村建设，做了大量的前期准备工作，5月30日～6月9日西南林学院园林设计所完成了度假村规划设计的外业工作；七是探索性开发蝶类资源；八是积极开展野生动物的收容拯救工作；九是深入基层调查研究；十是加强保护区的宣传工作；十一是落实了新建赛格站、自治站站址和征地工作；十二是协助保山地区人大工作委员会起草《高黎贡山国家级自然保护区管理条例》的立法建议书，并于7月15日由地区人大工委向省人大常委提交建议书，得到省人大常委会的重视和支持；十三是积极开展多种经营活动，加强多种经营管理。会议就下半年的森林防火准备工作、林政管理、联防工作、宣传工作、财务管理、护林员队伍建设、政治思想工作及组织纪律建设及多种经营活动等方面提出工作意见。会上，曲石站周必刚、大塘站杨开源、界头站吉树贤等三位站长还对自然保护区内黑熊猕猴数量增加、下山伤害人畜、践踏庄稼的情况作了汇报，得到会议重视，并作了研究安排。(1994年8月10日)

（张家胜　供稿）

云南省生态学会1994学术年会暨高黎贡山专题研讨会在保山召开

云南省生态学会1994学术年会暨高黎贡山国家级自然保护区专题研讨会，于1994年10月12～15日在保山市兰花宾馆胜利召开。此次会议有中国科学院昆明生态所、中国林科院资源昆虫所、省科协、省林科院、省林业调查规划院昆明分院、云南大学、景东哀牢山自然保护区管理所、保山地委、行署、保山地区科委、科协、保山师专、地区林业局、高黎贡山保护区保山管理处、保山市林业局、保山人民广播电台、保山电视台等18个单位，46名代表参加。在大会上云南省生态学会理事长冯耀宗教授、副理事长邱学忠教授、保山行署王广兴副专员、地委宣传部傅宗明部长、保山师专杜少美书记、地区旅游局李耀亭局长、高黎贡山管理处赵晓东处长等领导分别作了重要讲话。

此次会议的主题是自然保护及自然保护区生物多样性的保护与

合理利用。目的是就自然资源及环境的保护与利用进行探讨，寻求二者协调发展的最佳途径和措施，为我省国民经济的持续发展作贡献。整个会议在生动、热烈的气氛下进行，对云南生物多样性保护与合理利用，尤其是高黎贡山国家级自然保护区建设的问题做了专题讨论。四天的会议中安排三天论文交流讨论，一天的野外实地考察。会议共收集论文28篇，其中会上交流了18篇。10月14日，与会代表不辞辛苦，跋山涉水，全天考察了高黎贡山自然保护区大蒿坪、坝湾两个管理站。

通过会议介绍、交流和实地考察，与会代表对高黎贡山自然保护区广阔的面积、奇异的景观、良好的保护和丰富的生物多样性留下了深刻的印象，不少代表对之发生了浓厚的兴趣，为今后进一步合作进行保护研究与开发打下了良好的基础。代表们一致认为，保护区管理处自成立以来，由于部、省、地领导及有关部门的高度重视和大力支持，通过管理处全体工作人员在艰苦条件下的奋力拼搏，目前已做出了卓有成效的工作。在有关单位的支持下，已做出了一个集保护、科研、教学、考察、多种经营、旅游休闲为一体的总体规划，尤其是将建立一个永久性的经营实体这个举措，将给自然保护区带来新的生命力，为持续发展和自然保护创造了良好的条件。

会议结束时，与会代表还一致通过了《高黎贡山国家级自然保护区发展对策建议书》。此次会议，对高黎贡山国家级自然保护区的科技、对外交流工作将有很大的推动作用。（1994年10月18日）

（李正波　供稿）

高黎贡山国家级自然保护区
1995年度联防工作会议在保山召开

高黎贡山国家级自然保护区九五年度联防工作会议于11月

5~7日在保山召开。会议有保山管理处、怒江州管理处、森林武装警察保山大队、保山、怒江两地州的腾冲、保山、泸水三县（市）政府及林业主管部门，三个管理所等11个单位共70余人参加。

会议就1991年建立联防委员会以来的工作进行了总结。泸水、腾冲、保山三个管理所作了经验交流。结合全省护林会议精神，研究部署了今冬明春高黎贡山"四防体系"的护林联防工作。会议上还表彰了先进个人，修改通过了联防公约和联防委员会组成人员名单。

省林业厅党组书记陈继海、副厅长史记武，保山行署副专员朱家忠等领导到会看望了与会同志并作了重要指示，保山市委、市人民政府和市林业局对这次会议非常支持，副市长徐洪祥、市林业局局长杨贵先也参加了会议并作了重要讲话。

会议由怒江州管理处处长李茂泉主持，保山管理处处长赵晓东在会议结束时作了三方面重要讲话：一、当前护林防火面临的形势和任务；二、进一步加强联防，使联防工作再上一个新台阶；三、今冬明春护林防火任务的几点意见。他强调指出：由于当前干旱少雨，林区各种成分复杂，护林防火面临的形势仍然是十分严峻的，必须高度重视。他要求：要在火险期到来之前，搞好森林防火，采取积极态度，落实各项防范措施。要加强宣传力度，进一步提高全民的防火意识，实行群防群治。当前，要认真学习、宣传贯彻《中华人民共和国自然保护区管理条例》，严厉打击偷砍盗伐、偷捕盗猎等不法行为，努力消除林区不安全因素。泸水、腾冲、保山三个管理所要密切协作，经常进行互查互补，真正形成高黎贡山整体管护防御体系，为高黎贡山的安宁作贡献。

通过这次会议的召开，高黎贡山的管理保护工作将更加进一步迈向规范化、科学化、制度化的轨道。（1994年11月11日）

（李应光 供稿）

高黎贡山旅游开发即将拉开序幕
程政宁书记到百花岭度假村
召开现场办公会议

1994年11月2~3日,中共保山地委书记程政宁率地、市有关部门考察了高黎贡山国家级自然保护区百花岭度假村,并召开现场办公会议。会议决定,今冬明春地市集资改造岗党至汉龙寨11公里公路。至此,高黎贡山森林旅游开发即将拉开序幕。

程政宁书记在高黎贡山国家级自然保护区保山管理处处长赵晓东、保山市委副书记李志刚,保山行署交通局局长杨尉中等有关部门领导的陪同下,来到高黎贡山国家级自然保护区百花岭实验站,先后考察了百花岭瀑布、南方古丝绸之路旧址——旧街子、大炉厂人工杉木林、2300米海拔的百花岭金场河温泉及澡塘河温泉等地。通过考察,程书记等领导对高黎贡山迷人的自然风光、神秘的原始森林、珍稀的动植物资源和丰富的历史文化遗址赞赏不已。程书记指出:森林旅游是当前国际上流行的热潮。和省长到保山来,看到保山森林覆盖率高,森林环境优美,要求保山充分发挥这一优势和特色,开展森林旅游。高黎贡山是保山原始森林保存较完整的地方,要积极开发,在开发中要注意加强保护管理,有一个好的规划,不能盲目开发造成破坏,要突出特色,高黎贡山的特色是古老的南方丝绸古道和滇西抗日战争遗址,壮丽的怒江大峡谷风光,神秘的原始森林、繁多的珍稀动植物,"一山分四季,十里不同天"的立体气候特点,丰富多彩的民族文化和风俗习惯,各种山珍野菜、热带、温带优质水果。通过旅游产业的开发将会带动其他产业的发展,带动当地群众尽快脱贫致富。根据当前开发工作中突出的矛盾是改善交通条件,程书记现场与有关部门研究决定,由地市有

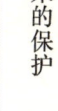

关部门筹集资金在今冬明春改造岗党至百花岭汉龙寨 11 公里林区公路，为今后开发打下良好基础。

程书记对百花岭旅游度假村的开发还作了一些具体的指示，他说，这里环境优美，景色迷人，有很大的发展潜力和前途，在百花岭瀑布、古丝绸之路、抗日战争古战场迹址、温泉、保护区界桩及动物观测站等地方应建标志牌、立宣传牌，标明各地名景点的简要介绍，让游人和进行科学考察的专家学者了解各景点和地段的情况。要扩大宣传吸引更多的人到百花岭来，开发森林旅游既可以促进保护区经济的发展，又可以促进当地民族经济发展，也是帮助百花岭一带农民尽快走向脱贫致富奔小康之路的较好时机，从岗党至百花岭的公路改造中占用着的土地就不应再收钱了，因为修路也是促进村社经济发展的一个重要方面。

最后，他说，希望市委、市政府、交通局、保护处协调有关单位和部门，在今冬明春把这段公路改造好，保证百花岭旅游度假村开发工作的正常进行。(1994 年 11 月 17 日)

（赵晓东　张家胜　供稿）

高黎贡山国家级自然保护区
保山管理所赛格保护站正式挂牌办公

保山管理所根据《高黎贡山国家级自然保护区总体设计》和保山地区机构编制委员会、地委组织部、地区行署劳动人事处、地区行署林业局、高黎贡山国家级自然保护区保山管理处联发保地机编字（1994）3 号文件《关于高黎贡山国家级自然保护区县（市）以下管理机构及人员若干问题的通知》精神，积极筹建新增设的赛格保护站。经过几个月的努力，在保山管理处和市林业局的关怀下，在当地坝湾乡党委政府、芒柳行政村和有关合作社的大力支持下,前期的站址选定和土地征用审批手续已经办妥,只待工程款到位进入施工。

为进一步加强南起琨珙河、北至芒合河自然保护区的护林防火工作,组织和监督下一步即将破土动工的建站主体工程施工质量,保山管理所在完成前期筹备工作之后,从大局出发,及时从各站抽调人员组建赛格保护站。保护站暂由4人组成,于1994年12月10日就位上岗,并正式挂牌办公。赛格保护站得到了各方面的支持。潞江信用社赛格分社腾出房子给保护站解决了办公、住宿和炊事用房;坝湾乡党委派主要领导前往赛格站看望同志们;芒柳村公所和当地部门的同志表示今后要积极支持赛格站的管护工作;坝湾乡林业站负责人表示要与赛格站密切协作,共同搞好高黎贡山的护林防火等工作。赛格站的干部、职工一致表示:绝不辜负众望,要在各级领导的关怀下,紧紧地依靠当地人民群众的积极参与,克服目前的种种困难,努力完成上级交给的各项任务——尤其是今冬明春的护林防火和建站任务。(1994年12月15日)

(李应光 供稿)

高黎贡山国家级自然保护区召开1995年度管理工作会议

1995年2月14日,高黎贡山国家级自然保护区1995年度管理工作会议在保山召开,参加会议的有保护区的保山管理所及派出所、腾冲保山管理所及派出所、芒宽、百花岭、赛格、坝湾、曲石、大蒿坪、界头、大塘、自治管理站的领导;保山市林业局、腾冲县林业局的领导;1994年度在保护区各项工作中涌现出的先进工作者;保山管理处的全体工作人员共计41人。从护林防火进入戒严期的工作实际出发,会议充分体现了务实、高效、节约的特点。

会议上，保山管理处赵晓东处长就高黎贡山国家级自然保护区1994年的工作，从强化自然保护与管理；积极拓展保护区基础性工作；积极做好保护区生态旅游准备工作；开展多种经营；加快基本建设步伐；加强组织建设与提高干部职工素质；增强宣传工作七个方面进行了总结。并安排部署了1995年的各项工作，着重强调雨季到来之前，必须想尽一切办法，采取各种措施，认真搞好护林防火工作，继续争取做到1995年度保护区无森林火灾。

1994年，在保山地委、行政公署和保护区所在地各级党委、政府的领导下，各级主管部门的大力支持下，保护区周围各族群众的密切协助下，保护区各级领导和干部职工积极履行工作职责，克服困难，辛勤工作，首次取得了自然保护区无森林火灾、偷砍盗伐和偷捕盗猎违法犯罪案件下降，毁林开荒事件杜绝的好成绩。为发扬成绩，总结经验，再接再厉，做到奖惩分明，在会议上，管理处向保山、腾冲两个管理所兑现了1994年度工作承包奖，同时签订了1995年度保护区各项工作承包责任书。对1994年涌现出的先进个人，颁发了先进工作者证书和奖金。保山、腾冲两所交流了经验。

(1995年2月20日)

(朱明育　供稿)

森警配合
高黎贡山西坡清山工作顺利结束

1995年1月6～12日，在腾冲县委县政府、曲石、界头乡党委政府的支持下，森林武警的通力配合下，高黎贡山国家级自然保护区西坡的清山工作顺利结束。

这次清山工作是经保山地区林业局批准，由保山地区护林指挥部共同组织,专门组成了"高黎贡山国家级自然保护区清山工作领导小组",由保山地区护林指挥专职指挥长史永林同志担任组长、森警保山大队王忠大队长、高黎贡山自然保护处周云生副处长担任副组长,成员由管理处、县(市)护林指挥部、管理所有关人员组成。

这次清山是以加强自然保护区资源管理,抓好以森林防火为主的"四防体系"工作为目的,以清理林区火灾隐患、清理入山人员,清查偷砍盗伐为主要内容,结合贯彻两部两院《关于严厉打击破坏森林资源犯罪活动的通知》精神,广泛深入地开展林业法律法规、森林防火、林政管理等宣传工作,确保1995年森林防火安全。

在清山工作中,共出动了30余人,为提高工作效率,共分成两个组,分别在曲石、界头两个乡同时开展工作,森警保山大队的九名官兵,在那副大队长和孙忠义副中队长的指挥下,同管理处、管理所、管理站的干部职工同吃同住,顶着酷日,走村串寨,通力合作,在短短6天时间内,选择性地步行了11个重点村。在查处偷砍盗伐案件工作中,本着"宣传教育为主,抓住重点,打击一个,教育一片"的工作指导思想,在森警的配合下,管理所站清查处理了偷砍盗伐案件22起,涉及72人次,挽回经济损失约4 000元,同时对高黎、新庄等5个重点村的护林防火值班情况作了突击检查,除个别的村公所岗上无人外,其他村都能严守值班工作岗位。

军民协作保护森林,这对保护区管理工作来说,是一次有意义的尝试,对当地广大干部群众也是一次特别有力的宣传教育,同时震慑了一些伺机破坏森林资源的犯罪分子,进一步提高了林业工作者在实践工作中的威信和形象,也在群众中树立起有严格军容军纪和严肃生活作风,能吃苦耐劳的森警部队官兵的勃勃英姿。总之,这次清山工作在很大程度提高了林业法律法规在群众中的权威性,大大促进了保护管理工作及1995年森林防火工作的顺利开展。在这次清山实际工作中,由于交通、通讯工具短缺,再加上经验不

足，造成一些时间浪费，耽误一些时机，这将在以后的工作中认真地总结完善，弥补不足之处。（1995年2月20日）

（张家胜　供稿）

"高黎贡山森林资源管理与生物多样性保护"国际项目实施研讨会在保山召开

美国麦克阿瑟基金会资助的"高黎贡山森林资源管理与生物多样性保护"项目，由中科院昆明植物研究所主持，高黎贡山国家级自然保护区保山管理处、云南省林科院、中科院昆明动物所等单位参加。该项目实施的研讨会于1995年1月19~30日在保山圆满召开。出席会议的有中科院昆明分院张壮鑫副院长、中科院昆明植物研究所吕春潮副所长、云南省林科院尹嘉庆副院长、大理州农工部高应新部长、保山地委赵有生副书记、保山地区科委朱志恒主任、保山市芒宽乡李明周乡长等各级领导。会议还特邀了美国纽约植物园Christine Padoch教授（项目顾问）、密歇根州立大学Ktith Metzner讲师（项目宣传员）参加。

"高黎贡山森林资源管理与生物多样性保护"项目采用参与性资源管理方法，把保护区和周围农村纳入一个整体来考虑，使保护区建设和促进周围农村经济发展结合起来。目的是促进生物多样性保护和社会发展相协调，为政府有关部门提供科学的决策依据。该项目包括专题研究、试验示范、培训和项目活动四方面的内容。专题研究设立了以下六个课题：（1）人口增长、经济发展与森林及生物多样性相互关系研究；（2）村社森林管理对生物多样性的影响；（3）森林林产品采集与生物多样性相互关系的研究；（4）生物多样性现状调查与评价；（5）建立森林资源管理与生物多样保护信息系统；（6）森林与生物多样性变化监测。上述课题分别由中科院昆明植物所郭辉军工程师（项目主持人）、李恒教授、刀志灵工程师、云南省林科院沈立新工程师、中科院昆明动物所况荣平副教授、高黎贡山国家级自然保护区保山管理处赵晓东处长承担。试验示范和培训两部分由高黎贡山国家级自然保护区保山管理处负责实施。

　　项目实施研讨会的代表两次亲临高黎贡山自然保护区进行野外考察后，讨论和确定了各课题的实施方案。各课题组长与项目主持人签订了合同。

　　"高黎贡山森林资源管理与生物多样性保护"项目的实施，对完善与创立高黎贡山生物多样性保护与社区经济协调发展的管理方法和理论；推动保护区周围村社经济的发展；进一步摸清资源本底，建立信息库，实施科学化管理；增进国内外各界人士从更深层次了解和认识高黎贡山自然保护区都将产生积极的作用。（1995年2月22日）

（李正波　供稿）

丹阳寺庙会　加强护林防火

　　在百花岭——斋公房——曲石丝绸古道旁，高黎贡山自然保护区内，有一道教圣地——丹阳寺。该寺建于明朝末年，因寺内有一名叫丹阳的凤凰而得名。丹阳寺自建立以来，宗教活动十分盛行。腾冲、保山、缅甸各地的信徒经常慕名而至。从腾冲县曲石乡红木村河头寨沿河边而上至丹阳寺有1公里多，河的北边是悬崖，南边是峭壁。悬崖上有一天然"龙"头，峭壁上有"八仙溶洞"。河里有两处瀑布迭水。丹阳寺四周被原始森林环抱着，有"丹阳一洞天"之说。丹阳寺山清水秀，鸟语花香，自然人文景观皆具，而且东连百花岭度假村，西接腾冲火山、热海，是一处理想的旅游胜地。

3月19日（农历2月19日），丹阳寺举行一年一度的庙会，周围四乡群众2 000余人云集而至。时值风高物燥，处于森林防火的戒严期。为防止因烧香、鸣炮引起森林火灾，由高黎贡山自然保护区保山管理处科技科负责人李正波、腾冲管理所副所长杨加强、曲石管理站陈有泽等六人组成的管理小组，亲临丹阳寺，对赶庙会群众进行管理。管理小组在通往丹阳寺的路口、路边用油漆写护林防火标语。在入口处安排两人做口头宣传工作，并清除赶会群众所带的火种。其他4人在寺内及寺的周围来回巡察管理。这次庙会指定了安全的地方烧香、焚纸、鸣炮，改变了过去烧香、焚纸、鸣炮地点不固定，遍地开花的坏习惯。

由于加强了宣传工作和用火管理，丹阳寺庙会期间，既没有发生森林火警和火灾，又促进了赶会群众护林防火意识的提高。（1995年3月20日）

（李正波　供稿）

《神奇的高黎贡山》系列电视片进入野外拍摄阶段

在保山地委行署的重视与关心下，地委宣传部、高黎贡山自然保护区保山管理处联合拍摄《神奇的高黎贡山》系列电视片。摄制时间一年，分季节完成各种自然、人文景观的野外拍摄工作。

2月10日，由保山地委宣传部傅宗明部长、王昆楼副部长、李东伟科长，保山报社唐定国主任编辑，高黎贡山自然保护区管理处赵晓东处长共计10人组成的摄制组，到百花岭一带进行野外拍摄。时值高黎贡山山顶白雪皑皑，山下怒江碧波荡漾，两岸红、黄两色木棉花竞争相开放。据我国著名的植物分类专家李恒教授介绍,在植物分类记载上,中国大陆、越南、缅甸等地区只有红花木棉,而没有黄花木棉,黄花木棉只分布在中国的台湾地区。然而怒江流域同时兼有红、黄两色木棉,这却是一大新发现。11日,摄制组从百花岭出发,沿丝绸古道到达了海拔3 235米的斋公房。沿路的青山秀水、原始森林、奇峰异石、千年石拱桥、斋公房遗址、滇西抗日战场等自然人文景观摄入了摄像机的镜头。摄像机到达斋公房,这是历史上第一次。摄制组工作人员忘却了旅途的艰辛,陶醉在眼前的雪原林海之中,亲身感受高黎贡山"一山分四季,十里不同天"的立体气候。斋公房山高气爽,天风拂面,气象万千,时而红日高照,时而雨雾蒙蒙,真正领略到"呼风唤雨"之感觉。置身雪山之顶,西边可眺望腾冲曲石坝和闻名于世的腾冲火山群;东边可俯瞰富饶美丽的怒江坝。

在百花岭,摄制组还拍摄了温泉瀑布、珍稀植物、怒江双虹桥、傣家集市和傈僳族民居等自然和人文景观。

3月2日,摄制组又到达高黎贡山西坡的大蒿坪,沿着徐霞客当年所走的路线对古代烽火台、姹紫嫣红的杜鹃花走廊进行了拍摄。

《神奇的高黎贡山》系列电视片将一展高黎贡山的风姿,为更多的国内外人士了解高黎贡山,认识高黎贡山提供良好的机会,同时也将为扩大高黎贡山自然保护区的知名度产生积极的推动作用。(1995年3月25日)

(李正波　供稿)

省人大常委会副主任李树基同志视察高黎贡山国家级自然保护区

1995年3月17~19日,云南省人大常委会副主任李树基同

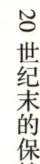

志，在保山行署专员李现武、高黎贡山自然保护区保山管理处处长赵晓东等陪同下，视察了自然保护区百花岭实验站。他不顾旅途劳累，首先查看了位于怒江天险，古丝绸之道上的省级重点保护文物——古铁索双虹桥。他走过铁索桥，与李专员就怒江水电资源开发进行探讨和查勘。随后又来到芒岗村（当年远征军54军反攻高黎贡山，收复腾冲的前线指挥所就设在这里）、大塘子（当年日军阻击远征军反攻的指挥部）和汉龙寨（百花岭实验站所在地）。稍事休息后，到达了澡塘河里的高山温泉和三迭水景点。李副主任对这里的原始河谷、雨林包围下的高山温泉景色，赞不绝口，并一再讲这里的景色真让人流连忘返。

18日一早，李副主任一行又视察了百花岭大瀑布、古丝绸之道驿站旧址——旧街子和大炉厂、金场河等地。在金场河，又沿河穿密林，过险滩，查看深藏于原始密林之中的山水景色。当看到悬空横卧于河道上方的一棵古树，其树身上依然是枝繁叶茂，成为过往此河该地段的唯一通道，桥是"树"，树是"桥"，天工造化一处"树桥"奇观时。对此奇观进行一番浏览之后，李副主任兴致勃勃地走上桥去摄影留念。他还一再坚持希望能登上高黎贡山山脊，并沿着古丝绸之道来到了离山顶不远的古石拱桥拍照留念，才依依不舍地转下山来。

李副主任还对百花岭旅游景区的开发、扶持当地农民及保护区管理机构发展经济林果，加强保护管理等方面都作了重要指示。他说：这里山水风景优美，又有这么多的人文景观，可以吸引日本、美国、台湾地区的游客来这里观光和探险。（1995年5月9日）

（赵晓东　供稿）

调整充实领导班子　加强野生动植物保护

为切实加强我区野生动植物资源的保护管理工作，1995年4月7

日，保山地区行政公署以保署办发（1995）17号文件对保山地区野生动植物保护管理委员会领导班子进行了充实调整，人员由最初的7人增加到现在的21人，成员单位由原来的4个增加到现在的18个。

保山地区行署对保山地区野生动植物保护管理委员会领导班子的调整和充实，是在保山地区全面进行机构改革的关键时期进行的，体现了地委、行署对我区野生动植物资源保护管理工作的高度重视，也是对全球积极开展环境保护运动作出的积极反映，对我区开展生物多样性保护、生物物种永续利用等方面的工作起到积极作用，为加强我区野生动植物资源保护管理提供了有力保证，同时为我区全方位发展旅游业提供良好条件打下了坚实基础。

保山地区野生动植物保护管理工作，在地委、行署及各级党委政府的领导下、各级林业部门和其他有关部门的大力支持下，做了大量的基础工作，取得了一些成绩。1993年10月，接受了以林业部副部长祝光耀为团长的全国人大环境保护和野生动物执法检查云南检查团的检查，检查团对我区野生动物保护工作给予了充分肯定和赞扬。认为我区领导重视，管理机构体系完整，管理制度、措施、办法落实比较好，成绩显著。同时也对今后的工作提出几点希望和要求，希望要进一步加强领导，认清形势、常抓不懈，在建立社会主义市场经济的新形势下，探索野生动物保护的新方法，为全省、为南方、为边疆地区创造出一条新路子。

保山行署正是在建立社会主义市场经济的条件下，为适应改革开放的需要、适应调整产业结构、提高科技、促进经济发展的需要，加强对野生动植物保护管理工作的领导、对领导班子进行充实调整，这必将更进一步推动我区野生动植物保护事业向新的阶段和高度快速发展。（1995年5月10日）

（张家胜　供稿）

云南保山高黎贡山森林旅行社成立

经保山行署旅游局批准,保山行署工商行政管理局审批、登记,云南保山高黎贡山森林旅行社于1995年5月18日正式成立。该旅行社是隶属于云南高黎贡山国家级自然保护区保山管理处的全民所有制企业。

高黎贡山国家级自然保护区是横断山脉的一颗明珠,旅行社依靠自己独特的优势,开展"热爱大自然,回归大自然"的生态旅游。带领游客考察世界第二大峡谷——怒江大峡谷,畅游神奇的高黎贡山,亲身感受高黎贡山独特的"一山分四季,十里不同天"的立体气候,饱览高黎贡山壮美秀丽的自然风光,探索原始森林的奥秘,观赏野生动植物,探幽古代南方丝绸之路,于天然高山温泉洗沐。旅行社具有科技导游,不仅组织游客游览色彩斑斓的自然保护区风光,还组织游客开展登山比赛、探险、露营、野生动植物知识科普等丰富的内容和生动有趣的综合性生态旅游活动。

同时,旅行社利用自己地处滇西的区位优势,开展腾冲火山、"热海"地质奇观游,瑞丽、芒市边疆民族风情游,出国缅甸观光游等多方面富有特色的旅游;另外,旅行社还组织边疆各界人士赴内地著名风景区旅游观光。

旅行社坚持"服务第一、安全第一、信誉第一"的服务宗旨,努力为各界人士提供高质量的服务,让大家"乘兴而来、满意而归"。

相信旅行社的成立,将向社会公众揭开高黎贡山神秘的面纱,让海内外更多的人士认识高黎贡山、了解高黎贡山、热爱高黎贡山,促进高黎贡山自然保护区的对外开放。(1995年5月20日)

(寸瑞红　供稿)

少花钱 多办事 办好事
腾冲管理所"夏造会战"迈出新步伐

在今年的大蒿坪夏季造林会战中,腾冲管理所进行了别开生面的改革,一是改找小工造林为全所职工自己动手植苗;二是把单独召开党员评议会,各种专题会议及学习改为夏季造林穿插进行。到6月25日结束时,共营造速生丰产林200亩,撒播100亩,同时完成了党员评议,召开了5个专题会议,共计节约经费7 000多元,这在腾冲林业系统尚属首例。

腾冲所管辖面积75万亩,南北长135公里,涉及5个乡10多万群众,下设5个站,形成了"点多、面广、战线长"的严峻森防形势。每年的职工大会都只能在春防结束,雨季来临之后进行。而这一段时间又正值夏造季节,各站都有相应的植树任务,在开会时间上难统一,往年就是在这问题上没有统筹好,造成了时间和资金上的不必要浪费。如去年两项工作历时20多天,经费开支高达12 000元。今年该所遵照中共中央关于加强党建及廉政建设精神,按照腾冲县林业局下达的造林任务,结合自身的实际,经所务会决定,全所58位职工,除守家及生病的13个外,其余的45位职工必须于6月19日到大蒿坪报到,进行"九五"夏季造林及参加相关会议。6月20日,所长彭祥武首先做了动员报告,鼓舞了士气。

此次夏造会战是这样安排的:早晚开会学习,内容是党员评议、系统林学、混农林业报告、孔繁森及周再学事迹的学习,财务、科技、公安、工会、共青团等五个专题。特别在财务会议上重申了财务制度、严肃了财经纪律,有效地遏制了不正当开支。同时对上半年工作进行了总结,安排了下半年工作。上午11点到下午4点进行分组造林。由于正值梅雨季节,大蒿坪更是阴雨连绵,在一星期内从未见过太阳,然而全所的广大职工,在党员干部带头下,依然是冒雨植树。淋湿全身,需花一个多小时在火塘边轮流烘衣服。大家一致认为,阴雨天气是山地造林高成活率的保证,要达到栽一棵活一棵,种一片绿一片的目标,为腾冲县实现 1995 年灭荒尽一份力,吃一点苦没有怨言。特别是所支书蒋自安同志,年龄已达 55 岁,还坚持同职工一道上山造林,这种身先士卒的精神令广大职工极为钦佩。

这次夏造会战于 6 月 25 日结束,历时 7 天,经费开支近 5 000 元,比去年的 12 000 元节约 7 000 多元。所长彭祥武同志说,这种"少花钱、多办事、办好事"的做法,增强了所、站及全体职工的凝集力,今后要在各管理站予以推行。(1995 年 7 月 27 日)

(王天灿 供稿)

保山管理所赛格保护站工程竣工通过验收并交付使用

高黎贡山国家级自然保护区保山管理所新建的赛格保护站综合楼工程,于 1995 年 8 月 14 日竣工通过验收并交付使用。

为加强保山管理所辖区内南起琨琅河,北至芒合河自然保护区的资源管护工作,保山管理处根据《总体设计规划》,争取国家投资,决定新建赛格保护站。去年,保山管理所积极做好了赛格站的站址选定、土地征用及人员调配工作。在条件非常艰苦的情况下,于 12 月 10 日,赛格站工作人员就位上岗,租房正式挂牌办公。之后,承担赛格站工程施工的保山市汉庄乡建筑公司,及时将建筑材料备办到现场,并于 12 月 28 日破土动工。施工单位在 235 个日日夜夜里,顶烈日,冒雨淋,克服了路途遥远,水、电供给不足等困难,严格按图纸设计、操作规程和质量标准进行施工,终于圆满地完成了施工任务。在整修施工过程中,保山管理处和保山市质量监督站对此项工程极为重视,坚持"百年大计,质量第一",严禁伪劣建材进入工地,对砖、砂、石料、钢材、水泥等建筑材料把好质量关,每一道工序都亲临施工现场,进行过细验收。赛格站的同志一面做好日常管护工作,一面搞好基建质量督查。由于主管部门高度重视,质监单位严格把关,建筑工人认真施工,因此工程质量达到合格标准。

新建的赛格站综合楼计 $395m^2$。附属的餐厅、厕所,其设计新颖,造型美观,总投资约 21 万元。工程竣工验收这天,保山市林业局,潞江乡有关部门和当地友邻单位前往祝贺。赛格保护站的职工喜气洋洋,乔迁新居。从此,他们有了一个学习、工作和生活的美好环境。(1995 年 8 月 15 日)

(李应光　供稿)

中科院昆明动物研究所高黎贡山自然保护处联合举办野生动物保护培训班

1995 年 10 月 10～20 日,中国科学院昆明动物研究所保护生物学中心,高黎贡山国家级自然保护区保山管理处在保山联合举办了野生动物保护培训班。参加培训班的 21 名学员,来自贵州、云南两省的自然保护区。

在培训班上,赵其昆研究员、马世来副研究员、韩联宪高级工程师运用自己多年积累的科研经验,就生态监测、兽类识别与跟踪、鸟类识别与监测等专题,为学员们系统地讲授了野生动物保护及研究的方法技巧。学员们也结合自己所在保护区的实际,谈学习心得体会,交流先进经验,并提出了在野生动物保护与研究工作中所遇到的一些问题,向各位老师请教解决的办法。10 月 15 日后,全体老师和学员不辞辛苦,到大蒿坪管理站开展野外实习,使理论学习与实际工作有机地结合起来,在实践中巩固、消化这次培训班上学到的专业理论知识。

在培训期间,学员们参观了高黎贡山自然保护区的标本馆,管理处、所、站,对高黎贡山建立保护区以来,尤其是成立管理处以来所取得的各种成就给予了较高的评价。(1995年11月2日)

(艾怀森 供稿)

高黎贡山自然保护区保山管理处团支部积极开展科普宣传活动

高黎贡山自然保护区保山管理处团支部,从实际出发,结合本单位的行业特点,积极开展科普宣传活动。6~10月,团支部与保山市博物馆共同在太宝山玉皇阁成功地举办了高黎贡山地区野生动植物、民族风情、自然风光和保山文物古迹综合展览。

这次综合展览中,展出了高黎贡山自然保护区多年来制作的动物标本,高黎贡山地区珍稀植物、民族风情、自然风光等方面的摄影画片,和保山文物古迹实物与图片。在持续5个月的展览时间里还借助报纸、广播、电视、海报等媒体,增加宣传力度,扩大宣传覆盖面,让社会各界更多的人提高环境保护意识,积极参与到保护自然、爱护环境的行列中来。

直接观看这次综合展览的人数达2 000余人,其中有来自丹麦、荷兰、法国、瑞典、美国、英国的国际友人50多人。通过报纸、广播、电视等宣传媒体,间接地接受自然保护宣传的读者、听众和观众达3万多人。这次综合展览,使保山城区的广大市民和部分国际友人间接地了解和认识了美丽而神奇的高黎贡山,了解到保山的文化渊源。对保山人民更好地增强保护自然、爱护环境的意

识，牢固树立热爱家乡的思想都将产生积极的推动作用。（1995年11月13日）

（艾怀森　供稿）

云南高黎贡山国家级自然保护区举行第五次联防会议

1995年11月7~8日，高黎贡山国家级自然保护区联防委员会在怒江州泸水管理所姚家坪管理站举行第五次会议。两地州、三县（市）的保护处、所（含林区派出所）、站，林业部门，怒江州政府，泸水县政府，省电台，保护区周围乡（镇）政府及林业站共计27个单位的89名同志出席了会议。会议由怒江、保山两个管理处共同主持。

会议上，怒江州政府罗干波秘书长就怒江州经济发展思路与林业发展规划，如何搞好高黎贡山国家级自然保护区管护工作等问题作了重要讲话；泸水县赵副县长围绕如何发展林业和搞好保护区工作发表了很有见地的讲话；怒江州林业局李建华和白云勇两位副局长、保山地区护林指挥部办公室杜国祥主任、泸水县林业局和大波局长、保山市护林指挥部卢勤副指挥长、腾冲县护林指挥部何祖茂副指挥长等各位领导就如何发展林业骨干产业，加强高黎贡山国家级自然保护区护林防火工作，提出了一些切合实际的具体办法和措施；保护区周围的乡（镇）政府领导，从本地经济发展与高黎贡山国家级自然保护区管护工作之间存在的相互关系出发，对加强高黎贡山自然保护区的管理工作发表了较好的意见和建议。上述领导的这些讲话，都是对高黎贡山自然保护区全体干部和职工的鼓励与鞭策。会议号召，要将这些讲话精神，提出的建议和意见认真地贯穿落实到保护区的实际工作中去。

这次会议认真总结了九五年度联防工作。泸水、保山、腾冲三个管理所分别从自身的实际出发，对九五年度履行《云南高黎贡山国家级自然保护区联防公约》的各项规定和要求，就一年来在管护工作中所采取的新方法和新措施，取得的成绩和经验，进行了认真细致地总结与交流，同时三个所也指出了管护工作中存在的问题和不足之处。会议认为，三个管理所对九五年度联防工作的总结，对保护区管护工作中存在的问题和不足之处的分析，是实事求是的。会议要求，泸水、保山、腾冲三个管理所要发扬成绩，克服不足，再接再厉，力争在九六年里继续取得好成绩，新经验。

会议部署安排了九六年度联防工作。一是修改、完善和通过了《联防公约》，使地处两地州、三县（市）管理处、所、站共同对高黎贡山国家级自然保护区实施联防工作更加具体化、规范化、制度化、科学化；二是调整充实了联防委员会组成人员，增加了联防工作组织保证的力度；三是讨论和通过了九六年度联防工作预案，使九六年度的联防工作有了明确一致的奋斗目标；四是举行了交接班仪式，由泸水管理所承担九六年度联防值班所职责。（1995年11月14日）

（朱明育　供稿）

探索科学管理方法
谋求人类与自然和谐发展
——森林资源管理与生物多样性保护研讨班纪实

在人口不断增长，生态环境日趋恶化的今天，森林资源管理及生物多样性保护日益成为当今世界最热门的话题，也是全球的焦点问题。1995年12月4~9日，中国科学院昆明分院、昆明植物研究所、高黎贡山国家级自然保护区保山管理处在保山联合举办"森林资源管理与生物多样性保护研讨班"。这是一次探索科学管理方法,谋求人类与自然和谐发展有效途径的学术性会议。

出席本次研讨班的有联合国大学"人·土地管理与环境变化"全球项目总负责人哈罗德博士、中国生物多样性保护委员会委员、昆明植物所所长许再富教授、中科院昆明分院院长助理郭辉军副教授等中外专家学者,我区领导朱家忠副专员亲临会场致欢迎词,保护处处长赵晓东主持会议,行署科委及外办的领导参加了研讨。参加本研讨班的主要成员是来自高黎贡山保护区周边地区的县市林业局领导,乡镇党委政府领导及保护区的所、站领导干部。

会议期间,中外专家参观考察了汉庄乡大堡子及潞江乡芒旦和芒颜两社的混农林业建设情况,了解了傣族、德昂族生活生产情况及高黎贡山国家级自然保护区保山管理处在百花岭地区实施的"高黎贡山生物多样性保护试验项目"。他们对保山混农林业建设及高黎贡山自然保护区两年来取得的巨大成绩给予了充分肯定和高度赞扬,同时专家们结合保山及保护区实际,通过不同方法及重要意义,讲授这一领域的新知识、新动态,组织大家研讨了怎样把生物多样性保护与当地农村经济发展结合起来,怎样发挥当地政府在生物多样性保护中的领导作用及各职能部门的职能作用等。

通过中外专家的讲座及共同研讨,大家对生物多样性保护这一新事物有了更新的认识,受到了许多启发,为将来更好地开展这方面的工作奠定了坚实的基础,使生物多样性保护这一有益于全人类的工作在我区得到广泛的宣传和推广。同时,这次研讨让科学界的人士更加了解保山、了解高黎贡山,彼此增进了友谊,为将来开展大型合作项目开了一个好头。(1995年12月12日)

(艾怀森　供稿)

中国第一个农民生物多样性保护协会
——高黎贡山农民生物多样性保护协会

为了更好地保护高黎贡山国家级自然保护区内丰富的生物资源，协调保护区周边农民群众与保护区的关系，提高当地农民保护自然的意识，参与保护区的管理，经保山市科学技术协会批准同意在保山市芒宽乡百花岭行政村建立高黎贡山农民生物多样性保护协会。

1995年12月8日协会在百花岭村公所成立，中国科学院昆明分院院长助理郭辉军副教授和联合国大学"人·土地管理与环境变化"项目总负责人哈罗德（Harold Brookfield）博士为协会挂牌并致辞，协会成员由当地村社干部、教师、学生、护林员、农民等组成，理事长、副理事长分别由百花岭村支部书记李加虎、村长封占良担任。保护区周围农民自愿组织成立生物多样性保护协会，这在中国尚属首例。哈罗德博士认为这很有意义，并表示要向联合国环境计划署汇报。他填写了入会申请表，成为第51位会员，还愉快地向协会缴纳了第一笔会员费。

高黎贡山农民生物多样性保护协会的成立，对高黎贡山生物多样性保护和社区经济协调发展将起示范促进作用。通过农民协会这一组织形式来组织和吸收周围农民参加到保护生物多样性的工作中来。（1995年12月12日）

（李正波　供稿）

大蒿坪、坝湾两站召开联防会议

1995年12月15日，高黎贡山国家级自然保护区腾冲、保山管理所在坝湾管理站召开了大蒿坪、坝湾两站联防会议。出席会议的有保山市护林防火指挥部，潞江、上营、五合三乡政府及林业站、自然保护区保山管理处、腾冲管理所、保山管理所、林区派出所及大蒿坪、坝湾管理站等单位的领导和代表。

会议上，保山市护林防火指挥部卢勤副指挥长代表市护林防火指挥部对会议的召开表示祝贺。对保山管理所1995年度联防工作和护林防火工作取得的成绩作了充分肯定，同时指出了存在的问题。针对今冬明春护林防火工作，卢副指挥长作了《加强护林防火预防，广泛开展宣传教育活动，提高认识，明确任务》的讲话。要求保山管理所、站全体干部职工积极行动起来，在当地党委、政府和护林防火专职机构的统一领导下，再接再厉，努力开创"九·五"护林防火工作新局面。潞江乡赵常兴、尹文生两位副乡长参加了会议，并代表乡党委、政府对长年工作在保护区第一线的干部职工表示慰问和衷心的感谢。赵副乡长和尹副乡长就当前的护林防火工作，保护自然资源的重要意义，加强团结联防工作的必要性和树立典型、学习先进等方面发表了讲话。赵副乡长指出，联防是护林防火、保护自然资源的有效措施，要大力推行，同时，要加强各项措施的落实，切实保护好高黎贡山这一绿色宝库。腾冲县上营、五合乡及林业站的领导对在保护区进行联防取得的成绩给予了很高的评价，并表示今后将积极协助并配合保护区管理所、站搞好联防工作。

通过这次会议，保山、腾冲两个管理所，结合实际，对1995年度的联防工作进行了认真的总结，交流了取得的经验，提出了存在的问题，虚心听取了与会领导和代表们对搞好1996年护林防火工作提出的建议，并对1996年护林防火工作中可能出现的问题进行了估计与分析。切实安排部署了1996年度联防小组的工作，讨论、修改、完善了由坝湾管理拟定的《联防公约》，调整、充实了联防小组组成成员，促使腾冲管理所大蒿坪管理站与保山管理所坝湾管理1996年联防工作更加具体化、规范化、制度化。（1995年12月20日）

（陶　宏　供稿）

保山管理所召开
潞江乡片护林员工作会议

高黎贡山国家级自然保护区保山管理所肩负着管护保护区50多万亩自然资源的重任。根据实际工作的需要，在保护区周围村社采取推选的形式，经过认真考察，聘用了25名长期护林员。过去一年的实践证明，护林员是保护区自然资源管护的重要力量。护林员对保护区的森林防火、林政案件查处、资源管理等做出了具体贡献。时值今冬将逝，明春伊始之际，为切实搞好九六年护林防火工作，保山管理所在坝湾管理站召开了坝湾、赛格两站所聘用的护林员工作会议。

出席会议的有保山市护林防火指挥部、潞江乡、自然保护区保山管理处、保山管理所（含林区派出所）、坝湾、赛格管理站的领导和聘用的全体护林员。会上，市护林防火指挥部卢勤副指挥长、潞江乡赵常兴副乡长分别代表市护林防火指挥部、乡党委政府对护林员表示慰问和感谢。卢副指挥长针对护林员的工作性质和任务作了讲话。他要求全体护林员尽职尽责，努力工作，利用现有的条件进行广泛宣传，认真履行目标管理责任状规定的各项权利和义务。赵副乡长鼓励全体护林员继续发扬艰苦奋斗的精神，再接再厉，为搞好1996年护林防火工作再立新功。保山管理所陈应祥所长传达了保山市护林防火工作会议精神和徐洪祥副市长在会议上的重要讲话，林区派出所杨洪翘指导员对加强林区治安作了安排部署。

会议上，保山管理所、坝湾、赛格管理站领导对护林员1995年度工作做了认真总结，肯定了取得的成绩，指出了存在的问题和不足；认真听取了护林员提出的建议和意见，交换了思想。要求全体护林员发扬成绩，端正思想，克服存在的问题和不足，尽职尽责做好管理工作。会议还严格按管理站与护林员签订的目标管理责任状进行如实考核,并兑现奖惩。同时由坝湾、赛格管理站站长与所聘用的护林员签订了1996年度以"四防"为主要内容的目标管理责任状。(1995年12月20日)

(陶　宏　供稿)

高黎贡山山脉上又添自然保护区新成员
——龙陵县小黑山被列入省级自然保护区

继高黎贡山国家级自然保护区成立之后,经云南省人民政府云政复(1995)79号文件批复,我区龙陵县小黑山又被列为省级自然保护区。这是云南省的第一个以桫椤科植物为主要保护对象的省级自然保护区。保护区地处高黎贡山的南延部分,整个保护区由小黑山、一碗水及江中山三片组成,总面积6 293.4公顷,其中核心区3 653.7公顷,实验区2 639.7公顷。作为保护区主要保护对象的桫椤是2亿多年前的中生代孑遗植物,被科学家视为研究古地质学、古地理学、古气候学和古植物学的"活化石",被列为国家一级保护植物。

在保护区内还有丰富的野生动植物资源,据云南省林业调查规划设计院大理分院调查得知:保护区有植物109科262属435种,其中有国家一级保护植物桫椤,国家二级保护植物长蕊木兰、水青树,国家三级保护植物红花木莲、姜状三七,省二级保护植物苦樱桃,省三级保护植物大花八角、长梗润楠、潞西龙眼、大中崖角藤等。有动物20目52科105属137种,其中国家一级保护动物9种,国家二级保护动物26种。此保护区的建立为拯救濒危物种提供了一块非常有价值的基地,同时丰富了我省开发生态旅游资源的内容。(1995年12月29日)

(艾怀森　供稿)

"高黎贡山森林资源管理与生物多样性保护"国际合作项目1995年度工作总结报告会议在昆明召开

美国麦克阿瑟基金会和云南省科委共同资助的"高黎贡山森林资源管理与生物多样性保护"国际合作项目在高黎贡山地区已实施一年。1995年度项目工作总结报告会议于1996年1月22~23日在中国科学院昆明分院举行,出席会议的有中科院昆明分院张壮鑫副院长、业务院长助理郭辉军副教授、行政院长助理王宗正高工、中科院昆明植物研究所所长许再副教授、计划所李正安处长、云南省林科院尹嘉庆院长、中科院昆明动物所熊江副所长、大理州农工部高应新部长、保山地区科委朱志恒主任等各级领导。会上,中科院昆明植物所李恒教授、刀志灵工程师、云南省林科院院长助理沈立新工程师、中科院昆明动物所况荣平副教授、高黎贡山国家级自然保护区保山管理处科技科科长李正波工程师等课题负责人分别做了有关项目进展的总结报告。会议期间,美国麦克阿瑟基金会高级项目官员库斯瓦塔(Kuswata Kartawinata)和联合国大学"人·土地管理与环境变化"项目总负责人哈罗德(Harold Brookfield)博士分别从美国、澳大利亚发来了贺电。

"高黎贡山森林资源管理与生物多样性保护"项目实施一年来,取得显著成效。在保山市芒宽乡百花岭行政村实施混农林示范果园189.8亩(其中咖啡6亩、柑桔13亩、板栗73.8亩、日本次郎甜柿97亩),涉及农户42户。已完成《高黎贡山高等植物名录》专著初稿,共记载高等植物183科、3 137种(其中蕨类植物40科314种,种子植物143科2 823种)。根据李恒教授到英国查阅大英博物馆和爱丁堡博物馆所收藏的20世纪30年代在高黎贡山西坡腾冲地区采集的植物标本情况估计,高黎贡山地区高等植物种类大约有5 000种。现英国已初步同意资助该项目的研究工作。

通过各位领导和专家的总结,大家一致认为:"高黎贡山森林资源管理与生物多样性保护"项目已具有五个特点:第一,项目自然科学与社会科学结合得好;第二,项目解决了基础研究、应用研究、保护开发利用三方面的关系;第三,项目组织措施得力,组织了一批高层次科技人员、地方干部、当地农民等多方面的人员队伍参加;第四,项目体现了生物多样性保护的主体是农民,通过高黎贡山农民生物多样性保护协会这一群体组织,协调农民与保护区之间的关系;第五,项目集经济、社会、生态效益为一体。项目的开展将给当地农民带来经济利益,使自然保护区得到有效保护。
(1996年1月28日)

(李正波 供稿)

《云南森林旅游》画册摄制组环行高黎贡山

云南省林业厅为更好地贯彻省第六次党代会精神,根据省委、省政府把我省建成旅游大省的战备决策,从云南林业的实际和行业优势出发,强化林业宣传工作,着力发展云南森林旅游业。目前,正在着手进行编辑、出版《云南森林旅游》画册的筹备工作。《云南森林旅游》画册,将全面系统地向世人介绍我省丰富多彩的森林旅游资源,为国内外更多的森林学者和森林旅游爱好者到云南来考察研究大自然,领略云南壮丽的森林景观和山水风光,了解和认识云南,提供一份基础性的参考资料。

1996年4月8日,由云南省林业厅胡娅华同志(《云南森林旅游》画册编辑部主任、中国摄影家协会云南分会会员)、云南省文化厅刘建明同志(云南省摄影家协会常务理事、昆明摄影家协会副主席)和刘位循同志(中国音乐文学学会会员、作家)组成的

《云南森林旅游》画册摄制组,由昆明乘机抵达保山,对高黎贡山国家级自然保护区进行野外拍摄和采访工作。高黎贡山国家级自然保护区保山、怒江两个管理处非常重视这项工作,保山管理处赵晓东处长、怒江管理处李茂泉处长对摄制组进行了热情接待,并认真地介绍了高黎贡山的自然景观和人文景观,与摄制组共同商定了拍摄内容和拍摄线路。保山管理处派出朱明育、宋建国两位同志陪同摄制组完成了高黎贡山全程拍摄和采访工作,怒江管理处派出梁英荣同志陪同摄制组进行了高黎贡山国家级自然保护区怒江片的拍摄采访工作。摄制组在沿途拍摄中,得到了高黎贡山国家级自然保护区三个管理所及所属各管理站领导与职工们的热情接待和密切配合、支持,还得到了腾冲、龙陵两县林业局党政领导的积极支持和热情接待。

《云南森林旅游》画册摄制组,于4月9~19日,在高黎贡山进行了十一天的野外拍摄和采访工作。这次野外拍摄和采访工作,途经保山、怒江两地州,保山、泸水、腾冲、龙陵四县(市),从东西两面沿怒江流域和龙川江流域环绕高黎贡山,行程千余里。摄制组一行5人(怒江片6人)不顾道路的崎岖,旅途的辛苦,天亮就出发,天黑才收兵,晚上还要商定第二天的拍摄线路和景点,每天的工作时间没有下过14小时。在整个拍摄过程中,摄制组有时顶着烈日,冒着酷暑,拍摄怒江大峡谷风光,将高峻、博大、神秘的高黎贡山巍峨雄姿摄入镜头;有时又穿梭于高黎贡山原始密林之中,呼吸着清新的空气,闻着百花散发出的清香,感觉着与炎热的怒江边别具特色的温凉气候,一幅幅原始森林风景画面,一条条山间河流、瀑布和小溪,一塘塘清澈见底的泉水和高山温泉,摄入胡娅华、刘建民两位摄影家的拍摄镜头。世界第二大峡谷的民俗风情,历史文化,高黎贡山的一些传说、历史事件变成刘位循老作家采访本上的一行行手迹。

摄制组此次环行高黎贡山,切身感受到了高黎贡山"一山分四季,十里不同天"的立体气候,怒江大峡谷和高黎贡山秀丽的自然风光,怒江、龙川江流域丰富多彩的少数民族风情,高黎贡山的丝绸古道、驿站遗址、滇西抗日战场遗迹、怒江、龙川江悠久的历史文化,在摄影家和作家的脑海里留下了深刻的印象。

《云南森林旅游》画册摄制组,在环行高黎贡山的拍摄过程中,拍摄了日落时美丽壮观的高黎贡山群峰,历史悠久的铁索、双虹桥,风景秀丽的康浪古渡,芒宽乡境内形态各异的独木成林景观(有餐厅树,有大舞台树和小舞台树,大小舞台树均由刘位循作家据其形态而赠名),金场河与片马丫口原始森林植被景观,著名的片马人民抗英纪念碑和纪念馆,百花岭和姚家坪两个度假山庄,南方丝绸之路翻越高黎贡山的百花岭和大蒿坪两条主要古道,以及古道上的烽火台、旧街子和平河遗迹、遗址,单位面积蓄积量居世界之最的天台山人工秃杉林等十多个景点、景区,为《云南森林旅游》中高黎贡专页的编辑,积累和提供了许多珍贵的资料。

像《云南森林旅游》画册摄制组这样连续行程千里,环行高黎贡山展开野外拍摄和采访工作,实属首次,摄影家的一幅幅图片载入《云南森林旅游》后,作家的一篇篇文章登入各类报刊后,将在扩大高黎贡山的知名度,吸引国内外更多的学者和游客到高黎贡山来考察、研究、探险、观光、旅游,促进高黎贡山森林生态旅业的发展等方面,产生极大的推动作用。(1996年4月22日)

(朱明育　供稿)

李渤生研究员考察高黎贡山自然保护区

1996年4月17~26日,中科院植物研究所北京植物园主任、CNPPA/IUCN东亚地区常务委员会秘书长、东亚自然保护研究监测培训中心主任李渤生研究员到高黎贡山国家级自然保护区考察。4月20日,李先生一行3人从百花岭途经南斋公房翻越高黎贡山到达腾冲。

高黎贡山秀丽的山川,优美的自然风光,神秘的原始森林,舒缓柔美的高山草甸、星罗棋布的高山河流、瀑布、小溪、温泉，丰富多彩的生物资源，曾经硝烟弥漫的古战场遗址和商贸繁荣的丝绸古道，都给李先生留下了深刻的印象。李先生对高黎贡山自然保护区的工作给予了较好地评价和赞扬。

考察结束后，管理处邀请李渤生研究员为管理处全体工作人员、保山和腾冲两个管理所的领导，举办了高黎贡山专题学术讲座。李先生就如何树立高黎贡山国家级自然保护区的形象；如何科学管理与合理利用高黎贡山丰富的生物资源，促进地方经济的持续发展；如何把怒江、澜沧江漂流与高黎贡山森林生态旅游开发相结合，推动保山和滇西旅游业的发展等方面，提出了许多宝贵的建设性意见。

为了更好地推进高黎贡山自然保护区的全面工作，不断地得到各界专家学者的帮助和指导，云南高黎贡山国家级自然保护区保山管理处于1996年4月26日，邀请李渤生研究员担任顾问。（1996年5月22日）

（艾怀森　供稿）

联合国大学"人·土地管理与环境变化"全球项目东南亚大陆山区研究组会议在保山召开

1996年5月14～20日，联合国大学"人·土地管理与环境变化"全球项目东南亚大陆山区研究组会议在保山永昌宾馆举行。参加会议的国外代表有来自美国纽约植物园的克里斯汀（Christine Paddich）博士和来自泰国清迈大学的卡诺克（Kanok Rerkasen）博士等6位。省人大王义明副主任、中科院国情分析小组康晓光博士、中科院昆明分院院长助理郭辉军副教授等11位来自北京、昆明的专家领导出席会议。我区地委书记孔垂柱先生亲临会场，朱加忠副专员代表保山行署致欢迎词，行署科委、计委、外办的领导参加了会议。

会上，高黎贡山国家级自然保护区保山管理处赵晓东处长介绍了保护区的情况，克里斯汀博士做了关于亚马逊河流域的几个自然保护区情况的讲座。卡诺克博士和郭辉军副教授分别总结了"人·土地管理与环境变化"项目去年在泰国帕普冲、提卡研究点和云南西双版纳研究点的研究情况，并分别介绍了村级农业生态系统研究和农业生物多样性评价的方法。

5月16~18日，中外专家到高黎贡山百花岭野外考察，进行农业生物多样性调查研究。沿途专家们参观了保山市潞江乡弄磨傣族村寨、云南农科院热带亚热带经济作物研究所、芒宽乡双虹桥果树基地，考察了高黎贡山国家级自然保护区百花岭实验站和"高黎贡山森林资源管理与生物多样性保护"项目百花岭实验示范点。外宾们被保护区美丽的风光所吸引、陶醉，他们对百花岭实验示范点给予了高度评价，并提了不少宝贵建议。(1996年5月22日)

（李正波　供稿）

昆虫专家到高黎贡山研究地下昆虫

1996年4月24~29日，上海动物研究所昆虫专家谢荣栋先生，昆明动物研究所、云南昆虫学会秘书长肖宁年先生，在管理处李松同志和向导董国宝同志的陪同下，从百花岭管理站开始，翻越高黎贡山，到达界头、曲石、大蒿坪管理站。在沿途的四个保护区辖区内，根据不同的植被，按照不同的海拔，分东西两坡选择了30个调查样点，挖土取样，研究高黎贡山地下昆虫。

通过取样进行初步研究后，两位昆虫专家告诉我们，这次亲临高黎贡山开展地下昆虫研究工作，收效非常大，得知高黎贡山地区地下昆虫资源甚为丰富，并获得了其他地区很难见到的珍稀地下昆虫标本。

在高黎贡山地区开展地下昆虫研究工作，尚属首次。谢荣栋、

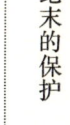

肖宁年两位昆虫专家到高黎贡山国家级自然保护区来研究地下昆虫，为我们填补了昆虫研究的一块科研空白，并为高黎贡山自然保护区积累科学研究资料作出了积极的贡献。

两位昆虫专家表示，今年十月份，还将带领十余位中外昆虫专家到高黎贡山地区，进一步地研究该地区的地下昆虫。（1996年5月24日）

（李　松　供稿）

荷兰专家组考察高黎贡山

以荷兰生物多样性保护、野生动物管理专家维赫特先生为组长的荷兰专家组、林业部国际合作司张春香女士、云南省林业厅厅长陈继海一行于1996年5月17~20日考察了高黎贡山国家级自然保护区。

专家组深入保护区腹地百花岭对保护区进行了实地考察，访问了保护区边缘的乡村、农户，考察了保护区保山管理处、百花岭管理站、赛格管理站、大蒿坪管理站的机构建设，考察了位于高黎贡山南端新建的小黑山省级自然保护区。

高黎贡山保存完好的原始森林给专家组留下了深刻的印象，他们对保护区周边乡村成立农民生物多样性保护协会非常欣喜，对保护区建设后羚牛、黑熊、猕猴、麂等野生动物种群数量有较大增长感到非常高兴。

考察期间，保护区保山管理处处长赵晓东向专家组介绍了保护区的管理工作。维赫特先生就人才培训、公众教育、社会林业发展等同赵处长交换了意见。专家组就生物多样性保护、社区发展同保山地区行署、保山市、腾冲县、龙陵县政府进行了广泛交谈。

专家组对保护区保山管理处加强同科研单位、大专院校的合作，认真开展科学研究，与保护区边缘社区合作，科技扶持社区发

展给予了很高评价。(1996年5月24)

(寸瑞红 供稿)

农民参与保护生物多样性保护

编者按：今年五月，中国日报记者陈亮先生不辞辛苦，深入高黎贡山腹地进行了一周的现场采访，发表了长篇通讯《农民参与保护生物多样性保护》，对我们进一步搞好高黎贡山生物多样性保护是极大的鞭策和激励，现将译文转载如下。并借此机会，向陈亮先生，及其他为高黎贡山鼓与呼的仁人志士表示深深的敬意与衷心的感谢。

1996年7月11日

直到两年前，在云南保山高黎贡山自然保护区周围127个村子里，赵晓东和他的同事还仍是不受欢迎的人。

他们已经习惯了村民们冷淡的脸色和敌意的表情。

1983年保护区建立后的11年来，赵先生和其他森林管理人员从事一种通过法律途径阻止当地村民在保护区偷猎和伐木的工作。

这有时候导致冲突，因为村民们世代依靠山林以谋生计，赵先生，身为保护区管理处处长，承认这一点。

但是，这些天在村子里，更多的是看到微笑的面容和听到亲切的问候。

更重要的是，去年偷猎和伐林的案例已从前些年的每年1 000多起减至100余起。

赵先生说："我们还没有放弃用法律的手段来惩罚偷猎者和伐木者。"

但是他们自己已经改变了对村民的态度，作为将当地居民看作保护区的潜在威胁的转变，他们开始同村民交朋友。

森林管理员们帮助村民建立起中国第一个农民生物多样性保护

协会。并向协会成员在栽植树木和经济作物方面提供技术和财金支持。

赵先生说:"我们发现,一旦村民感觉到我们去这里是帮助他们摆脱贫困,而不是剥夺他们过上美好生活的权利,他们就会改变对我们的态度。"

赵先生还说:"通过11年的探索才完成的这种转变,对于保护高黎贡山丰富的生物多样性是至关重要的。"

高黎贡山,沿着从喜马拉雅至东南亚北端的一条走廊延伸3 600多公里。面积为124 459公顷的保护区,海拔1 093～4 058米,被茂密的原始森林覆盖着,是生物多样性的一座宝库,至少有10种不同类型的生态系统,得以维持众多不同种类的动物与植物。

独特的自然环境,维持着2 138种高等植物,其中,244种为用材树种,60种为珍稀和涉危植物,430种具有药用价值。

同时,动物学家已经记录了117种哺乳动物,347种鸟类,29种两栖动物,47种(亚种)淡水鱼类。

这里也是傣、傈僳和其他多种少数民族的家园,多少世纪以来,他们通过在森林里捕猎和刀耕火种而生活。

在1983年保护区建立以前,当地居民几乎将海拔1 800米以下的林地全部开垦为农地。

赵先生说:"当我们开始致力于将保护区从偷猎和伐木中保护起来时,我们遇到了难以对付的困难。"

这一国家级自然保护区东西宽约9公里,南北长约135公里。

"对于124名管理人员来说,保护区的范围的确太浩瀚了,难以做到严密监护。"赵先生说。

甘蔗种植扩展导致的土地开垦迅速加快,几乎扩展到森林边缘了。

人口以一个戏剧般的速率在增长,事实上1983年和1993年之间,人口已经增长了三倍多,从80 000增至300 000。面对问题,森林管理人员主要借助于法律的强制力。

"十年来,我们已经逮捕了几十名当地偷猎者,并且每年对1

000 多名在保护区伐木的农民处以罚款，然而，情况并未改善。"赵先生说。

"逐渐地，我们领悟到我们应该和当地村民交朋友，帮助他们摆脱贫困，帮助他们学会先进的种植技术。"他说。

"然后他们才会放弃侵害保护区。"

得到美国麦克阿瑟基金会的资助，去年他们在百花岭开始第一项试验。

该村有 2 013 人，450 个农户，森林管理员们首先赢得了几个种植树木和诸如咖啡、芒果、核桃、板栗、柑桔等经济作物的家庭的支持。

杨秀波，百花岭最富裕的农户之一，是这一地区著名的妇科医生，在附近的乡镇里经营着一个诊所。

她的丈夫吴成亭，驾驶卡车，也有很好的收入。

"夫妇俩没有必要去经受种树的各种麻烦。"赵先生说，但是他们担当了先锋，率先进行了尝试。

1992 年，他们种植了 0.667 公顷日本甜柿和一些杉木。但是一天晚上，所有的柿子苗全被偷走。

1994 年，他们又栽植了 4 000 余苗柿子，然而由于干旱和病害，全死了。由于缺乏技术信息，他们遭受了失败的挫折。

夫妇俩没有灰心。

"我们想，种树是最有益的一项投资，"杨解释说，"虽然这很艰难，投资昂贵，并且需要很长的时间才能成熟，但我们最终将不仅收获现金，而且还将享受丰收的喜悦以及一个水果挂满枝头的家园。"

获悉杨秀波和另外两个家庭成员的努力，管理处于 1995 年向杨提供了 1 000 棵柿子苗，40 棵板栗苗，40 棵桔子苗和一套栽种指南。

在保护区管理人员的帮助下，杨秀波去年种植了 4 公顷甜柿，2 公顷板栗。

在两名雇用农民的帮助下，他们在 6.7 公顷村里分配的薪炭林里开始种植柑桔、芒果、石榴、梨、桃、油桐和楠木。

牺牲了他们所有的业余时间,他们也学会了嫁接苗木,1996年,他们已嫁接了1 000多棵柿苗,90%以上已成活。

"从1992年我们开始种树,我们已花费了10多万元(12 000美元),"杨说,"但是为后代留下一个更美的家,我想是值得的。"

同杨秀波不一样,赛虎旺在一个很低的峡谷里租了两公顷土地,种植咖啡和甘蔗。

赛虎旺,一名24岁的回族青年,是村里几个高中毕业生之一。

他说:"同冒着风险到保护区里偷猎和伐木,获得一点钱相比,在保护区管理处的支持下种树是摆脱贫困更好的路子。"

去年四月,他花了5 200元(620美元)在峡谷里租了两公顷土地,租期15年,使他成为第一个租地种树的村民。

在保护区管理处的帮助下,他种了0.4公顷咖啡,1公顷甘蔗,0.5公顷稻谷。

赛虎旺说,为了支付土地租金,购买种苗和化肥,1995年他借了30 000多元钱(3 600美元)。

年底,从甘蔗收入中,他偿还了25 000元(3 010美元)。

"当我还清债款时,我将逐渐把所有的甘蔗改种为咖啡。"他说,"如果所有这些都能做到的话,在随后的几年里,我将会有很好的收入。"

杨秀波和赛虎旺这样成功的先行者,引起了更多家庭的效仿。

当1995年底,家庭数到350户的时候,李加虎村长,同时也是0.27公顷柑桔种植者,建议村里成立一个协会以加强百花岭村和保护区之间的合作。

于是,高黎贡山农民生物多样性保护协会于去年12月成立了,该协会帮助推广先进的种植技术并且保护生物多样性,赵先生说。

今年1月,保护区管理者组织了一次培训,培训种植技术和生物多样性保护知识。

培训期间,哈罗德·布鲁克费尔德,荷兰生态学家出席了培训。他的讲座被农民们热切地接受,以至于被邀请参加协会,作为一名特殊会员。

保护区管理处将投资大约80 000元（9 600美元）帮助更多的村民加入协会，考虑到这一地区的人口，协会还显得很小。

赵先生说他和他的同事希望有更多的资金来扩展百花岭协会的工作，使之扩大到整个保护区。(1996年5月23日发表)

(《中国日报》陈 亮 供稿)

台湾地区科学考察团考察高黎贡山自然保护区

1996年7月1～5日，著名的两栖爬行类动物学家，台湾师范大学教授吕光洋先生等一行12人组成的科学考察团，在中科院昆明动物研究所杨大同研究员等人的陪同下，到高黎贡山国家级自然保护区进行了为期4天的参观考察。

考察团冒雨到百花岭和大蒿坪两地区实地考察了高黎贡山的两栖爬行类动物区系和生物多样性。考察期间考察团还参观了高黎贡山上曾经车水马龙的古丝绸之道和硝烟弥漫的古战场遗址，观看了保存完好的古烽火台和横卧在怒江上的古铁索桥——双虹桥。

通过考察高黎贡山吕光洋先生认为，高黎贡山与台湾地区虽然远隔万里，但两地的生物群落有惊人的相似之处，这对研究台湾地区的生物进化发展具有重要的科学意义。这种相似性也为将来两地联合开展比较生态学、比较生理学、动物进化学及生物多样性保护等学科的科学研究提供了条件、奠定了基础。

7月5日，台湾地区科学考察团回到保山又兴致勃勃地参观了高黎贡山国家级自然保护区保山管理处的标本室，浏览了太保山森林公园。(1996年7月12日)

(艾怀森 供稿)

徒步旅行发现自然奇观

编者按：今年5月，中国日报记者陈亮先生不辞辛苦，深入高黎贡山腹地进行了一周的现场采访，于1996年5月23日在《中国日报》上发表了长篇通讯《农民参与保护生物多样性保护》。之后，他又于1996年6月15日发表《徒步旅行发现自然奇观》。现将译文转载如下。并再借此机会，向陈亮先生表示深深的敬意与衷心的感谢。

1996年8月8日

隐藏在云南省一个遥远地区的高黎贡山自然保护区，还仍未被大多数中国人所知晓。

没有很好的道路使之与外面的世界相联系。一条由破碎的岩块及卵石镶嵌的狭窄、颠簸的公路从保山沿着蜿蜒的怒江峡谷至保护区东坡边缘百花岭村，这是仅有的一条三小时的公共汽车通道。

高黎贡山，沿着从喜马拉雅山脉到东南亚北端的一条走廊延伸了600多公里。

这里，没有到溪谷、山峰和原始森林来探险的汽车、马或驴，唯一的宾馆还在建设中。

因此，以往到过保护区观光的主要是植物学家、动物学家和生态学家。

但是，高黎贡山是一个能被不怕吃苦的旅游者探索其极其美丽的自然景观及生物多样性的地区。

位于海拔1 000至4 000米之间，被124 459公顷原始森林覆盖的保护区是一座生物多样性的宝库，至少有10种不同的森林植被带，维持着种类繁多的植物与动物。

到目前为止，已发现保护区内有2 138种高等植物，其中：244种为用材树种，60种为珍稀濒危植物，430种具有药用价值。

保护区里还隐藏有 117 种哺乳动物，347 种鸟类，29 种两栖动物。

除了独特的动物和植物，保护区还拥有其值得夸耀的壮丽的瀑布，清澈的温泉，古老的南方丝绸之路。

为了增加保护保护区生物多样性的资金，当地政府计划改善旅游条件，同时，认真管理旅游可能造成的影响。

他们开始提高高黎贡山对外界的独特的吸引力。

名列首位的旅游点是澡塘河及澡塘瀑布。但是还没有道路通向这些景点，为了越过陡峭的山坡和茂密的森林，用手和脚爬行有时也是必要的。

请一名当地人做向导也非常重要。

从百花岭村到澡塘河大约需要一个半小时。

澡塘河有两个热泉，周围环绕着巨大的岩石和高大的树木。水汽从水面蒸起，带着硫磺气味。

热泉的水温被流进来的冷水所调节，恰好为疲乏的游客提供了完美的大自然沐浴。

接下来便是通往瀑布的艰难的攀登，旅游者必须依靠蕨类或其他树丛，甚至向导的脚以帮助他们如同牛车般溯流而上。当凭借森林里倒下的细弱的枝条的支撑跨过山谷时，他们必须要鼓足勇气。

趟过急流，跨过河床中的巨石，一个半小时的艰难的爬行之后，你便可听到瀑布的轰鸣了。

同去澡塘瀑布相比，从保护区穿过的古老的南方丝绸之路就比较好走了。

走在从 1983 年保护区建立之后就不再使用的有 1 000 年之久的古路上，你可以观看到保护区 195 种杜鹃花中的很多种，有 43 种为这一地区特有种。

用石头铺成的小路曾是唐（公元 618~907 年）宋（960~1279 年）期间商旅们将竹器和丝绸从四川运往印度和尼泊尔的通道。

云南，犹如一座无边无际的温室，吸引了众多闻名的国外植物

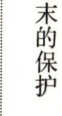

标本采集者，如克因登、沃德、福里斯特、绍瑟夫·洛克。洛克，一位澳大利亚后裔的美国人，在20世纪的最初的十个年头里，将许多该地区特有的杜鹃标本，带回了西方。

除杜鹃之外，一、二月间，高大的木棉树绽放着红色的花朵，三月间，茂密的黄心树枝头缀满黄花，四、五月间，蓝色的鸢尾铺满小道。

一名好的向导还能指出沿路中许多种野果。

黄色的黄泡或者说是覆盆子有点像草莓的味道，甜且有一丝酸。绿色的杜英，酸且涩，有一丝比中国橄榄还强的回甜。

当小道从海拔1 000米缓缓地升高到海拔3 500米，你将碰到无数可食的野生植物，像当地农民利用它们一样，一些野生植物将是旅行者美餐中的主要组成部分。

幸运的话，你将可能看到白色或红色的斑鸟飞向竹林。但是，大型哺乳动物，如羚牛、鹿等通常远远地躲藏在森林里，仅在小路上留下它们的足迹。

从东坡到山顶垭口，然后沿西坡而下，你将穿越七个不同的气候带，并且观赏到一幅真正的生物多样性图景。但是这种缓慢的旅行通常需要8～10小时。

除了这些吸引人之外，当地保护区管理部门准备开展特别的观鸟旅游，保护区管理部门每天收费50～60美元作为向导、食宿、进入保护区等费用。如需更多信息，请与高黎贡山国家级自然保护区保山管理处联系。电话及传真号码为：0875－2120288。（1996年6月15日发表）

（寸瑞红翻译　李正波审核）

中央电视台《焦点访谈》记者现场采访农民生物多样性保护协会活动

1996年8月14日高黎贡山农民生物多样性保护协会50多位会员聚集在保山市芒宽乡百花岭村公所开展活动。按农民生物多样性保护协会章程规定,每年要进行两次以上的集中活动,平时分散活动(分四个片区进行)。今天正值协会开展今年第二次集中活动之际。中央电视台《焦点访谈》王同业等三位记者,不辞辛苦,千里迢迢从北京来到祖国西南边陲的高黎贡山百花岭进行实地采访。陪同三位记者到百花岭的有云南日报记者沈向新、保山地委宣传部王昆楼副部长、保山行署林业局杨耀程局长、云南高黎贡山国家级自然保护区保山管理处朱明育副处长、保山市委宣传部王兴成部长等领导。

中央电视台的记者分别对协会理事长、会员、当地农民、学生、保护区主管领导及科技人员等进行了个别采访。

在这次活动中,百花岭村党支部书记、协会理事长李加虎同志总结了协会成立以来的工作情况,并作了下一步的工作安排。高黎贡山农民生物多样性保护协会自去年12月8日挂牌成立以后,即从会员的培训工作抓起,全村范围内广泛开展宣传工作。利用美国麦克阿瑟基金会资助的项目经费发展了189.8亩板栗、甜柿、柑桔、咖啡等混农林果园,营造了150亩杉木用材林,20亩珍贵用材树种黄楠。有90多农户得到了项目的资助。百花岭地区由于农民生物多样性保护协会的成立,协会工作的开展,使人们的自然保护意识普遍提高,大多数群众都认识到"保护高黎贡山就是保护我们自己"。

通过这次中央电视台《焦点访谈》记者的采访,电视节目的

播放，在全国乃至世界将会有更多的人认识了解协会，同时也会吸引社会上越来越多的人来关心帮助农民生物多样性保护协会这一新鲜事物，使它茁壮成长，正像协会李加虎理事长在回答记者采访时所说的"相信通过几年甚至几十年的努力，协会一定会达到'发展农村经济，保护高黎贡山丰富的生物资源'的目标"。（1996年8月18日）

（李正波　供稿）

尊重动物的野生生存权利
保护生物多样性不受破坏
——高黎贡山保护区保山管理处的野生动物收容拯救工作成绩显著

8月15日，一只憨态可掬的国家二级保护动物小黑熊及一只聪明伶俐的国家二级保护动物猕猴从中央电视台焦点访谈摄制组的镜头前走过，迅速消失在美丽神秘的高黎贡山之中。类似的情况已不是第一次了，高黎贡山国家级自然保护区保山管理处近三年来通过收容拯救，释放了蜂猴、小熊猫、雕鹗、凹甲陆龟、黑熊、猕猴等国家一、二级保护动物近十种、约100只；还把100多条黑眉锦蛇及20多只花龟放归了大自然。

1994年来，由于我们在保护区周边地区广泛开展了科普和普法宣传教育，加之高黎贡山农民生物多样性保护协会活动的深入开展，公众的野生动物保护意识有了根本性的改变，许多人都能自觉地把受伤或幼弱的野生动物送到保护区管理机构。我处工作人员充分利用专业技术优势，尊重动物的野生生存权利，积极开展收容拯救工作，然后把经过收容拯救完全复原并通过观察被确认还具有野外生存能力的动物全部放归大自然。（1996年8月19日）

（艾怀森　供稿）

中央电视台《动物·人·生存》节目制作组到高黎贡山进行野外拍摄

为了反映动物生存与人类活动之间的矛盾冲突,中央电视台新闻调查吴越等4位记者专程从北京到云南拍摄《动物·人·生存》电视节目。

1996年8月31日,四位记者在高黎贡山国家级自然保护区保山管理处赵晓东处长等4人陪同下到高黎贡山百花岭进行野外拍摄工作,沿途高黎贡山、怒江大峡谷的风光被摄入了摄像机的镜头之中。记者们此次高黎贡山之行,主要是拍摄高黎贡山农民生物多样性保护协会。协会理事长、副理事长、部分会员及保护区赵晓东处长分别接受了记者们的采访。协会利用美国麦克阿瑟基金会资助的项目资金发展的咖啡、柑桔、板栗等混农林示范果园被重点摄入镜头之中。9月1日中午,记者们离开了百花岭到达保山市潞江乡库老村,参观了汉族民间武术表演和耍狮子、傈僳族的三弦舞、傣族的象脚舞。4位记者兴高采烈地与傣族、傈僳族兄弟姐妹一起翩翩起舞,最后还合影留念。

9月2日,记者们还参观了坐落在高黎贡山南部的龙陵县巴腊掌温泉疗养旅游区,下午离开保山将到西双版纳继续拍摄。(1996年9月5日)

(李正波　供稿)

"保护高黎贡山的生物多样性我也有责任"
——记中国第一个为生物多样性保护个人捐款的戍边军人

1996年8月9日,高黎贡山国家级保护区保山管理处收到了一笔4 000元的捐款,这是保护区建立12年来收到的第一笔个人捐款,据了解也是全国为生物多样性保护捐助的第一笔个人捐款。捐款人是中国人民解放军保山军分区政治部主任杜国盛上校。当他知道位于高黎贡山脚下的保山市芒宽乡百花岭村的五十多户农民为保护高黎贡山提出"保护高黎贡山就是保护我们自己"的口号,成立了全国第一个农民生物多样性保护协会,在扶持贫困农户发展替代产业资金困难时,毅然拿出了个人多年的积蓄,交给自然保护区科技人员,请他们转交农民生物多样性保护协会,表达他对农民兄弟们的支持和鼓励。

"保护高黎贡山的生物多样性我也有责任和义务。"当笔者与他多次联系都因下基层工作不遇之后,终于在政治学习的间隙来到杜主任的办公室,代表自然保护区全体干部职工和农民生物多样性保护协会的农民兄弟们向他表示深深谢意,并汇报捐款的处理意见时,他如是说:"高黎贡山是一座'宝山',丰富的动植物种类是我们人类的宝贵财产,保护好它也是我们戍边军人的责任。我们军队多次参加抢险抗灾,深深感到不保护环境、不保护生态不行。我们每一个人都应为保护环境,保护生态,保护生物多样性尽力尽责,为子孙后代留下一个美好的环境。"我望着这位来自孔繁森同志家乡的戍边军人,不禁为他对祖国人民,对边疆民族繁荣,社会稳定的高度责任感而深深感动。我们自然保护区全体干部职工决心以杜国盛上校为学习榜样,更加尽职尽责努力工作,在各级党委、政府和上级主管部门的领导下，团结高黎贡山周围三十六万各族人民，为保护好高黎贡山这一人类宝贵的遗产而作出更大的贡献。也借此向杜国盛上校，向关心支持高黎贡山自然保护事业的各界人士表示崇高的敬意和衷心的感谢。

接到杜主任个人捐款后，经过请示上级主管部门，将成立高黎贡山农民生物多样性保护基金，用于资助高黎贡山周边农民兄弟普及现代科学文化知识，扶持贫困农户发展替代产业，减轻对森林资源的依赖，奖励为保护高黎贡山生物多样性作出显著贡献的个人等。(1996年10月1日)

（赵晓东　供稿）

美国生物多样性政策考察团考察高黎贡山

以雷·斯蒂尔德为团长的美国生物多样性政策考察团在林业部项目官员张陕宁、王学君的陪同下，于1996年10月12～14日对云南高黎贡山国家级自然保护区进行了实地考察。

10月12日，保护区保山管理处处长赵晓东、保山市林业局党委副书记庄朝义带领考察团沿着著名的世界第二大峡谷——怒江大峡谷而上，首先参观了云南省重点保护文物——西南丝绸之路上的怒江双虹桥。然后，沿着蜿蜒的山路，来到紧挨保护区边缘的百花岭管理站。考察团不辞辛苦，向着高海拔徐徐而上。看到了飞流而下的高山瀑布、昔日盟军与日军激战的战场、隐藏在茫茫林海中的丝绸古道。亲身感受了高黎贡山"一山分四季，十里不同天"的立体气候。考察了高黎贡山独特的植被垂直分布，并深入到昏暗潮湿的原始中山湿性常绿阔叶林里考察。保护区复杂的生境、丰富的生物多样性给考察团留下了深刻的印象。考察团成员之一——克瑞格·丹尼尔写到：这里显然是一座自然界的宝库。

10月13日上午，考察团考察了保护区赛格管理站、保山管理

所，与管理所的领导进行了座谈。下午来到保护区边缘的潞江乡库老村考察社区情况。听说美国朋友要来，村民们从四处涌来，身着节日盛装的傣族小伙子、小姑娘们在村口敲着象脚鼓、跳起孔雀舞夹道欢迎来宾，用树枝洒水向客人祝福。傈僳族村民吹起竹笛、口弦，拨动三弦，向客人们表演了傈僳族舞蹈——打跩，汉族村民则耍起子狮子，热烈欢迎来访的美国客人。在欢快友好的歌舞声中，雷等也禁不住放下相机，走进人群，摆手、扭腰地学着跳起孔雀舞来。之后，雷一行向村委会了解了该村的历史、民族、土地、生产等情况，并高兴地接受邀请，在该村一户傣族家中吃晚餐。没想到会受到当地村民如此隆重的欢迎并能有幸看到滇西少数民族的精彩表演，托马斯·约瑟福连声赞道："Nice, nice, very nice day!"（"好啊，好啊，真是美好的一天！"）。

14日上午，考察团首先到保山市林业局，与局领导进行了座谈，了解森林资源管理。之后，到保山师专了解环境教育及生物科研情况。下午考察团来到保护区保山管理处考察。赵处长向考察团介绍，今后保山管理处不仅要加强对高黎贡山生物多样性的保护，同时要保护、研究高黎贡山地区的文化多样性，要加强保护自然保护区内众多的历史、人文景观，着手研究高黎贡山的民族文化，要开展一个在保护区周边地区学校里进行资源、环境教育的项目，以培养学生的保护意识。考察团对保山管理处为保护高黎贡山所做的不懈努力表示钦佩，并希望能尽快开展合作，诸如宣传、建立姐妹保护区等。

考察结束了，雷说：希望再次见到高黎贡山的工作者，或者在中国，或者在美国。（1996年10月18日）

（寸瑞红　供稿）

相互激励　再创佳绩
——大蒿坪、坝湾管理站第六次联防小组会议纪实

大蒿坪、坝湾管理站第六次联防小组会议，于 1996 年 11 月 6 日在大蒿坪管理站圆满召开。腾冲管理所彭祥武所长，保山管理所赵常兴所长、丁光俊副所长，上云乡张令勇副乡长，保山管理处杨华副科长，腾冲管理所大蒿坪管理站站长尹其尧，保山管理所坝湾管理站站长邵学斌等 30 余人参加了会议。

会议由彭祥武所长主持。大蒿坪、坝湾管理站站长分别对本站的护林防火工作作了深刻的总结。针对高黎贡山保护区大蒿坪、坝湾两站辖区结合部地形复杂，保护区边缘的保腾公路人员活动频繁、车辆流量大，森林火灾隐患较大的特点，腾冲管理所办公室主任严加龙就 1997 年度的联防工作，提出了有利于两站相互监督、相互学习、共同提高、协同管理的联防预案。全体与会人员群策群力，共同修改和完善的 1997 年度联防公约，把 1997 年度联防预案及联防工作的各项事宜落到实处。

两站成立联防小组，实施联防体系 5 年以来，取得了联防区域内连续无火警、火灾的优良成绩。为此，保山管理处杨华副科长作了热情洋溢的讲话：一方面充分肯定了两站共建联防体系的必要性和重要性；另一方面鼓励两所、两站继续把联防的各项工作做好，并代表管理处向全体到会人员表示真诚的问候，激励了两所两站领导、干部、职工的工作热情和奉献精神。上云乡张令勇副乡长、上云林业站的领导也表示，愿为搞好联防工作尽力尽责，把"保护高黎贡山就像保护我们自己一样"的意识在联防工作中体现出来。

彭祥武所长向与会人员介绍了腾冲管理所多年来在发展多种经营上所做的工作和取得的成果。腾冲管理所在发展多种经营上所采取的"从无到有，从小到大，稳步前进"的持续发展思路，是高黎贡山保护区发展多种经营的一条成功经验，很值得学习和发扬。

赵常兴所长也介绍了保山管理所采取了"起点高、跨度大"的发展策略，开展多种经营不到一年，已饲养黄山羊660多只，种植经济林木230多亩的成功经验。

大嵩坪、坝湾管理站第六次联防小组会议的召开，为两站共同搞好辖区结合部的护林防火工作制定了切实可行的行动方案，也为两所、两站在发展多种经营方面相互交流经验、取长补短、共谋发展，提供了一次良好的机会。通过这次小组联防会议，两所、两站无论是在护林防火工作方面，还是在发展多种经营方面，一定会再接再厉、再创佳绩。（1996年11月11日）

（谷方灿　供稿）

高黎贡山农民生物多样性保护协会举办培训班

高黎贡山农民生物多样性保护协会成立至今整整一年了。一年来的事实证明：生物多样性保护只有获得当地农民的广泛参与，才能真正解决问题，只有兼顾生物多样性保护和周边农民的利益，才能取得最佳效果。如今百花岭的村民已经很习惯地使用一些新鲜词汇："我们在做生物多样性保护工作"，"保护高黎贡山就是保护我们自己"，"一切生物都有生存的权力"……他们已经知道了经济林混种农作物的混农林模式，并开始学着在粮食地里间种各种经济果木，但是他们的管理仅限于传统的，粗放的管理方式。为了进一步提高会员的生物多样性保护知识和种植技术水平，协会特邀请高黎贡山自然保护区保山管理处，保山市林业局来给会员进行培训。培训班分两期进行，第一期于1996年11月27～28日进行，由管理处科技科科长李正波讲授《生物多样性知识简介》，参加培训学员60人。第二期于1996年12月28日进行，由保山市林业局经济林木站站长刘顺才,工程师范志媛,技术员杨李军担任教员,分别讲授《实用嫁接技术》、《经济果木的栽培技术》、《速生丰产林营造技术》等专题,参加学员32人。培训班还特请村建工作队尹存松队长给学员讲授有关法律方面的知识。

在培训期间,学员学习态度端正,认真听、用心记,并积极动手实习,基本上掌握了所讲授的内容。培训结束时协会理事长百花岭村党支部书记李加虎做了总结发言,要求各位学员回去后,把学会的实用技术用于生产上,并带动周围群众发展经济,保护生物多样性。(1996年12月28日)

(范志媛　供稿)

"高黎贡山热起来了"
——高黎贡山自然保护区1996年宣传工作总结

为让世界了解高黎贡山,让高黎贡山走向世界,不断扩大高黎贡山自然保护区的国内外知名度,管理处认真落实《高黎贡山国家级自然保护区宣传行动计划》的各项内容,切实把宣传工作纳入整个工作的第一道工序来抓,中共保山地委、保山行署也将高黎贡山作为宣传与介绍保山、发展保山旅游业的窗口,保山地区各级党政领导对高黎贡山自然保护区的工作给予了高度重视和大力支持。1996年,管理处及保山、腾冲管理所和9个管理站都加大工作力度,采取多种宣传形式,通过各种新闻媒介,进一步地强化了高黎贡山国家级自然保护区的宣传工作,对提高公众的环境保护意识和高黎贡山的知名度,介绍保山和宣传保山,都起到了积极的促进作用。由此形成了以重视自然环境保护为主题的"高黎贡山热"这一良好的社会现象。

重视社区普法宣传教育工作

依法管理,重在普法。管理处从高黎贡山自然保护区的实际出发,有针对性地开展法律法规的学习与宣传活动。《高黎贡山国家级自然保护区1996年工作要点》中,把法律法规的宣传贯彻列为首要任务来完成。处、所、站三级管理机构都按照工作计划,认真地开展《中华人民共和国森林法》、《中华人民共和国野生动物保护法》、《中华人民共和国自然保护区条例》、《云南森林防火条例》、《云南省珍贵树种保护条例》、《中华人民共和国行政处罚法》、《云南省陆生野生动物保护条例》等有关自然保护区管理的一系列法律、法规的学习、宣传和贯彻活动。使保护区的全体干部和职工知法、懂法;纠正和克服以罚代法、徇私枉法等不依法办事现象的发生。

高黎贡山自然保护区(保山部分)与两县(市)7个乡,近30万各族群众山连山、水连水。保护区三级管理机构积极采取群众喜闻乐见的宣传形式,不断增强周边群体的法制意识和自然保护意识。一是复制影视资料,送县(市)电视台和乡、村卫视接收站、点进行播映,扩大法律法规和自然保护知识的宣传覆盖面;二是制作录音带,送乡村广播站播放,尤其是在森林防火季节,便作为一种重要的宣传方式来开展;三是管理机构的各级领导和工作人员充分利用各种有关会议,宣传森林和自然保护方面的法律法规;四是粘贴标语、建造标志碑、悬挂警示牌,强化交通要道的宣传工作;五是出动宣传车,开展流动式的巡回宣传。

通过开展宣传活动,使保护区干部职工的法制观念和依法办事的水平有了较大提高,保护区周边各族群众的法律意识和自然保护意识得到明显的提高。

"高黎贡山成为新闻媒介的焦点"

1996年4月,管理处工作人员陪同由云南省林业厅主办、云南省文化厅协办的《云南森林旅游》大型画册摄制组的胡娅华、刘建明摄影家和刘位循音乐家、作家,历时11天环行高黎贡山,对高黎贡山和怒江、龙川江流域的自然风光和民族风情进行野外拍摄和文学采访。

1996年2月,高黎贡山自然保护区保山管理处联合中共保山地委宣传部共同完成了《神奇的高黎贡山》电视系列片中《大树杜鹃》专辑的拍摄、编辑工作。目前为止,《神奇的高黎贡山》电视系列片有《绿色宝库》、《古道风云》、《大树杜鹃》三个专辑,这三个专辑在端阳花市暨第四届滇西民族艺术节期间由保山电视台进行了播放。中共保山地委宣传部还将三个专辑编入宣传保山的录像资料中,赠送给前来参加第四届滇西民族艺术节的国内外友人、企业家、新闻界人士,使许多国内外人士又认识和了解了高黎贡山。云南电视台也在黄金时段分三次播放了专辑。

滇西艺术节举办期间,保护区管理处工作人员陪同广东省电视台的林丹平、刘毅松、曾峻三位记者深入高黎贡山自然保护区中部,羚牛经常出没的金场河原始森林中,制作了高黎贡山音乐风光片。

1996年1月,《保山宣传报》以"高黎贡山又一个中国第一"为题,《云南日报》以"高黎贡山农民成立环保协会,联合国官员闻讯欣然加入"为题;1996年3月,《中国环境报》以"我国第一个农民生物多样性保护组织成立"为题,《中国林业报》以"首家农民生物多样性保护协会在滇成立"为题;1996年7月,《云南日报》以"中国第一个农民生物多样性保护协会"为题,从不同侧面,分别介绍了高黎贡山生物多样性保护农民协会的成立及其工作情况。

1996年5月,《中国日报》记者陈亮先生到高黎贡山进行了为期一周的实地采访,以"农民参与保护生物多样性"、"徒步旅行发现自然奇观"为题,分别就1983年来高黎贡山自然保护区管理人员管理高黎贡山的艰苦工作和面临的困难,管理处在社会主义市场经济条件下,探索自然保护与周边社区共同发展的科学有效的管理途径,高黎贡山丰富的动植物资源和优美的自然风光,生物气候垂直带谱自然景观等方面,进行了综合报道。1996年8月中旬,中央电视台《焦点访谈》栏目记者王同业等一行3人,不辞辛苦,来到距离京都很遥远的高黎贡山自然保护区,进行野外拍摄工作,以访谈"来自云南大山深处的报道"为题,以正面宣传的角度,制作了《焦点访谈》节目。在全国范围内宣传介绍了高黎贡山自然保护区的自然资源和自然环境保护情况,宣扬了高黎贡山农民自发成立协会,保护高黎贡山生物多样性的热情和自觉行动。8月底9月初,中央电视台《新闻调查》栏目吴越等4位记者,也从北京千里迢迢赶到高黎贡山制作新闻节目,以"人象之争"为题,宣传了高黎贡山自然保护区管理处发动和指导周边农民群众发展混农林经济,促进高黎贡山自然保护事业与周边农村社区社会经济共同发展的良好做法。

1996年9月中旬,云南人民广播电台戴美政、马昌华二位记者及省广播台驻保记者站的记者,先后两次对高黎贡山自然保护区的管理工作和高黎贡山生物多样性保护情况,进行了专题采访和新闻报道。

1996年12月25日的《春城晚报》开始登载音乐家、作家刘位循老师今年4月份环行高黎贡山时所采写的文章,第一篇文章以"初识高黎贡山"为题,概括地把高黎贡山介绍给春城人民。以后,还将在《春城晚报》周五版继续登载他所撰写的介绍高黎贡山自然保护区的一系列文章。最近,刘老师又为高黎贡山自然保护区创作了区歌。

采取多种形式,扩大对外宣传

在省林业厅主持下,出版发行了《高黎贡山国家级自然保护区》科学专著。此书为16开,55万字,由中国林业出版社出版。书中图文并茂地从自然经济概况、植被、野生植物资源、野生动物资源、保护区的建设与管理等各方面综合性地介绍了高黎贡山。此书的出版发行,较为完整地揭开了高黎贡山神秘的面纱,为多学科科学研究与实验、生物多样性保护、自然资源的合理利用等,提供了资源本底和基础性资料。管理处将此书500册赠送给国家、省、地、县(市)各级有关部门和领导、专家、学者,增进他们及其朋友对高黎贡山自然保护区的进一步了解。

制作了附有自然风光图片和简要介绍高黎贡山自然保护区基本情况的挂历300本,分送给省、地、市党政机关、科研院所和有关单位的领导和专家。制作了附有高黎贡山自然风光照片,向关心与支持自然保护事业的各界人士致以节日问候的宣传年历 10 000 张,在保山地区范围内分送地、县(市)、乡(镇)、村党政组织、机关、学校、企事业单位。

编辑《高黎贡山自然保护》简报,及时介绍与宣传高黎贡山自然保护区一年来的各方面工作情况。1996 年共编写 17 期,每期印刷 150 份,其中 50 余份在省内传递给领导机关、主管部门、科研院所、新闻单位,近 100 份寄送到林业部和与自然保护有关的部门,科研机构、报纸杂志社和全国各地的自然保护区。

科技合作,让高黎贡山走向世界

1996 年,高黎贡山自然保护区与国外的科研合作项目和学术交流活动日趋增加,随着对外科研合作与交流的频繁开展,欧美国家,东南亚国家和地区的环境保护专家、学者相继来到高黎贡山,管理处借助科研搭桥,不失时机地强化了对国外的宣传工作。

1996 年 5 月,联合国大学"人·土地管理与环境变化"全球项目东南亚大陆山区研究组会议在保山召开,管理处赵晓东处长向来自美国纽约植物园的克里斯汀博士和泰国清迈大学的卡诺克、莱克斯密、奈里特博士等中外自然保护专家,综合性地介绍了高黎贡山自然保护区的自然环境,自然资源保护管理情况,处长和有关工作人员陪同中外环境保护专家实地考察和了解了高黎贡山自然保护区和周边社区发展情况。

1996 年上半年,管理处 3 次接待了安蒂、林博恩、高力兹等中美文化交流考察团成员,管理处工作人员和保护区周边农民向他们介绍了高黎贡山地区各方面的发展情况,并与他们进行了广泛的思想与文化交流活动。

1996 年 5 月和 12 月,管理处就实施"中荷合作森林保护及社区发展"项目,两次接待了以维赫特、伦尼斯、亚瑟等环境保护专家组成的荷兰专家考察组。处长及有关工作人员详细地介绍了高黎贡山保护区的自然保护工作和周边社区的社会经济发展情况,既为中荷科研合作项目的实施创造了条件,奠定了基础,也为宣传高黎贡山,让欧美国家的环保专家、学者了解与认识高黎贡山做出了努力。

1996年7月,管理处工作人员接待了台湾师范大学教授吕光泽先生等12人组成的科学考察团。科学考察团通过在百花岭和大蒿坪两站辖区内对高黎贡山的自然环境和动植物资源进行全面考察和听取管理处的介绍后,吕光泽教授认为,高黎贡山虽与台湾地区相隔千山万水,远离万里行程,但两地的生物群落有着惊人的相似之处,这为台湾地区和高黎贡山两地联合开展比较生态学、比较生理学、动物进化学及生物多样性保护等学科的研究提供了条件,同时也为台湾环保科学家和台湾地区的人民了解认识高黎贡山打下了基础。

日本自然科学界的专家考察高黎贡山自然保护区。9月,日本昆虫学家岛洪先生和金泽先生在中科院昆明动物所熊江研究员陪同下,对高黎贡山的寄生蝇和小型蛾进行了详细的野外调查。10月,以日本昆虫学家上野俊一为团长,由昭和大学、东京农业大学、独协医科大学共同组成的日本动物学家考察团,在上海昆虫研究所、昆明动物研究所的谢荣栋、肖宁年专家和保护区科研人员的陪同下,在高黎贡山南端进行了为期10天的实地考察。同月,日本三井物产株式会社昆明事务所高桥所长到高黎贡山自然保护区考察了从日本引种栽培山嵛菜的试验情况。管理处工作人员在陪同日本专家考察时,向他们介绍了高黎贡山的自然保护和科学研究情况。工作人员的介绍和高黎贡山神奇美丽的自然风光,都给日本自然科学界各方面的专家留下了深刻的记忆和良好的印象。

1996年8月,管理处赵晓东处长作为中国自然保护区赴美考察团的4名代表之一,到美国国家森林公园——黄石公园等一些自然保护区,考察了美国生物多样性保护的政策和工作情况。在赴美考察行程中,他利用各种机会分不同场合,向国外的同行们介绍和宣传高黎贡山,使美国同行对高黎贡山自然保护区产生了浓厚的兴趣和较强的吸引力,以致美国自然保护同行们于10月份成行了上面介绍过的回访考察,完成了到高黎贡山对中国生物多样性保护政策进行考察的愿望。

1996年8月底9月初,管理处朱明育副处长等高黎贡山自然保护区处所两级管理人员一行4人,到四川省九寨沟自然保护区,参加了东亚及南亚地区国家公园与保护区有效管理国际研讨会。在研讨会期间,他们共同向来自美国、尼泊尔、日本、澳大利亚、新西兰、蒙古等外国环保专家和国内各地的环保专家、学者,以及全国各自然保护区的与会代表,介绍与宣传了高黎贡山。参加这次国际研讨会,既结识了一批国内外从事环境保护工作的新朋友,又使这些新朋友初步了解了高黎贡山。

1996年10月,美国生物多样性保护政策考察团考察了高黎贡山自然保护区。经雷·斯蒂尔德为团长的美国生物多样性保护政策考察团在林业部张陕宁和赵晓东同志陪同,在高黎贡山保护区对生物多样性保护方面的工作情况,进行了为期3天的考察。通过考察和保护区领导及工作人员介绍保护区各方面的工作情况,为今后共同开展生物多样性保护,环境教育与宣传、建立中西方姐妹保护区等方面打下了基础。

高黎贡山国家级自然保护区保山管理处充分利用科研合作与交流架起的桥梁,采取请进来和走出去的形式,大力加强高黎贡山的对外宣传工作,让世界认识高黎贡山,使高黎贡山走向世界。(1996年12月31日)

(朱明育 供稿)

宣传保护见成效农民主动献林雕

——村民孔元兴夫妇主动向保护区管理处送交国家二级保护动物

1997年1月8日晨,保山市汉庄乡龙塘村村民孔元兴带着临产的妻子步行 20 余里，主动将一只患病的林雕送交高黎贡山自然保护区保山管理处。林雕属国家二级保护野生动物，生活于山林和农田周围，以青蛙、鼠类和昆虫为主要食物，仅分布于福建、台湾及云南的少部分地区，现存数量极为有限。

这只患病的林雕是孔元兴于 1 月 7 日去农耕时，在自己承包的责任田里发现的。为了能让林雕早日康复并返归大自然，孔元兴认为应当将其送交高黎贡山保护区保山管理处，进行收容拯救。从龙塘村至保山城的路上，曾有不少人愿出高价购买这只林雕，均被孔元兴夫妻俩好言谢绝。上午 10 时，当孔元兴夫妻俩步行至上巷街地委大门前，一下子被好奇的人群围得寸步难行。众多不明真相的围观者，以为孔元兴夫妇俩是在出售野生动物，于是竞相出价，声称要买下这只林雕将其放归自然，尤其是保山市律师事务所的一位同志一手抓着一把钞票塞向孔元兴，一手托着林雕的腹部就想往空中抛；口齿不太伶俐的孔元兴夫妇俩反被窘得不知如何解释才好。后经赶到现场的高黎贡山保护区保山管理处管理人员解释道：孔元兴夫妇今早步行 20 余里进城为的就是把林雕移交野生动物保护机构；只是林雕正在患病，需进行收容拯救，病愈后方能放归自然。围观群众听完高黎贡山保护区保山管理处管理人员的解释方满意地离去，被堵 20 来分钟的交通也才得以疏通（笔者认为，众多不明真相的围观者不向野生动物保护管理机构反映眼前这两位衣着褴褛、面容憨厚的村民的非法行为，而是宁愿出钱拯救林雕，完全是受传统的人道主义和当前野生动物保护意识的双重影响）。

中午，孔元兴夫妇离开高黎贡山保护区保山管理处时，管理处的工作人员问他俩有何要求，他俩回答：保护野生动物是我们应该做的一件光荣事情，只希望管理处继续狠抓野生动物的保护和宣传工作，让更多的人自觉自愿地加入到保护野生动物的这个行列中来！（1997 年 1 月 10 日）

（谷方灿　供稿）

保山地区旅游领导小组
视察百花岭度假村

1997年2月14日,保山地委副书记张培光、地人大工委副主任傅宗明、地委宣传部部长杨文虎、保山市委书记杨连、腾冲县委书记刘子杨、龙陵县委书记李志刚、地区旅游局局长王建新、地区安全局局长杨善顺、地区外事办主任蔡汉晖、施甸县副县长于波等地区旅游领导小组成员一行30余人到高黎贡山百花岭森林旅游度假村视察工作。领导们不顾旅途劳累,首先查看了仙人石景点,然后沿着旅游小道,穿越原始森林到达澡塘河瀑布。他们被眼前的景观所陶醉,赞不绝口。看完瀑布,沿河边下500多米,又到了天然温泉泳池和三选水景点。之后,领导们又到了美人瀑,最后才依依不舍地返回到仙人石停车场。3个多小时的旅行,领导们深深被百花岭的丽山秀水所吸引,每到一个景点都要摄影留念,流连忘返。野外视察结束,高黎贡山国家级自然保护区保山管理处赵晓东处长给各位领导汇报了保护区管理处3年来开展生态旅游工作的情况。他说,保护区管理处自1994年1月19日成立以来,充分发挥保护区的旅游资源优势,积极组织保护区的旅游、参观、考察等活动,探索生态旅游的途径。聘请林业部西南林学院园林工程设计所帮助完成百花岭森林旅游度假村的总体规划设计工作,并通过验收。保护处在资金困难,条件差的情况下,一方面加大宣传力度,扩大了高黎贡山百花岭在国内外的知名度;另一方面积极向有关部门争取资金,为百花岭度假村的开发打下了一个良好的基础。(1997年2月20日)

(李正波　供稿)

黄炳生副省长等领导视察百花岭度假村

　　1997年4月14日,云南省副省长黄炳生、省水电厅副厅长刘宗武、省政府办公厅三处处长张仕强等一行9人,在保山地委书记孔垂柱、地委委员保山市委书记杨连、行署副专员朱家忠、地委秘书长杨文灿、副秘书长兼办公室主任刘刚、副秘书长沈培平、保山行署林业局局长杨跃程、高黎贡山自然保护区管理处处长赵晓东、行署旅游局副局长保山永昌宾馆总经理杜昶旭、行署水电局副局长杨显祖、保山市副市长徐洪祥等地市领导陪同下到百花岭森林旅游度假村视察工作。他们不顾旅途劳累,首先查看了澡塘河瀑布,然后到达海拔1900米处的旧街子古驿道遗址。旧街子是著名的南方丝绸之路(蜀·身毒道)上的一个重要驿站,1958年以前一直是一个很繁华的驿站,每天都有几十上百的人到此落脚食宿。这里还保留有抗日战争时阻击日军的战坑,生长着国家一级保护植物、植物活化石——树蕨。在旧街子,黄副省长向前来陪同的傈僳族社长杨志学了解有关旧街子的历史及当地农民生活情况,还兴致勃勃地同傈僳族同胞合影。

　　野外视察结束,黄副省长他们到了高黎贡山百花岭科考旅游接待中心,赵晓东处长向他们汇报了保护区近几年工作情况。黄副省长对保护区管理处的工作给予了高度评价。最后,他还高兴地提笔写下"绿色宝库"四个大字留念。(1997年4月18日)

(李正波　供稿)

中美科学考察团联合考察高黎贡山国家级自然保护区

1997年8月23日至9月2日,由美国鸟类学家David Rim linger、Hans Lendal、中科院昆明动物研究所杨晓君高工,饶定齐副研究员及高黎贡山国家级自然保护区保山管理处的科技人员组成的科学考察团对高黎贡山南部的主峰大脑子与二脑子地区进行了为期10天的科学考察,本次考察的主要任务是探索仅分布于东喜马拉雅山山脉及高黎贡山山脉上的国家一级保护动物白尾梢虹雉生活的神秘世界。10天的考察达到了预期的目的,同时,通过考察增加了了解,增进了友谊,为将来进行更深入的研究工作奠定了基础。

高黎贡山大脑子与二脑子地区是白尾梢虹雉分布的最南界限,也是高黎贡山山脉白尾梢虹雉种群密度最大的地区之一,是研究这一珍稀濒危物种最好的场所,且这里交通方便,环境优美,山川壮丽,野生动植物繁多,垂直分布明显,堪称神奇高黎贡山的缩影,是观鸟、登山、探奇览胜及野生动植物知识科普等生态旅游的最佳去处。(1997年9月10日)

(艾怀森 供稿)

陆生野生动物资源普查工作在我区全面开展

为贯彻执行《中华人民共和国野生动物保护法》及《中华人民共和国野生动物保护实施条例》,有效保护、科学管理和持续利用野生动物资源，按照省主管部门的安排，保山地区被列为云南省陆生野生动物普查的试点地区，普查工作将于1997年9月开始启动。

日前，该普查工作的前期准备工作已基本就绪，地区成立了以管农业的副专员为组长的领导小组，各县市也相应地成立了领导机构，以各林业局、主管领导为主，抽调业务骨干，组成了30余人的普查工作队，省林业厅也将抽调30名专家，投入此项工作。

通过此项普查工作，将对全区的野生动物资源有一个基本的了解，为全区的野生动物管理工作提供一定的依据，同时，也将进一步促进境内自然保护区的保护管理工作。（1997年9月10日）

（李勇华　供稿）

高黎贡山加入中国生物圈保护区网络

1997年8月8日，经林业部同意，中国人与生物圈国家委员会批准，高黎贡山国家级自然保护区被纳入中国生物圈保护区网络。9月17日，在福建省武夷山市召开的第三次中国生物圈保护区网络大会上，中国人与生物圈国家委员会秘书处韩念勇处长为高黎贡山保护区颁发了证书。

中国生物圈保护区网络（CBRN），是由中国人与生物圈国家委员会于1993年发起建立的，到目前为止，网络成员已有66个。该网络与联合国教科文组织国际生物圈保护区网络（WBRN）相对应，开展国际合作、人员培训、信息交流、引入新技术等各项工作，促进生物圈保护区多项功能的发挥。高黎贡山自然保护区加入中国生物圈保护区网络后，将会加强其与国内外自然保护区之间的交流与合作，促进保护区的有效管理与持续发展。（1997年10月1日）

（李正波　供稿）

保山地区陆生野生动物普查项目外业工作基本结束

　　保山地区首次陆生野生动物普查工作于1997年9月底启动以来，各项工作进展顺利，截至11月4日，全区外业工作基本结束，龙陵县率先完成了全部内外业工作，现在全区正转入紧张的内业工作。

　　保山地区作为云南省陆生野生动物普查的试点地区之一，地委行署、各县（市）委政府及各级林业主管部门领导对本次普查工作十分重视，地区成立了以分管行政领导为组长，以林业局、高黎贡山国家级自然保护区保山管理处、财政局、科委等相关部门为主要成员单位的保山地区野生动物普查领导小组，各县（市）也成立了相应的机构，在上级主管部门的领导下，我们制订了严密的工作计划，进行了广泛深入的宣传，落实了各项配套经费，同时抽调了具有大中专学历以上的专业人员43人组成陆生野生动物普查调查队，并于9月中旬在保山进行了为期20天的专业培训，省规划院、大理分院也派出8名同志亲临现场指导检查工作。强有力的领导机构、基层群众的广泛参与以及调查队员能在极端艰苦的条件下积极主动地工作等都为本次普查工作提供了有力的保障。

　　本次普查既贯彻执行了林业部及云南省林业厅的有关规定，起到了试点示范的作用，也达到了为持续利用、有效保护、科学管理野生动物资源提供依据，为国家宏观决策履行国际公约或协定，开展国际交流及科学研究服务的目的。普查同时还成为了一次全面贯彻执行《中华人民共和国野生动物保护实施条例》的具体行动。通过本次普查我们初步摸清了自己的家底，为以后的动物资源消长监测、管理及开发利用提供了理论基础。（1997年11月4日）

（艾怀森　供稿）

吉野熙道博士考察高黎贡山

近年来，随着我国自然保护事业的蓬勃发展，高黎贡山国家级自然保护区的知名度也日益扩大，其经济价值、生态价值和社会效益愈来愈受到社会各界的关注，中外学者纷纷慕名而至。

1997年10月16日，日本岗山大学农学博士吉野熙道先生为亲身领略高黎贡山"物种基因库"的风采，年近六旬之身，不辞辛苦来到了高黎贡山，在中科院昆明植物研究所龙春林副教授的陪同下，对高黎贡山周边的保山、腾冲、龙陵等县市进行了为期一星期的考察。

考察期间，吉野博士对高黎贡山丰富的物种资源赞不绝口，并对芋头等高黎贡山原生物种进行了多方面的考证，他认为，现在流行西欧的芋头食品，其最初的发源地就是滇西一带，同时，日本现存的许多物种，也源于云南，源于中国。通过细致地考察，吉野博士在高黎贡山找到了有力的证据。吉野博士的考察，从另外一个侧面反映了中华古国悠久灿烂的历史文化，同时也反映了中日之间一衣带水、千丝万缕的联系。

考察结束后，吉野博士对保护区管理处领导的细致安排表示衷心的感谢，对保山人民的热情、宽厚和勤劳表示深深的敬意，并表示将为高黎贡山自然保护事业的进一步发展，为增进中日两国人民的世代友谊而做出自己最大的贡献。（1997年11月14日）

（李勇华　供稿）

齐抓共管　全民保护野生动物

近日，保山地市野生动植物管理委员会、保山机场派出所联合查处一起非法收购运输大壁虎的案件。大壁虎属爬行纲蜥蜴目壁虎科动物，《濒危野生动植物国际贸易公约》列为附录Ⅱ，我国列为国家二级重点保护野生动物。当事人邓力元系保山市河图乡化眉村村民，他于11月中旬到瑞丽非法购进大壁虎150对，企图从保山空运至昆明出售，在保山机场被机场派出所当场查获，并扣押非法运输的大壁虎。机场派出所又及时与保山地市野生动植物保护管理委员会取得联系，联合对当事人依法进行严肃处理。将依法没收的大壁虎全部放归自然。

12月5日，保山市公安局"110"新华商场南大门值勤点干警，在新华商场发现一农民出售野生动物。值勤干警收缴了野生动物并向自然保护区保山管理处举报。经自然保护处管理人员鉴定，两只野生动物为成年草鸮，属国家二保护野生动物。两只收缴的草鸮于当日下午由高黎贡山保护区管理人员和"110"值勤干警放归大自然。这是我区巡警首次参与野生动物的保护和拯救工作。（1997年12月12日）

（李 松 供稿）

保山地区首次陆生野生动物资源普查工作结束

截至1997年11月18日，我区按质按量按时全面地完成了保山地区首次陆生野生动物普查工作，本次普查工作先后历时3个月，累计投入1271个工作日。

通过调查，初步查明了我区分布的重点调查与监测动物的名录；并从动物种类数量、分布特点、样带中动物出现的频数、珍稀动物与经济动物的比例等多方面分析了调查结果；分析了野生动物资源消长动态。同时就野生动物资源永续利用的政策与策略及野生动物资源监测与量化管理等方面提出了合理的建议。

本次调查的主要成果有：1. 云南省陆生野生动物调查表 100 份；2. 保山地区陆生野生动物资源调查报告；3. 保山地区野生动物分布图；4. 保山地区野生动物资源样带调查统计表；5. 保山地区野生动物资源调查 100 条样带类型长度统计表；6. 保山地区野生动物资源样带调查景观分布统计表；7. 保山地区野生动物饲养单位统计表。（以上成果经省检查组检查验收，质量评定为合格）。

（艾怀森　供稿）

香港、大陆两地科学家联合对滇西高黎贡山地区鸟类资源进行考察

1997 年 12 月 21 日～1998 年 1 月 3 日，香港大学张浩辉博士，香港环境中心，长春社执行干事罗伟仁，香港自然保护区职员黄才安等一行 6 人在西南林学院韩联宪副教授、高黎贡山国家级自然保护区保山管理处的科技人员陪同下对滇西高黎贡山地区鸟类资源进行了考察。考察线路为保山——百花岭——大蒿坪——大塘——腾冲——盈江（芒允）——瑞丽（南京里、勐秀、弄岛）——芒市。14 天的考察共观察到 300 种鸟类，1 万多只鸟。考察中看到红腹角雉、血雉、黑鹳、鹰雕、高山兀鹫、黑鸢、红隼等 18 种国家保护鸟类，观察到许多横断山地区及云南特有鸟类，如短尾鹩鹛，棕头幽鹛、金头穗鹛、长尾奇鹛、丽色奇鹛、鸦雀等。此外，还观察到冕雀、血雀、银胸丝冠鸟、金冠地莺、灰腹地莺、栗头地莺、小班姬莺等作为鸟类研究工作者野外很难看到的鸟类。

此次考察由云南保山高黎贡山森林旅行社负责组织接待。旅行社热情周到的服务，以及合理的线路安排使得考察工作圆满完成，达到了预期目的。张浩辉博士等鸟类专家表示回去后要将此次考察的情况向香港观鸟协会报告，要让更多的鸟类工作者及鸟类爱好者

认识这一地区丰富的鸟类资源。此次考察对该地区的观鸟生态旅游将起到积极的促进作用。(1998年1月6日)

(李正波 供稿)

保山地区自然保护工作会议在保山召开

1998年2月26日，高黎贡山国家级自然保护区保山管理处在保山组织召开了"保山地区自然保护管理工作会议"。参加会议的人员有保山、腾冲、龙陵县（市）林业局分管自然保护工作的领导，各自然保护区管理所所长、派出所所长，管理站站长和受表彰的先进个人，并邀请了地区护林防火、林业公安、林政法制等部门的领导共40余人参加了会议。

上午，会议由赵晓东处长主持，朱明育副处长对高黎贡山保护区在过去一年中所做的工作主要从以下5个方面做了全面的总结：一是群众环保意识逐步增强，保护管理工作得到进一步加强，成绩显著，高黎贡山保护区已连续两年无森林火警、火灾发生，偷砍盗伐、偷捕盗猎等违法犯罪案件大幅度下降；二是科研工作逐步与国际接轨，国际、国内科研合作前景广阔；三是建立健全了内部管理机制，加强了职工的素质教育，促进了保护区工作的全面发展；四是多种经营已由单一的资金投入型向效益产出型转变；五是宣传教育工作卓有成效，群众自然保护意识明显提高。会上，朱明育副处长还对1998年自然保护区的工作做了安排部署，提出在新的一年里全体干部职工要继续发扬"团结、求实、勤奋、奉献"的精神，着重抓好如下7个方面的工作：一是加强"四防"体系建设，强化自然保护区资源管理；二是加强保护区科技队伍的建设，狠抓科技项目的落实，以项目的实施带动保护区的全面发展；三是加大自然保护区正规化、标准化建设，努力提高干部职工的综合素质；四是加大对社会宣传和公众教育的力度；五是要以中荷合作项目的实施为契机,加快保护区周边农村脱贫致富的步伐;六是有计划地开展生态旅游,着重抓好百花岭景区的开发;七是在保证完成好各项工作任务的同时,努力搞好多种经营项目。保山地区护林指挥部史永林专职副指挥长和保山地区林业公安科科长杨希昆同志分别就保护区的护林防火工作和林区治安工作做了讲话。

　　下午,会议由朱明育副处长主持,赵晓东处长就全体保护区工作人员极为关注的《中荷合作——云南省森林保护和社区发展项目》(FCCD项目)的前期准备和动态情况作了详尽的介绍和说明,传达了陈继海厅长在省厅项目办召开的项目启动会议上的讲话精神。他说,FCCD项目经过近两年的努力争取,已于1998年1月15日在北京正式签署,涉及保山地区的有:保山地区自然保护管理机构的建设(简称C_1项目),小黑山省级自然保护区的建设(简称C_2项目),高黎贡山国家级自然保护区的完善和建设(简称C_3项目)三个子项目,项目援资为320余万美元。赵晓东处长还根据FCCD项目跨度大、内容多、时间长、缺经验的四个特点,要求到会的领导回去后一定要做好项目需要的人员配备,抽调一批素质高、懂业务的技术骨干参与此项目;各项目地区要加强领导,建立制度,尽早向政府领导、财政汇报,成立项目领导小组,落实好配套资金;做好在项目实施过程中涉及的政府部门和单位的协调工作;各所站切实加强保护区的资源管理,杜绝在项目实施过程中严重破坏保护区资源的现象,确保FCCD项目的顺利实施,以争取更多的国际援助项目。

　　最后,会议对1997年度的先进单位和在1997年度做出显著成绩的先进工作者进行了表彰奖励。(1998年3月5日)

(谷方灿　供稿)

社区共管
——自然保护区有效管理的新途径

社区共管，就是自然保护区管理机构与保护区周边社区群众建立伙伴关系，保护区扶持社区发展经济和公益事业，社区主动参与自然保护区资源管理的双向互利性社会活动。从1995年开展社区共管工作以来的实践中，可以得到充分证明，用社区共管的方法来保护自然资源，与以往凭借法律的力量，实施林政处罚来保护自然资源的传统方式相比较，是自然保护区有效管理的一条新途径。

1997年初，根据保山地委、行署的安排部署，管理处赴腾冲县上营乡开展扶贫挂钩工作。上营乡是云南省506个省级扶贫攻坚乡之一，其扶贫工作任务重，难度较大。结合自然保护区的工作职责，管理处把上营乡的扶贫攻坚工作与社区共管工作有机地联系起来，通过开展社区共管工作，既使保护区资源得到有效保护，又推进上营乡社区经济的快速发展。在今后的社区共管工作中，管理处确立了以上营乡示范区为中心，继续兼顾搞好百花岭（属芒宽乡）、大坝（属曲石乡）、库老（属潞江乡）3个村级社区发展的工作思路。

1997年至今，高黎贡山自然保护区管理处在上营乡实施了以下社区发展工作：

一、开展社区调查，拟定社区发展计划。1997年3月，管理处派出科技人员，对上营乡与保护区接壤的6个行政村，围绕自然地理、社会和经济状况展开了全面调查，并与乡党委、政府共同拟定了森林保护、发展经济林果、科技培训，建立科技示范户，发展特色农业，建立混农林业生态系统，开发旅游资源等各项社区发展计划。

二、建立示范村，促进社区经济发展。管理处选择了桥街、大田坡两个行政村作为推进社区经济发展的示范村。1997年，管理处扶贫资金17 800元，帮助两村提高烤烟、甘蔗两项骨干产业的经营管理水平。在大田坡村和桥街村分别设立了100.5亩和101.9亩烤烟样板，实施技术指导。样板地烟，无论在亩产上，中上等烟叶比例上，还是平均售价上，均高于两村平均水平。在种植规范性、技术管理和效益上，都为两村群众起到了积极的技术示范和推广作用。1997年，仅烤烟一项，大田坡村和桥街村分别增加收入10余万元和15万多元，人均分别增收110元和130元。为两村的经济发展作出了努力，在社区经济发展中起到了模范作用。

三、重视教育、提高素质，是社区发展的首要措施。科学技术是第一生产力，社区群众的素质高低，直接影响着社区发展的步伐和效果。管理处从培养社区公众素质入手，在1998年1月，购买《万存书库》2套，送给上营乡林业站、大田坡村公所，购买《少年精品书库》2套，送给大田坡中心小学；购买庞中华的《钢笔书法》100套，送给上营中学。通过输送精神食粮，来丰富社区干部、群众、学生的文化生活和提高科学技术素质。

四、营造经济林，调整产业结构，发展优质高效农业。举办技术培训班，提高社区农民的科学种植水平。1998年1月15日，管理处工作人员连夜赶送果苗，帮助上营乡营造雪梨、酥梨1 000亩，为上营乡调整农业产业结构，走优质高效的农业发展路子迈出了关键性的一步。1998年2月10~12日，管理处在大蒿坪管理站举办果树丰产栽培技术培训班，特请行署林业局退休的吴学潮高级工程师授课，吴老师向来自上营乡的乡村社干部和社员群众讲解了核桃、板栗、柿、梨的丰产栽培专业技术。举办果树栽培专业技术培训班，在上营乡尚属首次，这次培训班受到上营乡参训干部和群众的一致好评，也为上营乡大力发展经济林果业准备了一批技术骨干。

1997年初至今，高黎贡山自然保护区管理处在上营乡开展的社区发展工作，为上营乡的脱贫致富，对保护区资源实施社区共管都进行了有效尝试，也为迎接中荷合作的《森林保护与社区发展》项目在高黎贡山自然保护区的实施，搞好上营乡示范社区的发展，做出了积极的准备工作。（1998年3月9日）

（朱明育　供稿）

中荷合作"森林保护与社区发展"项目专家组赴保考察

1998年4月28日至5月1日，荷兰王国政府驻云南省林业厅专家组组长汉斯·瑞咨裘德尔士先生，长期专家胡伯特士·甘门士先生，云南省林业厅FCCD项目办王为民主任，西南林学院外办主任、翻译李茂彪老师一行4人，前来保山地区进行了为期4天的考察，专题了解保山地、县（市）实施中荷合作"森林保护与社区发展"项目所做的各方面准备工作。

4月28日，荷兰专家、省厅项目办领导与保山行署林业局领导、地区项目办领导及工作人员进行座谈。高黎贡山自然保护区保山管理处处长、保山地区中外合作森林保护及社区发展项目领导小组办公室主任赵晓东同志，向荷兰专家、省厅项目办领导介绍了保山地区项目办工作人员及分工情况、办公室安排情况。保山地区行署林业局杨耀程局长、保山地区护林防火指挥部史永林副指挥长，分别介绍了保山地区的森林发展情况和护林防火工作情况。荷兰专家询问了自然保护区管理计划的制订，高黎贡山、小黑山自然保护区周边社区的各方面情况。中荷双方还就保山地区实施中荷合作项目中面临的困难与挑战，如何实施各个子项目，相互交换了意见。中午，保山地区行署刘子扬副专员在永昌宾馆设宴，欢迎荷兰驻昆专家组和省厅项目办领导的到来。

4月29日上午,高黎贡山保护区保山管理处长赵晓东同志、副处长朱明育同志、科技科科长李正波同志陪同荷兰专家、省厅项目办领导深入到赧亢、整顶两个管理站,了解高黎贡山国家级自然保护区与小黑山省级自然保护区之间生物走廊带的管理情况。

下午,荷兰专家、省林业厅项目办领导前往腾冲县上营乡龙川江东岸社区进行考察。晚上,腾冲县政府丁昌吉副县长、县林业局朱耀春局长分别介绍了腾冲县森林管理工作和今后在自然保护区周边将要开展的社区发展工作。荷兰专家、省厅项目办王主任、赵晓东处长、丁昌吉副县长还就山箐自然保护区的建立,相互交换了意见。

4月30日,荷兰专家、省厅项目办领导考察了小黑山省级自然保护区周边的横山社区。荷兰专家围绕小黑山自然保护区的建立与管理、集体林及自留山的管理、社区村民生产生活情况等有关问题,在龙陵县龙山镇横山办事处的田间地头与村民进行了交谈。晚上,荷兰专家、省厅项目办王主任、赵晓东处长,龙陵县杨国瞿副县长、县林业局杨世颖局长围绕小黑山自然保护区的森林保护及周边社区的发展工作,相互发表了想法和意见。

5月1日,荷兰专家、省厅项目办王为民主任等一行4人,由龙陵返回保山,乘机离保回昆,结束了此次考察。通过考察,增进了荷兰驻昆专家组与保山地、县(市)项目办工作人员之间的相互认识与了解。这次考察,标志着中荷合作的"森林保护及社区发展"项目的正式启动。(1998年5月6日)

(朱明育 供稿)

FCCD 项目荷兰专家、云南省项目官员赴高黎贡山南段考察记

1998年7月2~8日，FCCD项目（中荷合作云南省森林保护与社区发展项目）荷兰驻云南省长期专家海萌先生、克里斯特先生、翻译李茂彪先生及省项目办雷福光先生、徐昀先生一行对高黎贡山国家级自然保护区南段进行了实地考察。

7月2日，在保护区保山管理处处长赵晓东的陪同下，考察组先来到位于保山市潞江乡的保山管理所，与所长赵常兴等领导进行座谈，管理所领导向考察组汇报了辖区的情况，并详细回答了各位项目专家、官员的提问。随后考察组翻越高黎贡山，抵达大蒿坪管理站，与管理站的站长及工作人员进行交谈，了解管理站的日常工作、任务分工、生活情况。下午7点左右抵腾冲县林业局，腾冲县副县长丁昌吉、县林业局局长朱耀春等领导向考察组介绍了腾冲县的森林资源、林业现状及今后发展思路。

7月3日一大早，考察组驱车到著名的马站乡火山群观光，了解这里的地质、土壤及附近的一片梅子——玉米混农林，然后直往界头管理站。在界头管理站，腾冲管理所所长彭祥武介绍了管理所的概况，保山管理处处长赵晓东介绍了近几年来对高黎贡山保护区有效管理的探索，界头站站长回答了考察组的提问。下午返回管理所驻地曲石，继续对腾冲管理所进行考察。饭后，乘着傍晚的余晖，考察了曲石村的银杏——烤烟混农林，然后返回腾冲。

7月4日，由于海萌先生不顾恶劣的下雨天气，坚持要按计划翻越高黎贡山，考察组只得按计划兵分两路：克里斯特先生、雷福光先生、赵晓东处长、保山管理处管理科科长张家胜等一行考察整顶、报亢、赛格管理站，然后至百花岭管理站。海萌先生、徐昀、

保山管理处干部寸端红、腾冲管理所副所长杨加强、森林派出所所长赵春杰、干警段海元,以及曲石卫生院的一名医生、三名当地向导共10人沿丝绸古道徒步翻越高黎贡山,经过10个多小时的冒雨行走,克服坡陡路滑,蚂蟥叮咬等困难,登山队登上海拔3 250米的南斋公房垭口,于傍晚9点抵达百花岭站,与先期到过的另一组人员会合。

7月5日上午,考察组与百花岭管理站的员工座谈,听取了有关百花岭生态旅游开发的介绍。中午到百花岭村,了解百花岭村的村社森林管理及农民生物多样性保护协会。下午抵芒宽管理站,前来迎接的保护区怒江管理处处长李茂泉一行已等候在那里。考察组了解了保山管理处与怒江管理处对高黎贡山的联防情况,并询问了其他一些问题。晚饭后,荷兰专家组一行随李处长赴怒江州,继续对高黎贡山北部考察。

8日傍晚,荷兰专家组返回保山,保山地委副书记董治良宴请前来考察的荷兰专家、省项目办官员。之后,考察组与保山管理处项目工作人员对保山地区1998年下半年的项目活动进行讨论。至此,整个考察活动结束。

通过这次实地考察,荷兰专家和省项目办对高黎贡山保护区的管理及周边乡村的现状有了进一步的了解,保山管理处、所、站的工作人员与考察组成员进行了很好的交流,相信将促进今后的项目实施及保护区管理。(1998年7月15日)

(寸瑞红　供稿)

灰鹤情侣劫后余生

1998年12月15日,板桥镇农民万国元先生通过在团地委工作的表弟张胜凯引见,把一对国家二级保护动物灰鹤上交到高黎贡山国家级自然保护区保山管理处,至此,一对历经重重劫难的灰鹤获得了新生。

灰鹤每年3月在中国北部的新疆、内蒙古及邻国俄罗斯繁殖，每年9月以后开始向南迁徙越冬，像所有的灰鹤一样，这对灰鹤历时3个月，飞越万道雄关才于12月12日飞抵美丽富饶的潞江坝，然而，在潞江坝的甘蔗地中不幸被捕，被剪去了翅膀后提到公路旁出售。不幸中的大幸是，万国元先生一家12月13日驱车到潞江坝休闲时发现了这对落难中的灰鹤，万国元先生当即以100元钱买下了这两只灰鹤，回家后有人愿出300元钱买下这对罕见的灰鹤去杀吃，但万国元先生拒绝了。当他从表弟张胜凯那里得知灰鹤是国家二级保护动物后，第二天便把这对灰鹤送到了高黎贡山国家级自然保护区保山管理处。

如今，两只灰鹤在保护区工作人员的精心饲养下逐渐恢复了健康。(1998年12月17日)

（艾怀森　供稿）

保山地区青少年生物环境科学考察冬令营在高黎贡山自然保护区百花岭科考接待中心举办

1月21~25日，由保山地区科协、高黎贡山自然保护区保山管理处、保山行署教委、保山行署环保局、保山地区青少年宫等单位联合组织的"保山地区青少年生物环境科学考察"冬令营如期在高黎贡山自然保护区百花岭举行。

在开营仪式上，高黎贡山保护区保山管理处赵晓东处长、地区科协吴有春主席等领导向来自保山地区一中和保山市五中的33名考察队员介绍了高黎贡山保护区的基本情况，提出了希望和要求，使得本次考察具有了更加明确的目的性，保证了活动的顺利开展。

在4天的野外考察中，考察队先后考察了百花岭瀑布温泉、金场河沿途的野生动植物资源、黄心树原始森林和怒江河谷的热带经济作物。通过指导教师讲解、野外观察、标本采集和制作等形式，队员们对高黎贡山自然保护区立体气候、垂直植被和丰富的野生生物资源有了更新的认识。初步学会生物与环境科学研究的相关方法，进一步领会到建立自然保护区的迫切性和必要性。队员们还利用空闲时间走访了周围农户，更加感受到人与自然和谐共处的重要性。

这次活动，培养了青少年热爱祖国、热爱生物科学、保护环境的美好感情，他们更加深刻地感受到"保护高黎贡山就是保护我们自己，高黎贡山——我们的家园"这一主题的重大意义。考察过程中，队员们表现出对大自然发自内心的热爱，不畏艰难险阻，吃苦耐劳，互相帮助，积极主动学习有关知识，展现了现代中学生良好的精神风貌。队员们深刻体会到生态环境建设和生物多样性保护与利用的重要意义，纷纷表示将撰写心得体会，把自己的美好享受让更多的青少年朋友来分享，将来愿意为生物和环境保护事业贡献力量。（1999年1月28日）

（施晓春　供稿）

中美学者联合考察白尾梢虹雉

5月5～19日，美国鸟类学家Bland James和中国科学院昆明动物所研究员杨晓君在保护区管理处随行人员的陪同下，深入保护区大脑子对该区域内分布的白尾梢虹雉进行了为期15天的考察，效果显著。

白尾梢虹雉仅分布在东喜马拉雅山山脉和高黎贡山山脉的部分高海拔地区，保护区的大脑子、二脑子是白尾梢虹雉分布的最南界限，也是白尾梢虹雉种群密度最大的地区之一。白尾梢虹雉生性机警,加之生境条件恶劣、数量稀少,人类对它的各种习性了解甚少,因此很难被发现。

4月下旬后正是白尾梢虹雉的繁殖季节,雄性白尾梢虹雉在这个季节也像其他大多鸟类一样有"占山为王"的习性,靠鸣声维护家园的领域,循着雄性白尾梢虹雉频频发出的"领土宣言",白尾梢虹雉就不难被发现。考察期间James和杨晓君共计11次目睹了8只白尾梢虹雉的风采。其间,James还多次在大脑子茂密的高山箭竹林和杜鹃灌丛中与小黑熊及其他珍稀动物相遇。

James说,保护区大脑子交通便利、植被完好风景优美、白尾梢虹雉种群资源丰富,是开展白尾梢虹雉的科学研究和观赏考察的理想地区。James还打算从明年4月开始对保护区内的白尾梢虹雉进行长期研究。

英、港观鸟爱好者到高黎贡山观鸟

1999年5月29日至6月11日,分别来自英格兰的Paul Leader、苏格兰的Alan Brown和中国香港特别行政区的Michael Leven 3位观鸟爱好者,在高黎贡山森林旅行社导游的带领下,沿高黎贡山东西坡交通最为方便、生境条件各异、鸟类资源各具特色的4条观鸟路线进行观鸟(东坡:百花岭——旧街——大炉场,火炉场——黄心树,大炉场——金场河;西坡:大塘——金瓜崖——二脑子——放马场)。

此次观鸟虽受降雨较多不利因素的影响,但由于选线合理、时间安排恰当,观鸟团仍看到260多种鸟类,有白尾梢虹雉(一雄一雌和两只雏鸟)、红腹角雉、血雉、白鹇、原鸡等珍稀雉类,有黑枕金雀、火尾绿鹛、黑翅雀鹎、血雀等20多种高黎贡山特有鸟类。其间,观鸟团亲眼目睹白眉长臂猿的风采,与小熊猫、苏门羚、赤鹿不期而遇,同黑熊窄路相逢,翻山越岭追寻羚牛的踪影,住帐篷吃野菜等每一件事都令3位观鸟者激动不已。

3位观鸟爱好者说,此次观鸟在他们短暂的行程中看到了最多的鸟类、最优美的自然风光、最原始的森林、最珍贵的兽类,品尝到了最新鲜的野菜,遇上了最好的导游,这是他们10多次到中国观鸟以来最高兴和最愉快的一次。(1999年6月16日)

(谷方灿　供稿)

FCCD项目将在自然保护区周边贫困村庄实施CEAP

　　FCCD项目,即中国与荷兰共同合作的云南省"森林保护与社区发展"项目,是Forest Conservation(森林保护)and Community Development(社区发展)的简称。CEAP即社区环境行动计划,是Community(社区)Environment(环境)Action(行动)Plan(计划)的英文缩写。

　　保山地区是FCCD项目实施地区之一。高黎贡山国家级自然保护区和小黑山省级自然保护区所在地的保山市、腾冲县、龙陵县将在1999~2004年期间实施这个中荷国际合作项目。社区环境行动计划(CEAP)的实施,既是通过社区发展这个有效途径,进一步推动自然保护区周边村庄的经济与社会向前发展,逐渐缓解社区村民对自然保护区造成的压力,减轻社区对森林资源的依赖程度;又是通过改善或优化社区生态环境的方式,加快我区自然保护区周边贫困村庄的脱贫致富步伐。

　　1998年8~12月,中荷合作FCCD项目在保山市、腾冲县和龙陵县的8个乡(镇)9个行政村(办事处)的26个村庄,开展了农村快速评估和林业快速评估工作。在这两次调查评估的基础上,在上述3县(市)分别选择了3个村庄,于1999年6~7月,在中外专家的指导下,地县(市)项目办、保护区和林业站工作人员与社区领导、村民一起，共同展开了"参与性农村快速评估"活动。在广泛听取村民意见与建议，满足村庄及村民发展愿望的前提下，从各个村庄的自然环境状况出发，本着改善或优化村庄生态环境和促进经济社会发展的思路，在村民的积极参与下，编制了一碗水（属龙陵县龙山镇云山办事处）、杨家寨（属龙陵县龙新乡雪山行政村）、榨地（属龙陵县天宁乡三家行政村）、山坡田（属保山市芒宽乡西亚行政村）、芒岗（属保山市芒宽乡百花岭行政村）、赛岭（属保山市潞江乡芒柳行政村）、横河（属腾冲县上营乡桥街行政村）、大蒿坪（属腾冲县上营乡大田坡行政村）、荒田坝（属腾冲县五合乡整顶行政村）9个村庄的社区环境行动计划（CEAP）。

上述村庄均处于高黎贡山和小黑山自然保护区周边3公里范围内，绝大多数属于贫困村寨。9个村庄共有村民665户2 789人。社区环境行动计划针对各个村庄不同的自然条件和社会经济状况，设计了营造经济林、薪炭林、用材林，改灶节柴、发展沼气，集体林管理，种植经济作物、饲料作物，发展养殖业、种植业，农村实用技术培训和村民交流等社区发展项目。项目投资预算共计1 930 541.87元。其中荷方资助658 214.43元，占34.09%；由社区村民投入的配套资金1 272 327.44元，占65.91%。社区环境行动计划投资总额中用于林业建设的投资为1 330 810.87元，占68.94%；农村能源建设投资为224 020元，占11.60%；种经济作物和饲料作物投资为132 597元，占6.87%；养殖业投资60 905元，占3.16%；农村实用技术培训投资为85 025元，占4.40%；社区基础设施投资为97 184元，占5.03%。

在林业产业建设中，9个村庄根据不同的气候条件，发展泡核桃、咖啡、龙眼、茶叶（含95亩低产改造）、白花木瓜、板栗、甜龙竹、银杏、甜杨梅、杜仲等经济林共计2 069.58亩，投入资金1 025 320.87元，占林业建设投资的77.05%；有6个村庄营造用材林和薪炭林共770.6亩，投资244 700元，占林业建设投资的18.39%；有4个村庄对集体林共4 642亩进行封山育林，加大管护力度和提高管理水平，投资 48 370 元，占林业建设投资的 3.64%；有 1 个村庄建成 1 个在 1999~2000 年培育苗木 26 万株的苗圃，投资 12 420 元，占林业建设投资的 0.93%。

在农村能源建设中，有 297 户村民对热效能低的老虎灶进行改造，有 6 户村民修建沼气池。参加能源建设的村民共 303 户，占 9 个村庄总农户的 45.60%。

在种植业方面，有 5 个村庄计划种植草果、西番莲、鸡蛋果、脱毒洋芋、芭蕉芋等经济作物和饲料作物 394.6 亩。养殖业方面，有 3 个村庄的 80 户村民分别修建卫生圈（23 户），饲料青贮池（10 户），进行新法养猪和繁殖小母猪（21 户）；饲养雪鸡（26 户）。农村实用技术培训方面，有 7 个村庄将在修建节柴灶和沼气池、茶园管理及低产改造，果树嫁接，新法养猪养鸡，营林和经济林、用材林、薪炭林管理，粮食作物、经济作物、饲料作物和蔬菜栽培等农村实用技术上，对村民 1 598 人次进行培训和技术交流。在基础设施建设上，有两个村庄分别改善人畜饮水条件和建成村中活动场所。

到 1999 年 8 月 11 日止，有 8 个村庄的社区环境行动计划（CEAP），得到中荷合作云南省森林保护及社区发展项目办公室的批准，荷方资助社区发展的启动经费已陆续汇到了社区账户，各村庄的社区发展项目将于 9 月份进入实施阶段。社区环境行动计划在我区自然保护区周边贫困村寨实施，对这些村寨今后的生态环境改善和优化、脱贫致富和社区经济社会的发展都将起到积极的示范与推动作用。据规划，在整个项目实施期限间，预计有 345 个村庄将接受相同方式援助发展。（1999 年 8 月 27 日）

（朱明育　供稿）

GEF 项目大田坡示范点
社区环境教育进展顺利

GEF 项目是世界银行全球环境基金（Global Environment Facility）资助的中国自然保护区管理项目的简称，项目于 1995 年启动，首先在云南、江西、福建、陕西和湖北省的 5 个自然保护区实施。在项目中期评估中，提出 1999~2000 年在云南实施"GEF 项目云南自然保护区社区环境教育"，经过各自然保护区的申报和云南省林业厅保护办的考察，选定西双版纳、高黎贡山、哀牢山 3 个国家级自然保护区的 3 个示范点，开展以保护森林资源为主要目的的环境教育。腾冲县上营乡大田坡行政村是 3 个示范点之一，项目于 1999 年 3 月启动。

8 月 21~26 日，高黎贡山自然保护区保山管理处赵晓东处长等环境教育小组一行 5 人，到腾冲县上营乡大田坡村，开展 GEF 项目大田坡示范点宣传教育活动。主要落实开展以下四项行动。

一、开展结对扶贫帮困行动

高黎贡山管理处根据保山地委、行署的要求和挂钩扶贫的实际，选择大田坡行政村大蒿坪自然村为结对扶贫点，组织动员管理处科级和工程师以上 8 名干部和科技人员，采用"1+1+4 结对挂钩"扶贫形式（即由一名参加扶贫的干部与一户较有开拓和实干精神的农户结对，再由这户农户在村中邀约四户比较贫困的农户组成扶贫互助小组）。共结成 10 个扶贫互助小组，50 户村民得到帮助。既作为结对扶贫帮困的一个新探索，又是开展环境教育的新形式，使村民在得到技术和资金援助的同时，提高他们的环境保护意识。

二、开展"绿卡行动"（封山育林），保护村社森林资源

封山育林是大田坡村民的意愿。也是保护和发展村社集体森

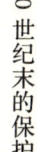

林的有效途径。环境教育小组与大田坡村社领导、群众共同选定3块林地,进行封山育林,总面积3 300亩,涉及4个生产合作社,79户村民。其中小河边社(徐家坟、干河、龙塘河)1 100亩,刀金寨社(黄豆腐岭、铁岭岗、大坟槽)1 200亩、打弩山—龙塘社(汤家岭子、庙村岭岗)1 000亩。聘请董仕营、岛明恩、李怀富三名护林员分别进行管护,订立《大田坡村封山育林公告》,制作2个公告碑和15个简易木制标牌,教育和规范村民利用森林资源的行为。

三、开展"小手推动大脊背"(绿色校园行动)

大田坡完小是桥街行政村及大田坡行政村唯一一所完小,有教师10人,学生210人。前期开展过绿色校园设计、赠阅《蜜蜂报》、师生种植纪念树(每人每年一株)、春游等活动,本次环境教育小组与大田坡完小师生共同开辟环境宣传和教学新园地,建立校园宣传栏1块、室外黑板3块;建立校园苗圃地0.2亩,开始整地做床工作,选定秃杉、杉木、喜树等育苗树种;初步确定校园绿化方案;讨论今后开展校园环境教育活动的新思路。

四、社区共管委员会

经与村社干部、学校教师及乡镇领导等有关部门领导反复研讨和酝酿,成立了"高黎贡山国家级自然保护区上营乡大田坡村社区共管委员会",作为项目的组织形式之一,是村民与保护区管理机构、乡村政府联系的桥梁。委员会由村支书、村长、文书、完小校长、教师、护林员、村民代表、上营乡林业站及大蒿坪管理站代表组成。环境教育小组与上营乡政府、林业站、大蒿坪管理站、大田坡村公所、完小商议了委员会的具体事宜,通过了"社区共管委员会公约",并张榜公布。通过社区共管委员会的建立和"公约"的制订,探索在社会主义市场经济体制下,如何共同保护好国有林(保护区)、村社森林(集体林及自留山、责任山)的有效途径。

环境教育小组本次工作落实了"绿卡行动"(封山育林)、"小手推动大脊背"(绿色校园行动)、"社区共管委员会"等具体活动,并探索在"结对扶贫"中开展环境教育,为今后实施GEF社区环境教育和 11 月份开展主题活动日打下良好基础。同时我们把在本地实施的 GEF 社区环境教育项目"中荷合作森林保护与社区发展项目（FCCDP）"结合起来，提供相关经验，互相促进。随着 GEF 项项目大田坡示范点环境教育工作的深入开展，大田坡村民、完小师生的环境保护意识将得到提高。对促进上营乡的脱贫致富，协调社区经济、教育、生态环境建设和对高黎贡山国家级自然保护区及周边村社森林的有效管理具有重要作用。(1999 年 9 月 3 日)

（施晓春　供稿）

农村社区与自然和谐发展的新尝试
——第一个高黎贡山自然保护区村级社区共管委员会成立

1999 年 9 月 11 日，云南省中荷合作森林保护和社区发展项目（FCCDP）荷方社区发展专家 Hubertus Goverd 先生和云南高黎贡山国家级自然保护区保山管理处处长赵晓东先生在高黎贡山西麓腾冲县上营乡大田坡村公所为"云南高黎贡山国家级自然保护区、腾冲县上营乡大田坡村社区共管委员会"挂牌。至此，第一个高黎贡山自然保护区村级社区共管委员会正式成立，它标志着探索农村社区与自然保护工作和谐发展途径的新尝试。

社区共管委员会是由大田坡村社干部、村民代表、教师、护林员、乡林业站代表、自然保护区管理站代表共同组成，各生产合作社相应成立以社长为组长的社区共管小组。共管委员会还制定了《共管公约》，其宗旨是通过共管这种互助互利形式，充分提高村民环境保护意识，社区村民积极地自觉地参与到自然保护队伍中，共同保护和利用高黎贡山的自然资源，谋求人与自然的和谐发展。其主要职责是，组织村民直接参与自然保护区和社区森林资源的管理，提高村民科学培育和合理利用资源的能力，监督和组织实施村社接受的资助项目、农村实用技术培训及社区经济发展活动，引导组织村民按照国家法律法规及《共管委员会公约》。开展与社区环境教育、自然保护相关的活动，使村民认识到保护高黎贡山就是保护我们自己。

自1998年以来，高黎贡山自然保护区保山管理处在上营乡主要开展了3个方面的探索性工作。

首先，开展新形式的结对扶贫工作。腾冲县上营乡是省级扶贫攻坚乡，保山管理处按保山地委、行署的要求，结合工作实际，选择距保护区边界较近的大田坡行政村大蒿坪自然村为结对扶贫点，组织动员管理处科级和工程师以上8名干部和科技人员，采用"1+1+4结对挂钩"的扶贫形式（即1名干部+1个示范户+由这个示范户在村里邀约的4户比较贫困的帮带对象组成扶贫互助小组），结成10个扶贫互助小组，使50户村民得到帮助。这种方法，使村民在得到技术和资金扶持的同时，环保意识也得到相应提高，这既是扶贫帮困工作的一种新尝试，也是开展环境教育的新形式。

其次，开展环境宣传教育活动。1998年初，为提高社区村民的文化素质，管理处购买了《万村书库》、《少年精品书库》、《农村实用丛书》、《钢笔书法》等100多套书送给乡林业站、村公所、中学、小学等单位，以文化扶贫的方式开展科普宣传和文化教育活动。1999年初，选择大田坡村为"GEF项目云南自然保护区环境教育"示范点。1999年3月该项目正式在大田坡村启动，并开展了"绿卡行动"（封山育林3 300亩）和"小手推动大脊背行动"（大田坡完小"绿色校园行动"），通过这些形式的宣传教育活动，旨在推动社区村民自觉参与到"知我家园、爱我家园、绿我家园、富我家园"行动中，保护他们赖以生存的自然环境，合理利用自然资源，以达到资源的永续利用，经济的持续发展。

再次，开展社区发展示范村活动。1999年7月，云南省中荷合作森林保护和社区发展项目（FCCDP）社区发展活动在高黎贡山正式启动。保山管理处选择大田坡行政村的大蒿坪自然村为FCCDP的社区发展示范村，保护区管理机构和林业站配合村民利用PRA工具为该村编制了《社区环境行动计划》，并确定了一些目前正进行的与发展社区经济和森林保护有关的活动,这些活动可获得由 FCCDP 荷方无偿资助的 59 500 多元资金,可用于营造秃杉、喜树、文山杉、杜仲、核桃、木瓜,养殖雪鸡,改造猪厩,改造节能灶,开展农户科技培训等活动。与此同时,社区村民也将按照项目原则和村民讨论通过的《共管公约》行使他们的权利,履行他们的义务。这种方法能使保护区管理工作与社区经济得到共同的协调发展。

社区共管的形式打破了自然保护管理机构只依赖行政手段和法律手段开展管理工作的旧格局,改变了过去管理与被管理的关系,而是跟周边社区群众建立伙伴关系,形成保护区扶持社区发展经济和公益事业,积极开展环境宣传教育,社区主动参与自然保护区资源管理的双向互利性社会关系,它是自然保护区实现有效管理的一条新途径。

社区共管委员会是社区发展活动和自然保护区管理工作之间的纽带和桥梁,通过它才能有效地处理好自然保护和社区活动中出现的各种矛盾,妥善解决管理工作中出现的各种问题,使社区村民在得到实惠的同时,也积极参与到自然保护工作中来,这是一种在社会主义市场经济条件下,探索实现人与自然和谐发展的有效新途径的新尝试。(1999 年 9 月 16 日)

(张家胜　供稿)

中外旅游专家组到保山地区开展生态旅游调研

1999 年 10 月 10~14 日,由云南省中荷合作森林保护与社区发展项目办荷方专家海萌(Hubertus Goverd)先生、澳大利亚索菲尔德(Trevor H. B. Sofield)博士、香港特别行政区李凤娟女士、

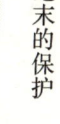

云南省社会科学院康云海研究员组成的中外旅游专家组在高黎贡山国家级自然保护区保山管理处李正波副处长等人陪同下到保山地区开展为期4天半的生态旅游调查研究工作。专家组是受云南省中荷合作森林保护与社区发展项目办的邀请来保山地区开展高黎贡山、小黑山两个自然保护区及周边地区生态旅游可行性研究。

专家组先后考察了高黎贡山百花岭澡塘河生态旅游小区、大蒿坪太坪铺古烽火台、丝绸古道、腾冲曲石龙江河谷风光、柱状节理地质奇观、马站火山群、历史文化生态村——和顺乡、国殇墓园、热海、龙陵县小黑山自然保护区一碗水树蕨林、茄子山水库、巴腊掌温泉等景点景区。在考察中,专家们被保山地区美丽的自然风光所吸引、陶醉,不时口中说道"beautiful(漂亮)",并摄影留念。

除野外实地考察外,专家组还分别与保山地区旅游局王建新局长、腾冲县王彩春副县长、县旅游局杨明俊局长以及高黎贡山自然保护区保山管理处、腾冲县林业局、龙陵县林业局、小黑山自然保护区管理所的领导座谈,了解地区旅游发展现状、规划,自然保护区旅游资源及生态旅游情况。

通过实地考察研究,专家们对保山地区旅游有了全面了解,特别对高黎贡山国家级自然保护区、龙陵小黑山省级自然保护区的生态旅游资源有了系统认识。专家们一致认为保山地区自然风光秀丽,历史古迹众多,民族文化丰富,旅游资源独具特色,发展生态旅游潜力巨大。

14日上午索菲尔德博士还兴致勃勃地介绍了国际上有关生态旅游的情况,他说:"生态旅游是一种不同于大众旅游的旅游,是一种以自然资源为主要依托的旅游,是一种数量(人数)控制的旅游。""生态旅游具有五个特点:一、是要在保护旅游资源的基础上来开展旅游活动;二、生态旅游是一种持续的旅游,它要求旅游资源是持续的,因此有一个环境容量问题,必须控制人数;三、在开展生态旅游活动时要与环境教育相结合;四、生态旅游收入的一部分应返回自然保护,以加强旅游资源的保护工作;五、生态旅游的开展要与社区发展相结合,通过旅游带动社区发展达到有效保

护。"（1999 年 10 月 20 日）

(李正波　供稿)

开展执法培训　提高执法水平
——高黎贡山国家级自然保护区保山管理处
举办综合行政执法培训

1999 年 11 月 19～21 日，在保山地区行署法制局、高黎贡山国家级自然保护区保山管理处的主持下，为期 3 天的自然保护区综合行政执法培训班在保山管理处如期举办。来自高黎贡山国家级自然保护区保山管理所、腾冲管理所、龙陵小黑山省级自然保护区管理所和保山管理处 70 余名干部职工参加了培训。通过培训，保山管理处及保山、腾冲、龙陵三个管理所将被授予执法主体资格，对参训人员经考试及格将颁发执法证。为保护区工作人员依法行政打下坚实基础。

在培训班开幕式上，保山管理处赵晓东处长首先对全体参训人员的到来表示热烈欢迎，向学员们介绍了负责培训的法制局指导教师和徐苏南局长，阐述了举办这次培训班的目的和意义，他说：高黎贡山国家级自然保护区和龙陵小黑山省级自然保护区的全体干部职工，承担着保护管理高黎贡山 120 多万亩国有森林资源，30 余万亩国有代管理森林资源和 20 余万亩国有集体森林资源的重任，任重而道远，意义非常重大。如何保护好森林资源及生物多样性，完成人民赋予的责任，实现自然资源的可持续发展目标，除了我们自然保护工作者积极努力和无私奉献外，还必须运用法律武器，认真履行法律赋予我们的权利和义务，使自然保护事业走上法制化轨道。他对全体参训人员提出了三点要求：一是通过学习，要懂得如何进行行政执法，如何执法才符合法律规范；二是要求自然保护工作者广泛学习有关法律知识,努力做新世纪合格的自然保护工作者;三是要把所学的法律知识应用到实际中,完成所担负的工作。

行署法制局徐苏南局长在开幕式上也作了讲话,他说:99昆明世界园艺博览会的主题是"人与自然迈向二十一世纪",这充分反映出保护自然,实现人与自然和谐发展是世界人民的共同心愿。随着社会主义法制建设的不断健全,不但要求全体公民学法守法,更要求执法工作者学法、懂法、严格执法,应用法律的和各种行之有效的措施,保护好大自然馈赠我们的宝贵财富。

通过3天的培训学习,全体参训人员在法制局老师的指导下,完成了"法学基础知识"、"行政执法"、"行政处罚法"和"行政复议"等知识的学习,并通过了考核。这次综合行政执法培训班的成功举办,使参训的自然保护工作者对自然保护区的依法管理和行政执法有了全面认识,将会促进执法水平的提高。学员们纷纷表示回到工作岗位后,一定按国家法律规定做好自然保护工作,为实现人与自然和谐发展作出贡献。(1999年11月28日)

(陶宏 供稿)

FCCD项目CEAP进展监测首期培训班在保举行

FCCD项目是中国与荷兰合作的"云南省森林保护与社区发展"项目,CEAP即"社区环境行动计划",是为实现"社区发展"活动服务的,社区发展是FCCD项目的有机组成部分。其目的是通过CEAP的实施,使保护区周边社区群众摆脱贫困,增加经济来源,改善社区生态环境,提高社区文化生活水平,加强自然保护宣传教育,增强社区群众的保护意识,以达到从根本上减轻社区对自然资源的依赖程度,促进社区的可持续发展。

中荷合作 FCCD 项目实施一年多来，各项工作按要求进展顺利，取得了预期的成果。今年 7 月 CEAP 正式在高黎贡山自然保护区东坡的芒岗、赛岭、山坡田、西坡的大蒿坪、横河、荒田坝和龙陵小黑山自然保护区的榨地、杨家寨、一碗水 9 个示范村先后实施。经过 4 个月的具体实施活动，各示范村按计划完成了部分社区发展活动，随着 CEAP 实施工作的不断深入，开展和加强项目进展监测势在必行。针对这一实际，按中荷合作 FCCD 项目的要求，于 11 月 24~29 日分别在高黎贡山国家级自然保护区保山管理处和龙陵小黑山省级自然保护区管理所举办了 CEAP 进展监测培训班。来自项目示范村所在地县（市）政府分管领导、乡（镇）领导、社区共管委员会代表和保护区处、所、站项目技术人员 72 人参与了培训。

开幕式上，中荷合作 FCCD 项目顾问、原省林业厅副厅长吴广勋对培训班的顺利举办表示热烈祝贺。高黎贡山国家级自然保护区保山管理处赵晓东处长对省厅领导和中荷专家的到来表示热情欢迎，同时对全体参训人员提出了要求，他说："希望通过这次 CEAP 进展监测培训，使项目实施工作人员了解和掌握 CEAP 的监测方法和措施，把所学技术、方法应用到项目活动中，加大工作力度，加强项目管理，完成好 9 个示范村的项目实施工作，为今后 CEAP 在自然保护区周边社区扩大实施规模奠定基础。"

在 6 天的 CEAP 进展监测培训过程中，荷兰政府常驻省林业厅的社区专家海萌先生，社区专家助理亨利先生和中方社区发展专家何丕坤先生就监测理论、监测作用、监测方法、监测目标、社区财务报告和监测报告编制及呈报程序等内容作了认真的讲解，参训人员边学边练，基本掌握了 CEAP 进展监测理论和方法。

通过培训、交流与汇报，省项目办官员和中荷专家被高黎贡山、小黑山自然保护区 CEAP 实施活动中取得的成绩给予充分肯定，希望项目实施工作人员进一步做好 CEAP 的进展监测和报告编制上报工作。参加培训的县（市）、乡（镇）领导表示，将继续加强对项目活动的领导工作，采取措施，帮助解决项目实施过程中遇到的问题和困难,支持协助项目活动的顺利实施,同时要求工作人员,尽职尽责,努力工作,在省、地、县各级政府和项目办的领导下,通过中荷专家和社区群众的共同努力,按中荷合作"森林保护与社区发展(FCCD)"项目实施要求,全面完成 FCCD 项目中所确定的社区发展活动计划,实现社区发展方面的各项预定目标。
(1999 年 11 月 30 日)

(陶 宏 供稿)

贯彻"科教兴国"战略
实现"科教兴区"目标
——高黎贡山国家级自然保护区被批准成为云南省科学普及教育基地

经省科普联席会议审议,云南省人民政府批准,高黎贡山国家级自然保护区与昆明世界园艺博览园、昆明动物园、云南省博物馆等 13 个单位成为了第二批"云南科学普及教育基地"。目前,高黎贡山国家级自然保护区是保山地区唯一的"云南省科普教育基地",1999 年 12 月 21 日,保护区保山管理处赵晓东处长前往昆明参加了"云南省科学普及教育基地"授牌及科普教育工作交流会,在会上就管理处自 1994 年元月成立以来如何贯彻"科教兴国"战略,实现"科教兴区"目标作了交流发言。

高黎贡山国家级自然保护区位于北纬 $24°56'\sim26°09'$,东经 $98°34'\sim98°50'$ 之间,整个保护区东西宽 9 公里,南北长 135 公里,总面积 124 459 公顷。据初步统计,保护区内有高等植物 2 138 种,其中国家级省级保护植物 60 种,脊椎动物 581 种,其中国家重点保护的一、二类珍稀濒危动物 81 种。另外,还有昆虫 844 种,真菌 133 种。素有"绿色宝库、动物乐园"的美称。因其丰富的生物多样性备受国内外关注，1983年经省人民政府批准建立省级自然保护区，1986年被国务院列为国家级自然保护区，1992年被世界野生生物基金会（WWF）列为具有国际重要意义的A级自然保护区，1997年被中国人与生物圈网络（MAB）国家委员会接纳为会员。自1994年"高黎贡山国家级自然保护区保山管理处"成立以来，管理处积极响应"科教兴国"的号召，结合管理处工作实际，提出了"科教兴区"的目标，在相关部门的支持下，6年来，管理处不断以科学手段探索保护管理自然保护区的新途径，充分发挥保护区的基地优势，积极普及宣传科技知识、科学思想和科学方法，为提高保护区周边公众及全民科学文化素质作出了自己的贡献，得到了社会的认同。

自1994来，管理处先后在美国麦克阿瑟基金、荷兰王国政府、保山地区科委、全球环境基金（GEF）的资助下，开展了"高黎贡山森林资源管理与生物多样性保护"、"高黎贡山生物多样性保护与社区发展"、"高黎贡山羚牛、白尾梢虹雉、小熊猫、苏门羚等珍稀濒危动物的专项研究"、"高黎贡山西坡大田坡村社区环境教育"等多项科研及科普教育项目。同时建成了野生动植物标本展室及大蒿坪和百花岭科普教育小区，开展了"保山地区野生动植物标本图片展"、"野生动植物保护知识竞赛"、"小小昆虫家"、"乡村中小学野生动植物保护宣传教育"、"青少年生物与环境科学冬令营"等科普教育活动。通过科学研究及科普教育，管理处成功地探索出了保护区生物多样性保护与周边社区发展谐调共存的新途径，提高了保护区的管理水平及社区群众的保护意识。正因为如此，在高黎贡山腹地的百花岭村村民自发组织成立了中国第一个农民生物多样性保护协会，高黎贡山西坡的大田坡村村民与保护区管理站共同协商成立中国第一个自然保护区共管委员会。这些卓有成效的工作引起了社会各界的广泛关注，中央电视台"焦点访谈"、"新闻调查"栏目、《人民日报》、《中国青年报》、《中国日报》、《中国绿色时报》、《中国环境报》、《云南日报》等新闻媒体的记者对此进行过正面的宣传报道。（1999年12月28日）

（艾怀森　供稿）

第四章

21 世纪的前 10 年

高黎贡山保护区举办参与式方法培训班 提高全体工作人员工作技能

受中荷合作云南省"森林保护与社区发展"项目资助,今年春节刚过,高黎贡山保护区保山管理处便在全区范围内举办参与式方法主持人研讨班,以期提高全体工作人员的工作技能。

首期共 6 个研讨班,于 2000 年 2 月 14~18 日分别在保山、坝湾、腾冲、龙陵 4 个地点同时举办,现已圆满结束。第二期 6 个班,将于 2 月 21~25 日举办。每个研讨班有学员 20 人,共 240 人,分别来自高黎贡山保护区、小黑山保护区。管理处、所、站各级机构,以及保山地区行署林业局、保山市、腾冲县、龙陵县林业局的林政、公安、营林、节能等有关部门。

参与式方法主持人研讨班的教员来自西南林学院、云南省林科院、云南省林业调查规划院、云南省林校等单位。根据成人教育原理,采用参与式教育方法,以生物多样、生态平衡、可持续利用 3 个主题划分 3 个学习模块,使学员充分掌握参与式方法主持技巧,并使学员分享关于 3 个学习主题的新的知识、信息。

在高黎贡山保护区全区范围内连续组织几个研讨班,保护区全体工作人员参加,并邀请有关林业局的相关职能部门的工作人员参加,这在保护区的历史中当属首次,目的有二:一是全面提高保护区工作人员的基础素质,使大家掌握基本的生态学知识、生物多样性知识、可持续利用知识;二是使全体工作人员都掌握参与式方法技巧,都能做参与式方法的主持人,这是此次培训的主要目标。

高黎贡山国家级自然保护区保山管理处从成立之初就十分重视社区工作,将促进社区发展,赢得社区参与保护作为有效保护高黎贡山的策略。近几年,管理处挤出有限的经费,多次派出科技人员力所能及地帮助社区改善文化生活,培训周边村民,并积极引进多个国际合作项目,帮助社区发展经济。采用的主要工作方法就是参与式的方法,将村民放在受尊重的地位,从项目的分析、设计到管理各阶段都有村民的参与,保护区的工作人员主要起一种主持、协调的作用。目前,这种策略已显现出积极的效果。有的村成立了高黎贡山农民生物多样性保护协会,有的村建立了高黎贡山社区共管委员会,等等。村民以多种方式参与自然保护。因此,参与式方法主持人技能对于保护区的工作人员来说是一种重要的工作技能。

相信通过此次培训,将会大大提高保护区工作人员的这种工作技能,促进保护区管理与社区之间的协调。(2000年2月19日)

(寸瑞红 供稿)

GEF 社区环境教育项目在高黎贡山有新进展

在春暖花开的 3 月,GEF 社区环境教育项目在高黎贡山地区又有了新的进展。经过半个月的准备与策划,2000 年 3 月 16~18 日,高黎贡山国家级自然保护区保山管理处、大蒿坪管理站一行 4 人与上营乡党委政府主要领导(丁自川书记、毕争乡长及主管林业工作的周特副书记)组成的社区环境教育工作小组在高黎贡山西坡的上营乡大田坡村开展了场面宏大的、有声有色的社区环境教育活动,在当地产生了良好的影响。

第一天,工作小组与大田坡完小一起组织了由 130 余名学生、

11名教师和40余名乡村干部社员共同参与的校园苗圃育苗活动,师生与干部群众争先恐后地翻地、做苗床、施底肥、采集苗床覆盖物、播种、浇水,整个场面热烈而井井有条,而环境教育小组的成员一边讲解育苗技术,一边宣传保护自然、绿化家园的重要意义,在活动中开展教育,在教育中开展活动,使广大师生及村社群众受到了很好的教育。许多人表示,这种别开生面的活动让人非常难忘,他们要把今天学到的东西向亲人朋友宣传,让亲人朋友都自觉行动起来保护高黎贡山、保护我们的家园。小学生们更是积极表示,他们一定要把自己学习到的东西向父母宣传,让他们也像今天在场叔叔阿姨一样受到教育,真正做到用小手推动大脊背。下午社区教育工作小组还与大田坡完小师生一起对如何进行校园设计进行了研讨,最后确定了校园绿化方案设计方法,并由校方在4月中旬初选后上报到保护处进行最后评选。

第二天,工作小组与村干部、社员代表研讨后确定在村公所外围墙上制作"保护高黎贡山就是保护我们自己"的巨幅标语以表达村民自己的心声。大家在讨论中达成共识:以封山育林为主的绿卡行动教会了他们如何自己管理自己的资源,是利己利人的好事,虽然一年后项目就将结束,但是他们自己要把"绿卡行动"继续推行下去,因此,大家要求制作更醒目、更有永久性的封山育林宣传标牌来取代原来的简易宣传牌。大伙共同研讨后设计出了由金属制作的白底绿字的封山育林标牌5块,同时将临时性的"封山育林公告"牌及"大田坡村社区共管委员会公约"牌制成永久性宣传牌。

此外,大家讨论后认为,鉴于GEF社区环境教育项目在大田坡运行以来取得了很好的效果,并引起了社区各界的关注,特别是中央电视台、《中国绿色时报》、《云南日报》等新闻媒体对此进行了采访报道,云南省作家协会副主席汤世杰先生,著名诗人于坚先生,香港观鸟协会等许多个人或组织都也曾慕名前来观摩,这些报道、观摩行为不仅引起了上级党委政府的重视,也极大地激发了村民的自豪感,激发了他们保护自然环境的热情,这些报道及观摩活动本身就具有十分重要的教育价值，因此，十分有必要在村公所建立一个绿色文化室，以展出 GEF 项目在大田坡开展以来取得的成果，以扩大宣传教育面，大家对绿色文化室进行了规划设计，预计 4 月初开始建设绿色文化室，5 月份开始布展。

第三天，环境教育工作小组对农民持有及使用"绿卡"情况进行了随机抽样检查，检查结果是：绿卡不仅发到了各家各户，而且农户已经基本掌握了绿卡的使用方法。在我们抽样调查的农户中，全部按规定填写了基本情况一栏，其中预计要在 2000 年造林（存入）和采伐（支取）的农户还按"绿卡"的要求填写了"存取"的时间、地点及数量等。护林员正在逐户落实，计划于 4 月初报到社区共管委员会审批。绿卡行动在大田坡成功实施后，引起当地党委政府的高度重视，当地乡政府已把持"绿卡"护林这种模式纳入集体林管理工作之中。（2000 年 3 月 21 日）

（艾怀森　供稿）

保山地区又有 15 个村寨即将实施中荷合作的《社区环境行动计划》

2000 年，中荷合作云南省"森林保护与社区发展"项目（FCCD）办安排保山地区 18 个村庄开展社区发展活动，上半年启动 15 个村寨，下半年再启动 3 个村寨。上半年即将实施《社区环境行动计划》的 15 个村庄是龙陵县的垭口、寸家寨、吴家沟，腾冲县的小地方、澡塘、山脚、寺山、大河头、空树河，保山市的楼子田、敢顶傈僳族队、王家洼、孟乃、潘家沟、寺门前。下半年再启动实施《社区环境行动计划》的村庄是龙陵县的杨家寨、黑山、山脚寨。到 2000 年底，保山地区龙陵、腾冲、保山 3 县（市）涉及中荷合作 FCCD 项目社区发展活动的村寨总数为 27 个（1999 年实施了9个村寨）。

2000年上半年即将实施《社区环境行动计划》来开展社区活动的15个村寨，涉及龙陵县龙新、龙山2个乡镇的雪山、云山2个行政村（办事处），腾冲县五合、上营、曲石、界头、明光5个乡的腾朗、窜龙、大坝、东华、大塘、自治6个行政村，保山市芒宽、潞江2个乡的吾来、敢顶、芒合、丛岗、丙闷、赧亢6个行政村。这15个村寨地处龙陵小黑山省级自然保护区和高黎贡山国家级自然保护区边界线周围2.5公里的乡村社区，其山林和农耕地与龙陵保护所的黑山、一碗水保护站，腾冲保护所的整顶、大蒿坪、曲石、界头、大塘、自治保护站，保山所的芒宽、百花岭、赛格、坝湾、赧亢保护站共计13个保护站管辖的自然保护区森林接壤。

一、《社区环境行动计划》的编制过程。第一是培训：让工作小组熟悉PRA方法，掌握CEAP编制原则和技巧。由来自云南省FCCD项目办、云南省林业调查规划院、中国科学院昆明生态研究所、云南省林业科学院、西南林学院、云南省林业学校、高黎贡山保护区保山管理处及保山、腾冲管理所、龙陵小黑山保护区管理所10个单位的16位指导老师（其中有3位咨询专家）组成5个培训组，于4月17~23日在龙陵县城、腾冲县城、保山市的潞江、芒宽两乡同时举办PRA/CEAP培训班，依据中荷合作云南省FCCD项目办编制的《参与式农村评估（PRA）与社区环境行动计划（CEAP)》培训教材，对15个PRA工作小组讲授参与式农村评估（PRA）的各种工具及其使用方法、社区环境行动计划（CEAP）的编制原则和技巧。第二是下村调查：发现问题，准备优选方案。15个PRA工作小组在指导老师的帮助下，通过农户问卷（1 139份问卷）调查，对特殊群体如妇女、青年、老年、贫困户、富裕户等不同的森林资源利用者访谈、一般群体和个体访谈、山林考察等方式，发现15个村寨在森林保护与村庄发展两大方面存在的问题。综合汇总通过各种方式得来的问题，进行问题排序，对非常严重和严重的1~3个问题进行"问题树"分析，寻找出产生问题的

"根"本原因及带来的影响。从解决问题的根本原因出发，充分发挥村民的积极性和创造性，让村民畅所欲言地提出一系列解决现存问题的方案，并对方案进行优化选择，得出解决制约森林保护与村庄发展方面存在问题的主要方案。第三，根据优选方案，设计村庄发展规划——《社区环境行动计划（CEAP）》。在村民和外来者（PRA工作小组）共同地、广泛性地参与下，由村民根据自家的各种实际情况，自主地申报社区发展的各种项目活动。PRA工作小组对村民申报的各种发展项目，依据FCCD项目的目标和列项原则，对所涉及项目活动内容解决现存问题的有效性、资金来源、技术成熟程度、市场需求预测、劳动力和农时节令，项目活动将产生的生态效益、经济效益和社会效益，村民参与的积极性等多方面的因素，进行汇总整理。将村民申报项目的整理结果在村大会上向全体村民公布。对不符合FCCD项目目标和原则的项目内容，进行较大的调整（在村民自愿参与下），对不违背项目目标和原则，但经济效益和社会效益，技术支撑较差且数量小的项目，进行微调。下村调查、发现问题和编制《社区环境行动计划》，均在15个自然村中与村民一道进行，需要3周时间与全体村民面对面地工作，才能完成。15个《社区环境行动计划》的完成过程花费了4周的时间（培训1周、调查2周、整理资料和编制具体的计划1周），召开了5次村民大会。

二、《社区环境行动计划》包含的项目活动内容和投资预算。《社区环境行动计划》是实施FCCD项目社区发展活动的唯一依据，也是实施中荷合作云南省森林保护与社区发展项目期间，对社区发展项目的效果与影响进行监测的原始性资料。15个《社区环境行动计划》中将接受FCCD项目荷方资金直接援助、间接提高各项农村实用性技术和村庄发展民主决策能力的农户共有1 139户，5 020人。

保山地区第二批即将实施社区发展项目的15个村庄，对其编制《社区环境行动计划》时，依据各个村庄不同的自然条件和社会经济状况，针对森林管理和村庄发展两个方面存在的首要问题，

兼顾考虑各个村庄的经济可持续发展、社会进步和森林资源的可持续利用的前提条件下，设计了（1）节能，（2）营造用材、薪炭林、防护林，（3）集体林管理（主要是封山育林），（4）发展经济林果，（5）农村实用技术培训和村民交流，（6）公众意识教育，（7）种植农作物，（8）发展养殖业，（9）基础设施建设，共计9个大项目。

15个村庄的《社区环境行动计划》投资预算共计3 085 791.83元。其中荷方资助1 145 530.54元，占37%；社区村民投入的配套资金、物资、劳力为1 846 474.39元，占60%；由社区所在地政府及其职能部门直接性投资（未计间接性投资，即未计在CEAP以外的投资）93 786.9元，占3%。在《社区环境行动计划》投资总预算中，用于森林管理、降低森林资源消耗、林业生产建设和提高林业技术的投资预算额为2 849 220.83元，占92.3%。与林业发展无直接联系的投资预算额为236 571元，占7.7%。以下分别介绍9个项目：

（1）节能项目（节约能源，降低森林资源消耗量）：设计了沼气池83口（在高黎贡山东坡社区6个村）、节柴灶604座（保山地区15个村均有）、青贮池13口（高黎贡山东坡2个村）、太阳能热水器38个（龙陵县吴家沟1个村）4个子项目，投资预算为726 803元，占总预算的23.6%。其中荷方资助345 636元，占本项目资金预算的47.6%；社区村民及社区政府配套投资为381 167元，占本项投资的52.4%。

（2）造林项目（用材林、薪炭林、防护林、四旁树、苗圃）：设计了造林面积2 929.5亩，有13个自然村涉及此项活动，投资预算为838 748.3元，占总预算的27.2%。其中荷方资助282 828元，占本项目预算的33.7%；社区村民及社区政府配套投资为555 920.3元，占本项预算的66.3%。造林内容包含①用材林2 669亩，有13个村开展此项目（秃杉及秃杉与西南桦混交林2 155.3亩，有7个村；楸木145亩，有2个村；杉木335亩，有3个村；华山松33.7亩，有1个村。）；②薪炭林10亩，种植铁刀木，有2

个村;③防护林 250 亩（喜树 150 亩、桤木 100 亩。），有 2 个村;④种植四旁树 1 255 株，树种为秃杉（944 株）、荔枝（226 株）、龙眼（85 株），有 2 个村;⑤建立乡土树种实验苗圃和红领巾苗圃 0.5 亩，有 2 个村。

（3）封山育林项目：含集体林日常管理和封山育林两部分。其中封山育林涉及 7 个村，共计 16 587 亩。投资预算为 72 830 元，占总预算的 2.4%。其中荷方资助 25 280 元，占本项投资的 34.7%，社区村民及当地政府投资为 47 550 元，占本项投资的 65.3%。

（4）经济林项目：设计了种植面积 1 922.6 亩，有 11 个村开展此项目。投资预算为 981 479.53 元，占总预算的 31.8%。其中荷方资助 252 394.54 元，占本项目投资的 25.7%；社区村民及当地政府投资 729 084.99 元，占本项投资的 74.3%。种类包括①核桃 785.7 亩，有 8 个村；②板栗 256.1 亩，有 5 个村；③白花木瓜 356.7 亩，有 5 个村；④咖啡种植和管理 282.5 亩（种植 141.5 亩，管理 141 亩），有 3 个村；⑤龙眼 76.9 亩，有 2 个村；⑥茶叶 32.7 亩，有 1 个村；⑦柠檬 62.5 亩，有 1 个村；⑧银杏 8 亩，有 1 个村；⑨花椒 39.5 亩，有 1 个村；⑩石榴 19.7 亩，有 1 个村；⑪香蕉 2.3 亩，有 1 个村。

（5）农村科技培训项目：15 个村均开展此项目，投资预算为 279 430 元，占总预算的 9%。其中荷方资助 172 110 元，占本项投资的 61.6%；社区村民及当地政府配套投资为 107 320 元，占本项投资的 38.4%。将有 1 691 人次接受培训，培训内容包括造林技术、经济林果栽培管理技术、农作物种植技术、养殖技术、节能技术、集体林管理、护林员培训和农民交流共计 8 项。

（6）公众意识教育项目：内容包括建立"生物多样性保护文化室"和修建 1 块"社区宣传栏"，涉及 2 个村。投资预算为 3 470 元，占总预算的 0.1%。其中荷方资助 2 970 元，占本项投资的 85.6%，社区村民及当地政府投资 500 元，占本项投资的 14.4%。

（7）农作物种植项目：内容包括种植脱毒洋芋 10 亩，魔芋

11.4亩,鸡蛋果1 162株,3个村分别开展其中的1项内容。其投资预算为18 706元,占总预算的0.6%。其中荷方资助6 502元,占本项投资的34.8%;社区村民及当地政府投资为12 204元,占本项投资的65.2%。

(8)养殖项目:包括养家猫12只(1村)、雪鸡436只(2村)、养猪11头(1村)。投资预算为71 430元,占总预算的2.3%。其中荷方资助24 120元,占本项投资的33.8%;社区村民及当地政府投资47 310元,占本项投资的66.2%。

(9)基础设施建设项目:包括建公共厕所1个,架设人畜饮水管道950米(1村),建卫生猪圈42个(1村),修沟坝155m³(1村)4项内容。投资预算为92 895元,占总预算的3%。其中荷方资助33 690元,占本项投资的36.3%;社区村民及当地政府投资59 205元,占本项投资的63.7%。

三、《社区环境行动计划》的编制特点及对保护区周边社区的影响。综合15个村的《社区环境行动计划》的编制特点,以及对社区和当地政府工作的影响分述介绍。

(一)《社区环境行动计划》的编制特点。中荷合作FCCD项目由森林保护与社区发展两大部分组成,森林保护是FCCD项目的目标,社区发展是实现FCCD项目目标的有效途径。社区发展的所有项目活动是为森林保护服务的。社区发展活动与社区村民的生产生活及当地政府的很多日常工作有着极为密切的联系。在遵循FCCD项目追求的原则和目标,社区经济社会发展的背景下,保山地区15个自然村的《社区环境行动计划》的编制呈现出下述特点:

1. 《社区环境行动计划》设计的项目活动内容及资金预算,从15个村总体上看,遵守了FCCD项目的原则和追求的目标。在社区发展9个项目中,与森林保护有关的项目有6项,占项目总数的67%;与森林保护有关的预算投资为2 849 220.83元,占总预算投资的92.3%。与森林保护和林业生产无直接联系的项目有3项,占项目总数的33%,预算投资为236 571元,占7.7%。

2. 地方政府对《社区环境行动计划》的编制,较为重视,并给予大力支持。在 PRA/CEAP 5 个培训班开班的当天,县乡两级政府领导到班上作重要讲话,表示了对 FCCD 项目的支持,并表态大力配合 FCCD 项目开展社区发展活动;绝大多数乡(镇)还派出分管农林水的副乡长参加为期一周的培训与学习;15 个自然村所涉及的 9 个乡(镇)政府均派出政府机关工作人员、林业站技术人员分别参加到每个 PRA 工作小组中,自始至终参与编制《社区环境行动计划》。

3. 社区村民积极性较高,给予密切配合。无论是调查与发现问题阶段,还是申报项目活动阶段,绝大多数村民都积极参与每一次村民大会。有这样的村民参与基础,保证了 15 个村《社区环境行动计划》的编制工作如期完成。

4. 社区村民参与社区发展项目面宽,机会均等。在 15 个自然村编制 CEAP 过程中,每次召开村民大会时,均按《村民户主名册》点名,查实到会的农户数,对因农忙和其他急事未到会的农户,进行会后单独补课,或者是请邻居农户代为传递信息,基本做到 100% 的农户参加过 PRA 小组召开的村民大会。据统计所得,保山地区 15 个自然村共有村民 1 139 户,接受 FCCD 项目荷方资金资助的农户为 1 136 户,占农户总数的 99.7%;未参与项目的 3 户村民是鳏寡孤独的劳力缺乏的农户;村民参与 FCCD 项目的机会是均等的。参与项目的所有农户,得到 FCCD 项目荷方援助资金数额的平衡程度,比起 1999 年开展社区发展活动 9 个村村民得到的资助额有较大的改善。一是基本消灭了参与项目的空白户(只有 3 户不参与项目活动);二是每户村民得到荷方资金资助额高低悬殊没有 1999 年大。

(二)《社区环境行动计划》的编制与实施,对社区村民及当地政府工作的影响。这里指的影响是指正面性的。

1. 对村民自治制度的建立起积极的促进作用。目前,国家已经颁布了村民自治法,近几年内,要在全国农村建立村民自治体制。在编制 CEAP 过程中,使用的方法是 PRA(参与式农村评估)方法,使村民广泛地参与到编制 CEAP 的每一个阶段。在外来的

PRA工作小组的协助下，村民自己发现问题，分析问题的根本原因，在寻找到现存问题产生的根源基础上，村民自主地提出许多解决问题的方案，又依据优选出的方案，每户村民根据自身的实际情况来自愿地申报项目内容。通过村民大会，采取不记名投票的方式公选森林共管委员会成员和护林员。以上所述过程，为村民自主决策村内事务和村民自治制度的建立，起到了积极的促进作用。

2. 推动了"土改"工作的开展。在编制CEAP过程中，保山市芒宽乡的楼子田、傈族队、王家洼3个自然村均涉及土地调整问题。20世纪80年代初土地联产承包到户以来，近20年的时间里，村民通过开垦荒山、毁林垦地的方式，增加了一定数量的不承担土地税赋的农耕地，这部分新增农耕地对每户村民来说，其占有量悬殊较大，村民对此类土地的争执意见也非常大。楼子田、傈族队2村的PRA工作小组在调查阶段，发现了村民缺乏支撑实施FCCD项目社区发展活动的土地（即营造用材林、经济林的土地）这个问题，村民的林业用地掌握在少数村民手里。为使每户村民均能参与FCCD项目资助的造林活动，在PRA工作小组的帮助与指导下，楼子田、傈族队两个村对新垦土地的使用现状进行了改革，按现有人口调平给每户村民。王家洼村也在PRA工作小组进村前，进行了类似的"土改"工作。"土改"工作的进行，既实现了村民多年来要求调整部分土地使用状况的宿愿，又支持了FCCD项目造林活动的开展，也促进了退耕还林生态保护措施的实施。

3. 推动了社区村民素质和综合能力的提高。在编制CEAP中，全体村民通过不同的群体与PRA小组成员广泛交谈，分析村中存在的现实问题和产生问题的多重原因，以及现存问题造成的现实性负面影响；又通过5次村民大会，全体村民畅所欲言地设计本村的发展规划和计划。通过CEAP的编制过程，对全体村民自己分析与解决村中现在问题，自己的事情自己办的自主决策能力和素质的提高，起了积极的推动作用。随着CEAP的逐步实施，村民将在项目活动中获得不同的培训机会，学到各种实用技术，对村民生产生活技能的提高，走可持续发展之路将会起到积极的影响。

4. 为社区当地政府探索与改革农村工作提供了一些运作模式。FCCD 项目实施社区发展活动，要以《社区环境行动计划》为依据。编制《社区环境行动计划》要采用参与式农村评估（PRA）方法，让全体村民广泛地参与，自己发现问题；项目活动内容要针对解决村中现存问题来设计；森林共管委员会要由村民民主投票选举；对 CEAP 的实施实行季度性监测与报告，发现偏差及时纠正或调整等这些做法和运作线路，对社区当地政府探索与改革社会主义市场经济条件下、知识信息时代的农村工作，将提供一些思路和具体运作模式。(2000 年 6 月 9 日)

（朱明育 供稿）

云南知名作家结缘高黎贡山

位于云南西部的高黎贡山因其丰富的生物多样性被誉为"绿色宝库"、"动物乐园"，同时也因多种多样的民族文化及丰厚的历史文化沉淀而被誉为"文化之山"。高黎贡山丰富的生物多样性早已引起了国内外的关注，早在 1992 年高黎贡山就被世界野生生物基金会（WWF）确定为具有国际重要意义的 A 级自然保护区。近几年来，高黎贡山丰厚博大的文化内涵也逐渐引起了国内外文化界的关注，2000 年 1~6 月，我省著名作家、省作家协会副主席汤世杰、著名诗人于坚及著名的青年作家范稳、张庆国、周勇等先后登上了神奇美丽的高黎贡山，并在高黎贡山周边社区进行了深入细致的采访，他们被高黎贡山博大丰厚的文化震撼，为具有浓郁地域特色的生态文化所吸引。高黎贡山两侧的人们保持着的活化石般的生产生活方式及多种多样的风俗习惯、宗教信仰让作家们耳目一新。

高黎贡山的自然与文化给了作家们丰富的创作灵感，张庆国先生的约一万三千字的长篇散文《我为什么要攀登高黎贡山》将在中国大型刊物《当代》上刊载。范稳先生的长卷文化散文《高黎贡山——人类的双面书架》已被列为首批"解读云南"文化大散文丛书的第一本，该书将于年底由云南人民出版社出版，周勇先生的《最后的古道》也被列为首批"解读云南"文化大散文丛书，也将在年底由云南人民出版社出版。汤世杰先生先后两次光临高黎贡山，他找到不同一般的灵感，一个关于高黎贡山的长卷文化散文框架已在他的大脑中形成，他计划今年11月及明年3月再到高黎贡山做两次采访后创作继他自己的《殉情之都》、《灵息吹拂》之后第三部具有全国影响力的关于高黎贡山的文化散文长卷。而诗人兼摄影家的于坚感觉自然也与众不同，于坚先生到高黎贡山后深感高黎贡山是呼唤大师的大山，是"大地文学"创作的源泉，他将创作图文并茂的人文地理散文。

作家来过又去了，他们除了留下一部部、一篇篇让人回味无穷的佳作外，也给高黎贡山增添了更丰厚的文化色彩与内涵。（2000年7月5日）

（寸瑞红　供稿）

云南省林业厅领导到保山调研指导自然保护区工作

7月22日，云南省林业厅党组成员陈德照巡视员、野生动植物保护办公室杜勇主任到保山调研指导自然保护区与野生动植物保护管理工作。

高黎贡山国家级自然保护区保山管理处处长赵晓东向陈厅长与杜主任汇报了保山地区自然保护区建设情况：1983年，经省政府批准，在保山市、腾冲县建立了高黎贡山自然保护区。1986年，经国务院批准，列为国家级自然保护区。1995年，经省政府批准，在龙陵县建立了小黑山省级自然保护区。保山地委、行署及有关县、市党委、政府对自然保护区工作十分重视,自保护区建立之始,即成立了相应的管理机构,给予了相应的编制与经费,地、县、市党政领导多次深入保护区视察、指导,有力地促进了保山地区自然保护区的管理。保山地区现有1个管理处,3个管理所,16个管理站,3个森林公安派出所,共有在职干部职工167人,离退休人员25人,常年护林员120多人,管辖面积约180万亩。

1994年保山管理处成立后,加强开展了对外宣传、科学研究、生态旅游开发、国际合作等工作,提高了保护区在国内外的知名度,获得了一些科研成果,吸引了不少国内外游客前来观光,引进了一些国外资金帮助保护区培训人才、改善装备、帮助保护区周边社区发展经济。今后一段时间,保山管理处将重点做好3个方面的工作:(1)高黎贡山国家级自然保护区二期工程建设;(2)加强森林防火设施建设;(3)生态旅游发展。

省厅保护办杜勇主任首先对保山地区自然保护区与野生动植物管理工作作了高度评价,认为高黎贡山、小黑山的自然保护区工作做得很好,特别是保山管理处成立后,所做工作在全国都算有些名气,有时影响还很大。同时也指出,保山在自然保护区工作中,还确实存在不少困难,管理体制还存在较大问题,整个保护区的人、财、物未能实现统一管理,保护区管理机构的行政执法资格没有解决好,不利于依法治区。

在听取大家的工作汇报后,陈厅长对保山地区的自然保护区工作及野生动植物管理工作做了充分肯定,认为保山地区保护部门认真履行了职责,做了大量的工作。希望今后继续发扬这种精神。同时,陈厅长要求,保山地区今后应加快自然保护区的发展速度,加大建设力度,能建立、扩大保护区的地方,都应加强建设。关于野生动植物管理,陈厅长要求,只能加强,不能削弱,要把国家的法律法规执行好。关于管理体制,陈厅长希望保山地区在此次机构改革中认真分析考虑,并强调了3个方面:(1)今后管理机构分工一定要明确;(2)分工一定要科学;(3)上下一定要协调。

陈厅长、杜主任对保山地区自然保护工作予以了肯定、鼓励，提出了新的要求。赵处长表示，在省厅的关怀与指导下，有保山各级党委、政府的支持，今后我们将更加努力地工作，把工作做得更好。(2000年7月25日)

(寸瑞红　供稿)

生态旅游有新招　游客种下纪念树
——荷兰游客在高黎贡山种下第一批生态旅游纪念树

2000年7月17日，来自荷兰王国的游客Huub、Nani、Melati、Mabcia、Faline、Azinta一行6人冒雨在高黎贡山东坡百花岭旅游度假区附近的芒岗村种下了8棵被当地人称为树王的珍稀树木——红椿树，从而翻开了高黎贡山生态旅游的新篇章。

种植旅游纪念树是生态旅游中的一种高品位的活动，也是一个地区生态旅游发展到一定层次后的必然结果。高黎贡山自1994年开展生态旅游以来，先后推出的观鸟、登山探险、古道寻梦、原始森林考察、天然高山温泉沐浴等一系列的生态旅游活动得到了国内外游客的好评。今年春节后，我处开始策划在高黎贡山种植生态旅游纪念树的活动，而荷兰游客在这个植树造林的最佳时节到来，使策划变成了现实。通过与村民、游客一起协商后大家达成共识，由游客出钱50元向村民购买一棵树苗种植在芒岗村老虎沟南侧的集体荒山上，树木的产权归村民所有，但村民必须在所种植的树上为种树者挂牌并负责管护，而且村民必须保证游客以后再回来时能看到他们种植的树及自己的名字，保护区旅游部门则有义务不断地介绍有兴趣的游客去种纪念树。

种植生态旅游纪念树是一项非常有品位的生态旅游活动，不仅可以增加村民的收入及环保意识、提高游客的回头率，而且还可以逐渐绿化保护区周边地区的荒山，使退化的生态系统得到逐渐恢

复。(2000年7月27日)

(艾怀森 供稿)

文学创作与自然科学联姻
生态保护专家与作家携手
共创云南省作协高黎贡山文学创作基地

"云南省作家协会高黎贡山国家级自级保护区文学创作基地"签字仪式,2000年8月19日在昆明举行。云南省文联党组书记、云南省作协主席李仕良、高黎贡山国家级自然保护区保山管理处处长赵晓东分别在协议上签字,共建云南省作协在国家级自然保护区建立的第一个文学创作基地。

高黎贡山北起西藏,南达缅甸,绵绵六百余公里,跨越五个纬度,地势北高南低,高差达3 000多米。得天独厚的自然条件,使高黎贡山犹如一座巨大的桥梁,成为野生动植物南北过渡的千里走廊,是第三纪、第四纪地球冰期野生动植物的避难所,形成了今天"动植物种属复杂、新老兼备、南北过渡、东西交汇"的生态格局。初步调查表明,高黎贡山有高等植物5 000多种。其中高黎贡山特有植物500多种,国家保护的珍稀濒危植物60种;有脊椎动物581种,其中国家保护的珍稀濒危动物81种,是中国生物多样性最丰富的地区之一,素有"绿色宝库"、"动植物乐园"的美称,并以其丰富的生物多样性、壮丽奇特的自然景观及保存完整的植被垂直带谱为世人所瞩目。19世纪末20世纪初,许多外国学者到此采集标本,代表性人物,如:英国人乔治·弗瑞斯特自1904年起的28年间7次到高黎贡山,采集动植物标本3万号共10多万份。他从高黎贡山采集去的各种杜鹃花造就了欧洲今天的花园。

1983年,高黎贡山经云南省政府批准成立省级自然保护区,1986年被国务院列为国家级自然保护区,1992年被世界野生生物基金会(WWF)评定为具有国际重要意义的A级保护区,是世界生态学专家眼里与非洲亚马孙河地区相提并论的世界性生物种属最丰富的十大关键地区之一——东喜马拉雅地区的重要组成部分。高黎贡山居住着汉、彝、白、傣、傈僳、怒等十多个民族。历史悠久,文化积淀与宗教遗存丰厚。考古证明,4 000年前这里已有原始人群生活,留存的多处新石器文化遗址、古城及保存完整的南方陆上丝绸之路,显示出古代文明的辉煌。因而又被称为"文化之山"。

多年来,作为高黎贡山国家级自然保护区专业管理机构的保山管理处,在保山地区党政领导和有关部门的支持与帮助下,坚持做好保护区内日常保护与科研工作,并组建了"高黎贡山自然与文化研究中心",广泛联系保护区内外众多专家、学者,在开展生物多样性保护与文化多样性保护两方面做了大量卓有成效的工作,取得了可喜成绩。近几年来,保山管理处为一些作家、艺术家深入高黎贡山自然保护区采访、考察与写作,提供了力所能及而又有效的支持与帮助。一批以高黎贡山为题材,涉及高黎贡山生态保护、文化发掘的文学作品不久即将问世。

为更好地组织作家到高黎贡山采风、考察,宣传、展示高黎贡山自然保护区及所在地区保山境内的自然与文化风采,让更多的人了解高黎贡山,珍惜保护区丰富的自然与文化资源,让自然保护工作进一步深入人心;为进一步落实江泽民总书记关于"三个代表"的指示精神,为把云南建成民族文化大省、绿色经济强省贡献力量,繁荣、促进云南文学创作,大力提倡并积极组织作家前往经济建设第一线深入生活,云南省作家协会、高黎贡山国家级自然保护区保山管理处分别在云南省文学艺术界联合会、保山地区专员公署的关心和支持下,本着相互支持、相互促进的原则,双方经过协商,决定共建"云南省作家协会高黎贡山国家级自然保护区文学创作基地"。文学创作与自然科学特别是自然保护工作联姻,自然保护区的专家、科学工作者与作家携手，必将进一步提高高黎贡山自然保护区的知名度，促进高黎贡山的自然保护工作，促进云南文学创作的繁荣。

据悉，"云南省作家协会高黎贡山国家级自然保护区文学创作基地"挂牌仪式，不久将在高黎贡山国家级自然保护区保山管理处举行。(2000年8月22日)

荷兰驻华大使伍思德到保山考察 FCCD 项目

恰逢中秋时节，荷兰驻华大使伍思德及夫人、荷兰驻华使馆一等秘书范德威、荷兰驻云南省 FCCD 项目专家组组长布朗姆、社区发展专家海萌一行到保山地区考察项目进展情况。省林业厅原副厅长吴广勋、外事办官员陈和平女士陪同一起到保。

中荷合作云南省森林保护与社区发展项目（简称"FCCD 项目"）于1998年启动，保山地区是项目援助地区之一，保山地区项目目标主要是加强高黎贡山国家级自然保护区、龙陵小黑山省级自然保护区的生物多样性保护，提高两个保护区管理机构的管理能力，减轻周边社区对保护区的压力。项目运行至今，荷方已在保山地区投入资金689.91万元，在管理计划编制、人员培训、改善装备、社区发展等方面开展了大量工作。

9月6日上午，保山地区行署副专员杨建洪、行署外办主任蔡汉晖、行署林业局局长罗兴志、高黎贡山国家级自然保护区保山管理处处长赵晓东、龙陵县副县长张家旺等领导到机场迎接大使一行。中午，龙陵县有关领导向大使一行介绍了 FCCD 项目在龙陵小黑山自然保护区的进展情况。

接着，大使一行乘车前往腾冲县五合乡小地方自然村考察。小地方村位于高黎贡山保护区与小黑山保护区间的生物走廊带内，今年将受到 FCCD 项目援助，项目工作人员已帮助该村编制了《社区环境行动计划》，荷方将按计划援助该村10余万元。大使及有关专家了解了项目计划准备情况,对当地政府部门积极配合项目工作表示赞赏。大使一行还特别参观了该村的小学,详细了解了招生、教师、学生毕业后的去向等情况,察看了校舍设施,并与小学生们合影留念。

到腾冲后,经与地区、腾冲县领导商讨,大使决定专门投资5万元,为小地方小学购买桌椅、资料、教学设备,并拟投资10多万元改善校舍,与中方合作将该小学建成中荷友谊小学。

9月7日一大早,大使一行到腾冲著名侨乡和顺参观,由于时间紧,大使一行简略地参观了该乡图书馆和当地民居,欣赏了当地的洞经音乐,大使先生还高兴地用毛笔题词,英文大意是:今天是运气最好的一天。

中午12点,大使一行来到位于高黎贡山自然保护区边缘的横河村,该村是傈僳族村。身着节日盛装的傈僳族村民早已等候在路口,热情欢迎大使一行,并敬上自制的米酒,欢迎远方来的客人。

大使一行察看了该村农户在项目帮助下改建的节柴灶、新建的饲料青贮池、购买的小母猪等项目,对项目的完成情况很满意。村民们还为大使一行表演了傈僳族传统的歌舞,外宾们也乘兴加入到村民中,与村民们携手共舞。村民还与外宾们共饮同心酒,这是傈僳族款待客人的最高礼仪。

下午,保山地委书记罗正富、行署专员王广兴在保山宾馆会见了大使一行,宾主进行了亲切会谈。晚上,杨建洪副专员等领导到机场为大使送行。

虽然大使的考察紧张而匆忙,但保山人民的友好与热情,美丽的风光,多姿多彩的民族文化、风情给大使一行留下了美好的印象,他们每到一地都被深深吸引,难舍离去。

大使及专家们对FCCD项目在保山地区的实施情况表示了肯定,对保山各级政府的合作表示满意。相信此次考察将促进今后合作项目的实施和加深保山与荷兰王国人民之间的友谊和交流。

(2000年9月11日)

(寸瑞红　供稿)

走千年古道探高黎贡山
——保山地市领导考察高黎贡山百花岭—江苴生态旅游区

为吃透区情，让保山旅游产业尽快亮起来、热起来。2000年11月24~26日，保山地委罗正富书记、费建平副书记、地委委员、保山市委杨经建书记、李树云市长等地市领导及地区公安局马国荣局长、高黎贡山国家级自然保护区保山管理处赵晓东处长等一行15人组成的考察队从保山市的百花岭沿着具有3000年历史的南方丝绸之路、经海拔3250米处的南斋公房翻越神奇的高黎贡山，最后抵达腾冲县的江苴街，对高黎贡山百花岭—江苴生态旅游区进行了3天的探险考察。

第一天，考察队沿怒江北上，中午12点抵达百花岭生态旅游区，稍作休息后，考察队徒步考察了保护区管理处近年来新开辟的温泉、瀑布生态旅游小区，小区内如画的风光，壮丽的瀑布，让人流连忘返的天然温泉及丰富的珍稀植物给领导们留下了深刻的印象。

第二天，考察队沿着具有3000年历史的南方丝绸之路向西而行。在郁郁葱葱的原始森林中徒步前进，保存完好的植物垂直带谱、千奇百怪的山石溪流、古树山花让人赏心悦目，长满苔藓的古道、遗迹犹存的抗日古战场使高黎贡山让人倍感丰厚幽远。进山不久，罗书记便首先发现一大群猕猴在树冠上戏嬉，紧接着又看到黑熊刚走后留下的足迹，所有这些都让大家兴奋不已。在大风包，赵晓东处长就地向考察队介绍了古道两侧的天然花园及长在参天古木上的空中花园。下午2点，在黄竹河的千年石拱桥边野炊后继续往前走。大约4点钟，李树云市长在古道南侧的大树上发现了4只巨大的"千年灵芝"，大家争先恐后地爬上去与大灵芝合影留念，巨大的灵芝把考察活动推向了高潮。下午5点10分，罗书记、费副书记、杨书记及马局长率先抵达高黎贡山山脊——海拔3 250米处的南斋公房垭口。

第三天清晨6点以后，大家就陆续从帐篷中钻出来看日出，遥远的东方沿怒山山脉的山脊出现了一道隐隐约约的略略泛白的长带，随着时间推移，白色的长带渐渐变成暗红、橘红，最后在中央形成一个亮点，大约7点50分，大地把橘红的太阳慢慢地吐露出来，千万道霞光洒满大地，山川、河流、树木在一刹那间就披上了一层淡红色的薄纱。领导们在真真切切地经历了高黎贡山观日出后，一致认为，在高黎贡山上观日出是高黎贡山生态旅游中最迷人的乐章。

吃过早点，考察队沿古道顺山而下，下午3点抵达腾冲县的江苴街。在江苴村公所，地市领导、保护区领导与早已等候在那里的腾冲县委、政府领导一起召开了一个简短的现场办公会，全面分析了高黎贡山在我区旅游支柱产业建设中的重要性，客观地分析了现存的优势及特色，提出了开辟高黎贡山"百花岭—江苴"生态旅游开发建设的建议及策略，费副书记要求通过保山、腾冲两县市旅游产业开发，带动保山经济发展，要加强高黎贡山及南方丝绸之路的开发力度，做好高层次的规划，分步实施。尽快拿出方案，该落实的抓紧落实，该上报的及时上报。最后，罗书记强调指出，保山旅游资源丰厚，具有古、特、多、新的优势。为使我区成为云南继西双版纳、丽江、迪庆之后的第三个旅游亮点，要充分发挥高黎贡山生态旅游的名牌效应，从改善基础设施、培养高素质的导游入手，做好高品位的规划，使热点尽快热起来，亮点尽快亮起来，难点尽快走出来。从而推动保山经济的繁荣和发展，在开发的同时要特别注意资源的保护，不能破坏环境。（2000年11月30日）

（艾怀森　供稿）

国家林业局 GEF 项目社区环境教育推广研讨会在高黎贡山成功举办

2000年12月11~14日，来自国家林业局和10省、19个国家级自然保护区的 GEF 项目官员、自然保护专家及 WWF、FCCDP、美国大自然保护协会的代表共51人不辞辛苦来到云南西部边陲的高黎贡山国家级自然保护区，出席国家林业局在高黎贡山国家级自然保护区主办的 GEF 项目社区环境教育推广研讨会。

11日，保山地区行署副专员杨光到会致辞热烈欢迎各位代表的到来，并就我区 GEF 项目社区环境教育示范点工作情况向代表们作了介绍。随后，来自各保护区、各省林业厅、各国际组织的代表及国家林业局的项目官员结合自己的实际就如何在保护区周边地区开展社区环境教育进行了为期两天的交流发言。在研讨会上，高黎贡山国家级自然保护区保山管理处就大田坡村示范点的工作经验作了重点交流发言，代表们对我处所开展的"绿卡行动"、"小手推动大脊背"、"绿色文化室"、"组织共管委员会"等活动及其所取得的经验给予了充分的肯定，对"教育者也要受教育"、"实地立项"、"科学地命名教育活动"、"最大限度地吸引社区村民参与"等经验给予了高度的评价。

13~14日，会议组织了实地考察，在实地考察后，与会代表一致认为，高黎贡山示范点上的社区环境教育工作非常成功，完全达到了项目旨在帮助社区群众获得环境保护意识及合理利用社区资源的知识及技能、减少对自然保护区资源的压力、促进提高社区参与水平、帮助社区提高自我管理资源的能力的近期目标（至2000年），为实现项目追求的人与自然环境和谐共处长远目标奠定了基础。（2000年12月22日）

（艾怀森　供稿）

美国哥伦比亚大学美中艺术交流中心专家考察高黎贡山

2001年1月7日，美国哥伦比亚大学美中艺术交流中心常务副理事长阿德尔曼（Adelmann）、秘书长郝光明、规划设计师肯德尔（Kindel）等专家在中山大学人类学系主任邓启耀教授陪同下从昆明乘机到保山。高黎贡山国家级自然保护区保山管理处处长赵晓东、保山市副市长徐高明、保山地区电视新闻宣传中心主任安伟、市旅游局局长杨经伟等人到机场迎接，并全程陪同专家前往百花岭考察高黎贡山自然保护区。专家们是应省委宣传部、省委外宣办的邀请到云南考察和寻找自然与文化项目合作的。

沿途专家们考察了怒江大峡谷、双虹桥。专家们被大峡谷的自然风光所吸引，不时发出赞美之声。在百花岭村，专家们考察了中国第一个农民自然保护组织——高黎贡山农民生物多样性保护协会。阿德尔曼说道，该协会虽然不大，在国外却非常有名，农民自觉参与自然生态保护具有重要的意义。当快到百花岭旅游接待中心时，郝光明秘书长说道，虽然还没有进入自然保护区，但自然生态越来越好，可以想象保护区一定很好，我们企盼着尽快到保护区。

中午在百花岭科考旅游接待中心，赵晓东处长向几位专家介绍了保护区的基本情况，专家们对保护区管理部门所做的工作给予了高度评价，认为管理人员很专业化，工作到位。当谈到保护区生态旅游时，赵处长说："高黎贡山目前正在寻求国际帮助，开展保护区的生态旅游规划。"专家们对此事非常感兴趣，愿意与保护区合作共同进行高黎贡山的生态旅游规划。

下午专家们先考察了经过百花岭村汉龙寨的丝绸古道，然后乘车到达海拔2 300m的保护区金场河。沿途专家们被高黎贡山奇特的原始森林垂直分布景观所陶醉,不时停车拍照。专家们被高黎贡山同时拥有原始森林垂直分布奇观、丰富的生物多样性、南方丝绸古道、战争遗迹、10多种民族风情感到惊奇,流连忘返。直到下午5点才依依不舍地离开了保护区返回保山。

8日早上,地委宣传部召集地区建委、文化局、环保局、林业局、高黎贡山自然保护区管理处、保山市政府等单位的领导在兰都饭店与专家座谈。会议由地委委员、宣传部长杨文虎主持。阿德尔曼理事长谈道,在美国早就知道高黎贡山的大名,此次能到保山、高黎贡山感到非常高兴。昨天到高黎贡山感觉非常好。高黎贡山不仅是地方的也是世界的,但同时它又是脆弱的,应以严谨的态度保护与开发高黎贡山,不然会造成时空的破坏。文化遗产的发展,是富有传统性的发展。我们在开发时要充分考虑当地的文化资源、环境,必须对它保护,即在发展中一定要考虑可持续性。他接着谈道,他们将在美国芝加哥举办一个反映南方丝绸古道的历史、人文、自然生态的大型综合图片展览,希望保山、腾冲能支持,提供相应的图片、文字资料参与展览。另外,他们非常愿意与保山合作进行高黎贡山生态旅游规划。杨文虎部长代表保山地委、行署表示,保山非常愿意与美中艺术交流中心合作,开展高黎贡山生态旅游规划,把高黎贡山建设好。阿尔德曼副理事长最后说道,"高黎贡山是世界性的财富,人类的自然与文化遗产,我们要用世界最先进的水平进行规划设计,把高黎贡山建成世界生态旅游的典范!"(2001年1月9日)

(李正波 供稿)

高黎贡山蚂蚁研究结硕果

高黎贡山是世界的生物多样性保护关键地区,1983年建立自然保护区,1986年被列为国家级自然保护区,2000年被认定为世界生物圈保护区。尽管中外科学家对高黎贡山的动植物进行了百余年的考察和研究,但是很多领域仍然是处女地。

1997~2000年,由云南省自然科学基金资助,开展了《高黎贡山自然保护区蚁科昆虫生物多样性研究》。该课题由西南林学院资源学院院长徐正会教授主持,历经3年,采用样地调查法首次研究了高黎贡山自然保护区西坡垂直带、东坡垂直带、西坡水平带、东坡水平带的蚂蚁群落,对东西坡蚂蚁群落进行了比较研究。探讨了东西坡垂直带和水平带蚁科昆虫属、种的区系成分替代规律,调查了6亚科50属164种蚂蚁的垂直生态位,分别研究了属和种的生态适应型,剖析了该地区蚂蚁种群的社会结构。应用形态分类方法首次对高黎贡山自然保护区蚁科昆虫进行系统分类研究,鉴定出8亚科50属166种。其中发现新属1属(高黎贡蚁属),1个中国新记录属(窄结蚁属);发现5新种(黄色猛蚁、片马猛蚁、坝湾猛蚁、双齿猛蚁、平背高黎贡蚁);11个中国新记录种,以及40个待定种。

该项成果日前已通过省级鉴定,填补了高黎贡山的蚂蚁群落和生物多样性研究的空白。为高黎贡山生物多样性的保护、管理和利用提供科学依据。(2001年4月13日)

(赵晓东 供稿)

高黎贡山查获一起盗伐珍贵林木案件

近日,高黎贡山国家级自然保护区管理机构破获了一起盗伐自然保护区珍贵保护树种枫木和云南红豆杉的案件。

今年以来,由于木材特别是珍贵木材的价格飞涨,再加上一部分非法收购商的煽动,一些非法之徒由于高额利润的诱惑,盯上了资源丰富的自然保护区,大肆进行盗伐活动,气焰十分嚣张。自然保护区各级管理机构为保护国家珍贵的自然资源,日夜围堵,与盗伐者展开了艰苦而困难的斗争。

　　今年3月中旬，保护区赛格管理站林政执法人员在巡护过程中查获了一车从保护区盗运出山的木材，经有关技术人员鉴定确认为高黎贡山特有的珍贵树种——枫木和国家一级保护植物云南红豆杉，林政人员认为案情严重，便立即向保护区森林公安派出所移交此案。派出所接报后，马上组织警力赶赴赛格详查此案。

　　经审查，犯罪嫌疑人赵美强、张俞、李德胜交代了盗伐保护区珍贵树木的犯罪事实，并指认了盗伐现场。经查，上述三人伙同在逃的另外两名同伙，于今年3月份先后在保山市芒宽乡境内的和尚岩、杀人场两处保护区内以油锯为作案工具，分别盗伐枫木6棵和红豆杉2棵，合计活立木材积53.56立方米，造成直接经济损失十余万元。此外，盗伐现场大量中幼龄树木被砸倒压断，一片狼藉，植被受到严重破坏。三名犯罪嫌疑人目前已被依法刑事拘留，此案正在进一步审理之中。

　　此次被盗伐的枫木，是槭树科槭属的五裂黄毛槭和七裂槭，属落叶乔木，树体高大，木纹美丽，结构细腻，强度适中，是用做家具、车厢、枕木、飞机机身、乐器等的优质木材，又可作园林观赏树种；被盗伐的云南红豆杉，是我省的特有树种，常绿乔木，是优良的用材树种和园林观赏树种，提取的红豆杉醇是名贵的抗癌新药，现被列入国家一级保护植物。这两个树种都是现阶段较为珍贵和稀有的树木，由于近年来的过量采伐，其数量锐减，目前只有在自然保护区里才有分布，但由于偷砍盗伐猖獗，其生存已受到严重的威胁。该案的及时查处，有力地打击和遏止了该地段对于自然保护区珍贵树木的偷砍盗伐活动，有效保护了国家自然和生态资源的安全。(2001年4月8日)

（李勇华　供稿）

省人大环资工委立法调研组视察高黎贡山自然保护区

2001年4月14~18日，由云南省人大常委会环境与资源保护工作委员会张淼主任、马乔云副主任、省环境保护局自然保护处吴季友副处长、省林业厅保护办吴陇工程师等10人组成的调研组，在保山地区人大工委寸发瑜副主任、高黎贡山国家级自然保护区保山管理局赵晓东局长等人陪同下，到高黎贡山自然保护区进行立法调研工作。调研组先后到高黎贡山百花岭、大蒿坪、曲石等地进行实地考察，深入保护区内与基层管理所、站人员座谈，了解保护区管理情况。调研组调研期间，受到保山市、腾冲县人大、政府的热情接待。保山市人大副主任李福、腾冲县副县长丁昌吉分别做了专题汇报。两县（市）都纷纷要求尽快制定保护区管理条例，依法来保护好高黎贡山的珍贵资源。

高黎贡山自然保护区自1983年建立以来，通过严格的执法、强化管理，保护区的资源得到明显恢复和增加，森林覆盖率由建区前的82.1%（1981年）增加到93.8%；主要保护对象羚牛由6群200头增加到8群300多头；黑熊、猴子、野猪、豹等野生动物数量明显增加。然而，就在保护区资源出现良性发展的同时，保护区外围的情况却出现了相反的情况。保护区周边是边疆少数民族地区，居住有汉、傈僳、傣、回、彝、白、苗、德昂等10多个民族30多万人。18年来保护区周边的集体林几乎被砍光，个别地方开始蚕食保护区。社区经济的发展给保护区造成巨大的压力，保护区的珍贵资源受到严重的威胁。由于没有保护区管理条例，现行的法律法规不够具体和全面，对有些违法行为打击不力甚至无法可依，保护区执法面临着困难和阻力，极大地制约着保护区的有效管理和持续发展。

在今年初召开的云南省九届人大四次会议上,保山代表团的罗兴志等10名省人大代表针对高黎贡山国家级自然保护区存在的问题联名提出"关于将《高黎贡山国家级自然保护区管理条例》纳入立法规划"的议案。大会主席团将该议案交省人大环境与资源保护工作委员会研究。为了掌握有关情况,省人大环资工委特组成立法调研组,前往高黎贡山进行调研。通过实地考察,与保山地、县(市)各级人大、政府座谈后,调研组对高黎贡山自然保护区有了全面的了解,掌握保护区管理情况和存在问题。调研组对保护区管理机构所开展的保护管理、科学研究、国际合作、公众教育、社区发展、生态旅游等综合性工作给予了高度评价和充分肯定,同时,也深深地感到制定《高黎贡山国家级自然保护区管理条例》对加强保护区管理的必要性和紧迫性。(2001年4月23日)

(李正波　供稿)

人大、行署领导在高黎贡山山脊现场办公研究高黎贡山旅游开发

2001年5月2~4日,在举国欢度五一佳节的时候,保山地区人大工委张培光主任、傅宗明副主任、行署杨建洪副专员、行署土地局李天宝局长、地区工商行政管理局李志刚局长等一行11人在高黎贡山国家级自然保护区保山管理局赵晓东局长、李正波副局长等人的陪同下,沿具有近3 000年历史的"南方陆上丝绸之路"徒步翻越高黎贡山,对高黎贡山"百花岭—南斋公房—江苴"生态旅游区进行了为期3天的实地考察,并于5月3日,在高黎贡山山脊海拔3 250米处的南斋公房古驿站,张培光主任与杨建洪副专员主持召开了"高黎贡山旅游开发南斋公房"现场办公会。

在会上,张主任首先谈了自己对高黎贡山开展生态旅游的认识。他说,高黎贡山资源丰富,文化沉淀丰厚,在旅游开发中具有

得天独厚的优势，高黎贡山是中国的也是世界的，要吸引更多的人到高黎贡山旅游，要鼓励更多人翻越高黎贡山。但是，过去的古道残损较大，虽然经过了一些局部的修复，但还远远不够。张主任强调指出，高黎贡山的开发与保护是造福子孙的大事，应有社会的广泛参与。他号召：大家"有钱出钱、有力出力，共同为高黎贡山增色"。在会上，杨副专员也强调指出，一、高黎贡山应开发与保护并重，在旅游开发中要从大旅游大开发的角度出发，作好高水平的总体规划；二、在开发中首要做好百花岭科考接待站的建设，改善现有接待条件；三、在开发中要注意挖掘高黎贡山的丰厚历史文化沉淀与内涵。

傅宗明副主任在会上充分肯定了高黎贡山国家级自然保护区保山管理局在高黎贡山生态旅游开发与宣传中取得的成绩，并就如何解决到高黎贡山看什么和如何解决行路难的问题等方面谈了自己的看法。

与会的李志刚局长、李天宝局长、李保国副局长、徐盛兴副局长都就开发、宣传、保护高黎贡山谈了自己的看法，并积极响应张主任"有钱出钱、有力出力，共同为高黎贡山增色"的号召，结合本单位实际作了表态发言。

赵晓东局长在会上对各位领导的光临表示衷心的感谢，赵局长说，想不到有这么多的领导如此关心高黎贡山的开发与保护事业，并现场办公为保护区解决实际问题。他认为这次现场办公会具有两个历史意义：现场办公会对修复具有两千多年历史的古丝绸之路具有重要的历史意义，而人大、行署领导在海拔3 200米以上的高黎贡山山脊召开现场办公会，同样具有重要的历史意义。

张培光主任对现场办公会进行了总结，并强调指出：加快开发有利于保护，加强保护也有利于开发，要开发与保护并重。张培光主任最后说，高黎贡山自然保护区的保护与开发是造福子孙后代的大事，大家都要行动起来，为高黎贡山多做点事、多增姿增色。

(2001年5月8日)

（艾怀森　供稿）

中荷合作保山地区 2001 年社区发展计划获准实施

中荷合作"云南省森林保护与社区发展"项目（FCCD），于 1998 年在保山地区高黎贡山国家级自然保护区和小黑山省级自然保护区启动实施。保护区周边社区发展（距保护区 2 公里范围以内的村庄）项目于 1999 年正式启动实施。同年 6 月，有 9 个社区村庄编制了《社区环境行动计划》，得到了省 FCCD 项目办的批准实施，项目援助资金 65.2 万元。2000 年，先后又有 18 个社区村庄编制了《社区环境行动计划》，并获批准实施，FCCD 项目援助资金 139.1 万元。

按中荷合作项目框架和项目目标，保山地区 FCCD 项目办上报了 2001 年社区发展项目计划，计划得到了省项目办的批准。4 月，保山、腾冲、龙陵三县（市）项目办分别在坝湾、腾冲、龙陵举办了"参与式农村评估培训班"，来自潞江、芒宽、上营、界头、龙新、天宁 6 个乡的乡、村干部和 9 个自然村村民代表 54 人组成的 9 个工作组参加了培训，通过培训，工作组掌握了运用参与式农村评估方法编制《社区环境行动计划》的理论和程序。培训结束后，工作组进驻各项目村开展参与式农村评估调查。在参与式农村评估调查工作中，工作组充分调动村民的参与积极性，协助村民分析村寨经济发展和森林资源保护管理中存在的困难/问题，针对存在的困难/问题，探索相应的解决方法/途径。在工作组的协助下，村民们理清了发展思路，优选出了解决困难/问题的项目活动，编制了杨家田、芒掌、下丙老、张家岭、李大寨、单龙河、黄家寨、绿水塘、三家村 9 个社区发展村庄《社区环境行动计划》，上报省 FCCD 项目办，并得到了批准。《社区环境行动计划》设计项目总投入 167.2 万元，其中 FCCD 资助 66.4 万元，中方配套 100.8 万元。目前，各项目村 2 万元启动资金已按计划拨入项目专户，项目活动正式启动实施。

社区发展项目在保山地区实施已进入第三年，高黎贡山、小黑山周边有 36 个社区村编制了《社区环境行动计划》，项目设计总投入 712.2 万元，其中 FCCD 资助 263.7 万元，中方配套 448.5 万元。社区项目活动的实施，对保护区周边社区发展产生了巨大的推动作用。保护区管理部门积极为社区经济发展和自然资源保护引进资金和技术，社区广大群众积极参与保护区的保护管理工作，保护区管理机构与周边社区的关系得到根本改善，一种新型的共管合作伙伴关系在高黎贡山国家级自然保护区和小黑山省级自然保护区初步形成。（2001 年 6 月 19 日）

（陶 宏 供稿）

讨论精品书籍　畅谈高黎贡山发展
——《人类的双面书架》、《时间之痕》、《冷月》精品书籍讨论会在保山召开

为了表彰为宣传高黎贡山作出杰出贡献的三位作家，由云南人民出版社、云南省作家协会、保山市委宣传部、市文联、高黎贡山国家级自然保护区保山管理局联合举办的"《人类的双面书架》、《时间之痕》、《冷月》精品书籍讨论会"于 2001 年 11 月 24 日在保山召开。

自 2000 年 8 月云南省作家协会在高黎贡山建立文学创作基地以来，短短的一年多时间，我省的许多知名作家都曾到高黎贡山进行了长期的考察，有关高黎贡山的文学作品层出不穷，这次研讨的三部书籍分别是：作家范稳的《人类的双面书架》、作家周勇的《时间之痕》、作家白山的《冷月》。

本次会议由保山市委宣传部杨文虎部长主持，杨焱平副市长致欢迎辞，省文联党组书记李仕良、高黎贡山国家级自然保护区保山管理局局长赵晓东、省作协副主席黄尧、汤世杰、省作协秘书长欧之德、责任编辑刘存沛、海惠、保山市文联主席段品钊以及三位作家分别在会上进行了发言，各区、县宣传部、文联代表参加了会议。在发言中各级领导对三部精品书籍及其作者给予了高度的评价，认为三位作家用他们的心血和汗水加上各方的支持完成的这三部作品对宣传保山、宣传高黎贡山有着极其重要的意义。对三位作家为保山和高黎贡山作出的杰出贡献表示衷心的感谢。三位作家在会上也表示，通过对高黎贡山文学素材的发掘，认为高黎贡山有着丰富的自然资源、深厚的历史文化沉淀，是一块难得的文学创作热土，并表示今后还要继续深入的对高黎贡山进行考察，创作更多的优秀作品。

会上各位领导和作家还就文学创作在宣传工作中的应用和存在的问题、高黎贡山文学创作的发展等问题进行了广泛的交流和探讨。市领导为三位作家颁发了证书和奖金。

这次会议的召开，对我市的文学创作特别是高黎贡山文学素材的进一步发掘起着重要的、积极的推进作用，保山市文联主席段品钊同志在会上表示，将组织全市的文学工作者对高黎贡山进行全面的考察，使更多的高黎贡山题材的文学优秀作品面诸于世。市委宣传部杨文虎部长指出，高黎贡山不但是保山的，它是云南的！中国的！世界的！我们要把高黎贡山唱响，要宣传高黎贡山，使高黎贡山成为中国的名山。

下午，各参会代表分别参观了太保山森林公园、佛教圣地梨花坞和展示保山历史文化的市博物馆。（2001年11月25日）

（郑云峰　供稿）

严查盗伐高黎贡山枫木案件

枫木，特指槭树科中槭属的五裂槭和七裂槭，俗称五角枫和七角枫，生长于海拔较高的疏林地中。槭属在云南约分布有50余种，只有这两种槭树的木纹最美丽细腻且木质坚实，是制作乐器的最佳材料，同时也适宜做飞机机身、高档家具、车厢、枕木等用材。它的树皮可提栲胶，种子可以榨油，是一种独具特色且十分珍贵的用材树种。

经过多年的采伐利用，加之树木的生长较慢，许多地区的枫木资源已经面临枯竭。高黎贡山自然保护区因其严格的保护措施而在区内保存了一定数量的枫木，留下了珍贵的种质资源。然而，由于可供利用的枫木资源越来越少，近年来枫木的市场价格逐年攀升，每立方米达8 000元左右，一小截一米左右的方材可卖至几百元。一些不法分子为牟取暴利，甘冒风险进入保护区盗伐，且有愈演愈烈之势，甚至发展到打击、报复和殴打护林人员。自然保护区资源管护人员为保护国家珍贵的自然资源，顶风戴雪，昼伏夜出，甚至于冒着生命危险奔波于高黎贡山的崇山峻岭之中，作出了不懈的努力。

据统计，仅2000年一年，高黎贡山自然保护区保山辖区内就发现枫木盗伐现场近百个，收缴枫木方材95.746立方米。直接查处了枫木盗伐案件16起，行政处罚几十人。此外，有5人移交司法机关，其中2人被法院依法判处有期徒刑5年，1人判处徒刑3年，1人判处徒刑1年。这些措施有效地打击了盗伐分子的嚣张气焰，遏止住了盗伐枫木的歪风。

但是，由于过度的盗伐，枫木种群数量已经十分稀少，其种质生存面临着极其危险的境地。为此我们建议：将槭属的五角槭和七角槭列入国家重点保护植物名录进行保护，并相应加大对枫木的保护、管理和培植力度。（2001年12月18日）

（李勇华　供稿）

高黎贡山登上世界生物圈保护区的殿堂
——联合国教科文组织在人民大会堂为高黎贡山等世界生物圈保护区颁证

2001年12月5日,对高黎贡山国家级自然保护区来说是一个将永远载入史册的日子,在庄严的人民大会堂,保山市杨建洪副市长从全国人大常委会副委员长周光召先生手中接过联合国教科文组织批准高黎贡山为世界生物圈保护区的证书,标志着高黎贡山登上了世界生物圈保护区的殿堂,成为云南继西双版纳之后的又一个世界级的自然保护区。

会议由中国人与生物圈国家委员会副主席李文华教授主持,秘书长韩念勇先生向大会介绍了与会领导、嘉宾和参加会议的单位,中国人与生物圈国家委员会许智宏主席、联合国教科文组织北京代表处何贝尔博士(Dr. A. Hebel)、联合国教科文组织中国国家委员会刘疆先生、国家环保总局保护司王德辉副司长、国家林业局保护司刘永范副司长、云南省林业厅王德祥副厅长等先后在大会上致辞。云南省人民政府驻京办事处单治法副主任、云南省人民政府驻京办事处经济处夏云处长、云南省作家协会汤世杰副主席、云南省林业厅陈荣贵处长、北京林业大学张志翔教授、保山市人民政府杨建洪副市长、高黎贡山国家级自然保护区保山管理局赵晓东局长、保山市人民政府驻京联络处李明副主任、隆阳区人民政府张锭副区长、腾冲县人民政府段兆俊副县长、高黎贡山国家级自然保护区保山管理局科技科艾怀森科长、高黎贡山国家级自然保护区隆阳管理所彭武伦副所长、高黎贡山国家级自然保护区腾冲管理所李昌连所长应邀出席了颁证大会。

云南省林业厅王德祥副厅长受云南省人民政府的委托在大会上

致辞,对联合国教科文组织批准高黎贡山国家级自然保护区加入世界生物圈保护区表示诚挚的感谢。王副厅长同时指出,保护、继承和发展高黎贡山这份宝贵的自然与文化遗产是光荣而神圣的职责和义务,高黎贡山国家级自然保护区加入世界生物圈保护区是新的起点,以后将加强对高黎贡山国家级自然保护区的领导,加大投入,健全法制,理顺体制,规范管理。将遵循联合国教科文组织人与生物圈计划的理念,提高黎贡山生物圈保护区管理机构能力,促进周边地区民族经济发展和文化繁荣,增强对生物多样性及其生态过程的保护功能,充分发挥科学研究、监测、培训、环境教育、信息交流的基地功能,注重自然生态系统保护与资源利用的相互协调,建立资源持续利用模式,对周边地区提供示范的发展功能,探索如何实现自然保护和经济社会发展平衡的新途径,为中国和全球的可持续发展战略作出应有的贡献。

生物圈保护区是联合国教科文组织人与生物圈计划框架下被国际公认的陆地与沿海地区的生态系统,目前全球共有411个世界生物圈保护区,分布于98个国家,截至2001年,在我国的1 276个保护区中仅有21个保护区被联合国教科文组织批准为世界生物圈保护区。(2001年12月19日)

(艾怀森 供稿)

省市领导徒步翻越高黎贡山

2002年3月8日,通过精心的策划组织,省经研中心车志敏主任、保山市委黄毅书记、杨经建副市长、黄立新副市长、杨焱平副市长等省市领导一行共24人在高黎贡山国家级自然保护区保山管理局赵晓东局长等人的陪同下,沿着具有3 000多年历史的南方古丝绸缎之路经"百花岭—南斋公房—江苴"徒步翻越高黎贡山抵达腾冲。次日,保山市青联蔺斯鹰等一行15人在高黎贡山国家级自然保护区保山管理局副局长李正波等人陪同下，沿相同的路线徒步翻越高黎贡山抵达腾冲。沿途领导们还兴致勃勃地考察了百花岭阴阳谷生态旅游小区及怒江河谷、腾冲县曲石的生态旅游资源，在南斋公房上观日出日落。一路上，高黎贡山丰富的生物多样性、垂直分布的植物带谱、丰厚的历史文化沉淀、多姿多彩民族风俗都给领导们留下了深刻的印象。登上南斋公房，车志敏主任即兴而作一副对联："东观日出哀牢高峰光芒万丈 西看日落腾越大地气象万千"，横批："举世无双"。

翻越高黎贡山抵达腾冲的当天晚上，领导们不辞辛劳，召开会议全面分析了高黎贡山在我区旅游支柱产业建设中的重要性，客观地分析了现存的优势及不足，提出了开辟高黎贡山生态旅游、带动全区旅游产业建设的建议及策略。大家一致认为，搞旅游要找热点、打造品牌，而高黎贡山及其负载的南方丝绸之路、失落的哀牢古文明就是一个世界级的品牌。（2002年4月10日）

（艾怀森　供稿）

国家林业局濒管办领导考察高黎贡山

3月26～30日，国家林业局濒危野生物种进出口管理中心常务副主任（正司级）陈建伟、濒管办执法处处长袁继明，在省林业厅巡视员陈德照和国家濒管办昆明办事处副主任黄海魁的陪同下到保山考察高黎贡山自然保护区和腾冲边贸口岸。

陈建伟副主任一行在保期间，考察了高黎贡山自然保护区百花岭生态旅游区，深入到赛格、赧亢、整顶等基层站点亲切看望了战斗在一线的保护区干部职工，并与市区政府及林业部门领导座谈，畅谈高黎贡山的发展前景及其所面临的困难和问题。

考察期间，陈主任给予高黎贡山自然保护区高度的评价。他说，高黎贡山近年来的发展是喜人的，管理是优秀的，高黎贡山在外界特别是国际上有着相当高的知名度,我们要充分利用好这一金字招牌,向外宣传和展示保山丰富多彩的自然人文景观和民族历史文化,并借此开拓优势特色旅游,发展保山地方经济。

陈主任同时要求:高黎贡山是一个世界级的生物多样性宝库,它是保山的,也是云南的,但它更是国家的,是整个人类的,我们要高度重视高黎贡山的保护,把高黎贡山的保护和管理放到一个相当的高度,保护好这一人类的财富。同时,要加大对高黎贡山周边社区的帮助和扶持力度,以社区的发展来促进高黎贡山的保护,实现人与自然的和谐,这才是真正的生物圈保护区。他同时也高度赞扬了高黎贡山在社区工作上的一些做法,希望继续推广和加强。

陈主任一行随后考察了腾冲火山热海和边贸口岸,再次强调了高黎贡山的辐射功能。(2002年4月10日)

(李勇华 供稿)

省内外知名作家徒步翻越高黎贡山

为了到高黎贡山进行文学创作,2002年3月28、29日,著名的云南女作家海男、云南大学艺术学院副院长李森教授、作家王坤红、陈川以及河北省花山文艺出版社副总编张国岚、综合编辑室主任李艳明等6人在保山市委常委、宣传部部长杨文虎、高黎贡山国家级自然保护区保山管理局副局长李正波等人的陪同下,从高黎贡山东坡海拔1500米的百花岭出发,沿着具有3000年历史的南方丝绸之路,经海拔3250米处的南斋公房翻越神奇的高黎贡山,最后到达西坡海拔1600米的江苴古镇。

两天的行程安排,需要徒步走20多公里的山路,这对于作家来说是十分艰辛的。但他们却被高黎贡山的自然、人文景观所陶醉,不时停下摄影留念。古道两旁的原始森林、各种动植物、奇峰怪石、溪流、古桥、滇西抗日战争遗迹(战坑、碉堡)等等都给作家们留下了深刻、难忘的印象。高黎贡山的一切，对作家们来说都是新奇的，他们带着好奇而兴奋的心情进行采风、考察。

从百花岭—南斋公房—江苴翻越高黎贡山的线路，可以看到高黎贡山东、西坡不同的景色。仿佛让人有一种从人间上到天上，再从天上回到人间的感觉。两天的经历，作家们各自找到不同的灵感：海男女士在斋公房激动得一夜睡不着觉，一本关于高黎贡山的长卷文化散文框架已在她的大脑中形成；王坤红女士则表示要写一篇关于爱情方面的文章；作家兼摄影家的陈川则一路忙个不停，不时在抢拍镜头，他感慨地说："此次到高黎贡山真不虚此行！"李森教授虽是高黎贡山西坡腾冲县明光人，但他对这条古道却不太熟悉，此次走古道翻越高黎贡山，让他重新认识了高黎贡山母亲，又有一番不同的感受；两位河北省的作家，他们生活在华北平原，平时很少见到大山。此次到云南来，能翻越高黎贡山，他们更有不同的感受，都表示太难得了。李艳明主任说他曾经到过泰山、黄山，但到高黎贡山却是截然不同的感觉，在泰山、黄山只有纯文化的东西，而高黎贡山不仅有文化，而且自然生态好，是自然与文化的有机体。

与几位作家感受不同的是，杨文虎部长想到的是如何尽快开发高黎贡山宝贵的生态旅游资源，为保山经济、社会发展作贡献。他首先想到高黎贡山西坡，如何尽快解决江苴—林家铺的游道。

短短的两天翻越高黎贡山的行程虽然结束了，但对作家们来说，却没有结束，他们要继续留在腾冲考察，并开始着手进行他们的文学创作。（2002年4月10日）

（李正波　供稿）

国家林业局、国家对外经贸部、荷兰驻华大使馆派员到保山市调查与了解中荷合作 FCCD 项目的实施情况

国家林业局国际合作司的章红燕副司长、张忠田副处长，国家外经贸部的陈汝华副处长，荷兰驻中国大使馆的田宏助理一行四人，于 2002 年 3 月 30~31 日，在云南省林业厅外事办的田培春翻译、"中荷合作云南省森林保护与社区发展"省项目办的庄昊翻译的陪同下，前往保山市考察高黎贡山国家级自然保护区，了解"中荷合作云南省森林保护与社区发展（FCCD）"项目的实施情况。

在保山市林业局李保国副局长，高黎贡山国家级自然保护区保山管理局朱明育副局长、科技科的艾怀森科长等人的陪同下，国家和云南省两级的项目官员就保山市隆阳区、腾冲县实施"中荷合作云南省森林保护与社区发展"项目的情况，进行了实地调查与了解。

首先，国家和省里的两级项目官员到达地处高黎贡山国家级自然区生物走廊带的赧亢、整顶两个管理站，与这两个站的工作人员座谈以了解高黎贡山国家级自然区的建设情况和自然资源的保护情况，同时对这两个管理站实施"中荷合作云南省森林保护与社区发展"项目的各方面情况进行调查与了解；国家和省里的项目官员还与先行到达管理站等候考察组的隆阳、腾冲两个管理所的党支部书记、所长和项目工作人员进行访谈，对高黎贡山东西坡实施"中荷合作云南省森林保护与社区发展"项目的各项活动，进行了全面地调查与了解。通过调查和了解，国家和省里的两级项目官员，对高黎贡山自然保护区三级管理机构多年来的建设与自然资源管理情况，对实施"中荷合作云南省森林保护与社区发展"项目，

均给予较好的评价。随后,国家和省里的项目官员深入到高黎贡山山脊西侧的小地方村庄里,查看了"小地方中荷友谊小学"的施工进度和建设情况。"小地方中荷友谊小学"的重新修建,其资金来源的较大部分10万元,是由荷兰驻中国大使馆(5万元)、"中荷合作云南省森林保护与社区发展"项目(5万元)资助的。"小地方中荷友谊小学"重建工程的主体部分已经完成,待主体工程的装修部分和附属工程完工后,预计在2002年9月1日新学年,小地方小学的全体师生可望搬入崭新明亮的校舍,展开教学。国家和省里的项目官员在与学校的老师、村民和施工人员进行了交谈中,老师和小地方村民对荷兰资助资金重建小地方小学,表达由衷的感激之情;项目官员对小地方的重建工程的建筑风格、规模和建设进度,都感到非常满意,项目官员们表示回去后,尽快地将资助的未拨资金拨付下来。

最后,国家和省里的项目官员前往腾冲县,先后考察与游览了艾思奇故居、和顺乡村图书馆、李根源故居、热海风景旅游区、国殇墓园,官员们对腾冲县的林业工作、自然风光和县域文化,充满了浓厚的兴趣。由于在保山、腾冲停留的时间非常短暂,官员们说对保山市的认识与了解只是表面的,并一再表示今后一定要挤出时间,多到保山和腾冲来,深入了解和认识保山市和腾冲县的林业工作情况,总结保山市在林业上实施中外合作项目的做法与经验。(2002年4月10日)

(朱明育 供稿)

全国政协领导考察高黎贡山自然保护区

2002年4月1~3日,全国政协"退耕还林"调研组的领导在省政协张学文副主席、省林业厅李军副厅长及保山市有关领导陪同下,在保山市进行退耕还林调研,其间对高黎贡山国家级自然保护区进行了考察。调研组以原林业部刘广运副部长为组长,成员里有原林业部部长陈耀邦、原国家林业局局长、现国家西部开发办公室副主任王志保等领导。

4月1日,领导们不顾风雨,对高黎贡山保护区进行考察,听取保护区保山管理局同志对保护区的介绍,了解保护区的资源及管理工作情况。看到保护区周围开荒严重,存在着大量陡坡耕地,对保护区构成威胁,领导们极为关切,认为这些地方应尽快退耕还林。接着领导们考察了保护区周围的白花村,该村是一个沼气示范村。领导们深入农户,详细了解沼气的建设、使用情况,认为在保护区周边发展沼气,降低森林消耗,有利于保护区的保护。

考察完沼气后,领导们来到高黎贡山山顶,考察连接高黎贡山国家级自然保护区与小黑山省级自然保护区的生物走廊带。看到走廊带里郁郁葱葱的原始森林,领导们显得十分高兴,向保护区的同志询问、了解走廊带的建设情况,并纷纷留影纪念。(2002年4月10日)

(寸瑞红 供稿)

环保使者登上高黎贡山

2002年4月19~26日,中央人民广播电台主任记者汪永晨,《中国妇女报》云南记者站站长梁苹、《科技日报》云南记者站站长马波、《春城晚报》专刊部主任劳佳4位女记者共同到高黎贡山国家级自然保护区采访。

围绕一个共同的主题——生态环境保护,4位记者深入保护区腹地,走访了保护区周边许多乡村,从不同的角度、层面了解高黎贡山保护区及保护区保山管理局所做的工作。

记者们采访的内容十分丰富,重点的有:

1. 保护区周边的沼气示范村——潘家沟。这个村共有94户农户,在中荷合作 FCCD 项目的资助下,已有 91 户建起了沼气池,大大降低了薪柴消耗,将有利于今后保护区边缘集体林的恢复。

2. 百花岭村高黎贡山农民生物多样性保护协会。这是中国第一个由农民创建的生物多样性保护协会。记者们采访了协会的组建、工作情况,深入农户家中,采访了一些会员。

3. 百花岭阴阳谷生态旅游区。

4. 隆阳管理所、赧亢管理站的工作情况。

5. 曼海边防检查站打击野生动物走私和救助野生动物的事迹。

6. 腾冲北海湿地保护区。

7. 腾冲和顺文化生态村。

在 1 周的时间里,记者们不顾旅途劳累,工作十分紧张,了解到了大量的信息,她们表示将对高黎贡山进行大量的报道。

特别值得一提的是汪永晨老师,她是中国最高环保奖——地球奖的获得者,中国 40 名"环保使者"之一,中国 3 大民间环保组织之一——"绿家园"的发起人,曾 3 次获亚洲太平洋地区广播联盟新闻奖,是我国记者中获此殊荣最多的记者。此次到高黎贡山采访,为了对高黎贡山有个全面的了解,于 20 日冒雨登上高黎贡山山顶——南斋公房,当天晚上 10 点 30 分返回驻地,黑夜里在原始森林中穿行几个小时,表现出了环保使者的顽强精神,令人十分敬佩。在此次采访中,汪老师已分别于 24 日对和顺文化生态村作了直播采访报道,25 日、26 日对高黎贡山保护区作了直播采访报道,并于 26 日下午在保山对保山市直机关干部、学校师生约 800 人作了"环境保护与公众参与及中国生态问题"演讲。(2002 年 4 月 27 日)

(寸瑞红 供稿)

著名作家刘先平先生及夫人考察高黎贡山

4月8~17日，中国作家协会全国委员会委员、中国野生动物保护协会委员、安徽省人民政府参事、安徽省作家协会常务副主席刘先平先生及夫人在高黎贡山国家级自然保护区保山管理局人员的陪同下，对高黎贡山南段进行了为期10天的考察。

刘先平先生是一位致力于环境保护文学创作的著名作家，通过多年对大自然孜孜不倦的考察、探索，先后创作出了《云海探奇》、《呦呦鹿鸣》、《千鸟谷追踪》、《大熊猫传奇》等优秀作品，并且这几部作品都获得了全国"五个一"工程奖章，被中央电视台东方时空栏目誉为"是文学界公认的、我国现代意义上大自然文学的开拓者"。

今年已64岁高龄的刘先生曾于1998年来到高黎贡山，但由于当时正值雨季，无法进山考察，刘先生只能遗憾而归。这次为了赶上雨季来临前完成对高黎贡山的考察，刘夫人刚刚拆了脚上的石膏，就与丈夫一道匆匆踏上了高黎贡山之旅。

在为期10天的考察过程中，刘先平先生及夫人先后考察了高黎贡山珍稀植物园，腾冲火山奇观柱状节理，界头千年银杏，民间抄纸、铸犁文化，龙川江源，大树杜鹃王，腾冲青海酸性湖、北海湿地，腾冲英国领事馆遗址，火山，热海，大蒿坪，潞江榕树奇观，百花岭等，采访了包括保护区管理局、所、站各级人员及周边社区干部、群众。考察、采访结束后，刘先生认为高黎贡山是一个生物多样性非常丰富的地区，高黎贡山处处是美景，随便抬起相机都能拍摄出好照片来。同时也深深地感到，高黎贡山是一座博大、神秘的山，要对其进行全面彻底的考察真是太难了！当看到大树杜鹃王时，刘先生激动地说："我终于看到了，这是我二十几年的愿望啊！"接着一口气拍了将近四卷胶卷，才依依不舍地离开了大树杜鹃王。

对高黎贡山国家级自然保护区南段考察结束后，刘先平先生及夫人于4月17日赶往怒江傈僳族自治州继续对高黎贡山北段进行考察。（2002年4月28日）

（郑云峰　供稿）

FCCD项目在潘家沟开花结果

中荷合作云南省森林保护与社区发展项目（FCCDP）在高黎贡山国家级自然保护区周边的芒宽、潞江两乡实施以来，自1999年起先后实施了14个自然村庄的社区发展项目，潘家沟是其中之一。潘家沟自然村位于高黎贡山国家级自然保护区南段东坡帕路山脚，距离保护区边界约1.8公里，行政隶属保山市隆阳区潞江傣族乡丙闷村民委员会。全村土地总面积3 104.60亩，94户，411人，属傈僳族、汉族杂居村寨，其中傈僳族354人，汉族57人。全村有30%的村民信仰基督教。

一、项目实施前的状况

2000年4月PRA工作小组到潘家沟自然村进行调查时发现，潘家沟自然村历史上居住在高黎贡山自然保护区，1958年搬迁下坝，所分到的集体林和耕地面积较少，目前多数集体林变成了甘蔗地，现已剩下少部分的灌木林地，森林资源十分匮乏，每年都到保护区偷伐薪柴400余方，采集大量的非木质林产品进行自用和出售，竹笋、竹子2万余斤，牲畜饲料0.6万余斤，药材1.3万斤，森林蔬菜0.5万斤。造成保护区的严重破坏，给保护区带来巨大威胁和压力。

潘家沟自然村傈僳族人口占90%左右，历史上是以刀耕火种为主要生产、生活方式，农业生产经营管理粗放，农村实用技术缺乏，村寨交通、卫生条件较差（村寨周围粪便随处可见），生活水平相对较低。

二、项目的实施情况

PRA 工作组采用参与式的方法，与村民座谈，共同分析问题，提出解决问题的措施。村民结合存在的问题提出 10 项活动：①建沼气池 15 口；②建节柴灶 35 口；③建青贮池 8 口；④养猪 11 头；⑤种植咖啡 80.5 亩；⑥种植核桃 13 亩；⑦营造薪炭林 4 亩；⑧种植四旁树 311 株；⑨建公厕 1 个；⑩农村实用技术培训 5 项（家畜、家禽、常见病的预防和诊治；农作物、经济作物的种植；果树的种植、管理、病虫害防治；沼气的建造、管理使用技术）。

当时，人们对沼气缺乏认识，不敢盲目申报，申报的农户一直持观望态度，经森林共管委员会与原村长毛庆生协商，首先由他带头实施，第一口沼气池在潘家沟诞生了，效果非常理想，毛庆生家一下成了左邻右舍参观、交流的场所，不到 1 个月原项目资助的 15 口沼气池也相继建成，又有 70 户农户纷纷申请在项目援助资金不变的前提下，变动项目建沼气池，还有 6 户人家自筹资金建立了沼气池。到 2001 年上半年，在 FCCD 项目的援助下，潘家沟共建沼气池 91 口（85 口项目援助），节能灶 1 口，建公厕 1 个，咖啡管理 4 亩，农村实用技术 5 项。

三、项目实施效果及影响

FCCD 项目在潘家沟的实施，每年节约薪柴 300 余方，沼气池的建设，使男人放下了手中的砍刀，使妇女从厨房解脱出来，用更多的时间从事农业生产。沼气池的建设极大地改变了厨房、厕所、畜厩卫生，减少了疾病的传播。潘家沟成为远近闻名的无烟山寨。2000 年 7 月，黄炳生副省长到潞江坝考察时，观看了潘家沟的沼气项目，对实施的沼气项目非常满意，并拨款 30 万元用于潞江乡的沼气项目建设。潘家沟沼气项目的实施促进了全村、全乡沼气项目的发展，起到了良好的示范作用。目前潞江乡共建成沼气池 1 532 口，一个沼气村（就是潘家沟所在丙闷村委会，全村共 365 户，其中建沼气池的农户就达 320 户），15 个沼气化社（建沼气的农户占该社农户总数的80%）。此外，FCCD项目在芒宽乡的实施也起到良好带动作用，现在芒宽乡沼气数量由项目实施前的8口发展到现在的415口（其中项目援助210口），村民自建或其他扶持发展197口。

总之，FCCD项目在高黎贡山地区的实施是成功的，效果是显著的。村民的生产技术明显提高，经济收入明显增多，环境卫生得到进一步改善，项目村庄的群众保护意识得到极大提高，与保护区管理部门建立了良好的合作伙伴关系，到保护区偷砍盗伐、偷捕盗猎的现象明显减少，森林资源得到了有效保护。（2002年5月30日）

（蔺汝涛　供稿）

FCCD项目在高黎贡山东西坡社区 837个村民小组开展保护意识教育

人的思想意识指挥人的言论和行动。在什么样的思想意识指导下，就会出现什么样的言行，要有保护森林的行动，就要先有保护森林的意识。依据森林权属的不同，在高黎贡山地区保护森林资源，就是要保护自留山森林、责任山森林、不同类型的集体林、国有林、自然保护区森林。

中荷合作云南省"森林保护与社区发展"项目（英文缩写为FCCD项目），由森林保护（FC）和社区发展（CD）两个方面构成。森林保护是项目追求的目标，而社区发展是项目采用的策略。中国古代兵法"三十六计"中有一计叫做"围魏救赵"，FCCD项目就是一个"围魏救赵"的项目，项目的名称既包涵了项目追求达到的目标，又包涵了项目所采用的策略。"围魏"就是社区发展，"救赵"就是保护森林。通过在高黎贡山自然保护区周边社区开展社区发展活动，不断提高周边村民保护森林的思想意识，来减轻村民对高黎贡山不同权属的森林资源所构成的各种压力，实现有效保护高黎贡山森林资源和生物多样性这个目标。

在1999~2001年期间，中荷合作云南省森林保护与社区发展项目在高黎贡山自然保护区周边的东西坡社区，开展了大量的社区发展活动。以往开展的社区发展活动，主要是采用PRA（参与式农村评估）的方法，在高黎贡山自然保护区边界以外3公里的社区范围内，选择部分有代表性的自然村寨，利用一个月的时间，由相关单位抽调的工作人员和所选村寨派来的村民代表共同组成PRA工作小组，与所选村寨中的不同利益群体进行访谈，和所选村寨的全体村民在一起共同讨论与研究村寨中森林保护、社区发展方面现存的一切问题。围绕现存的各种问题，来寻找解决问题的一些可能的策略，依据确定下来的策略设计具体的项目活动，编制成所选村寨的《社区环境行动计划》，再由FCCD项目安排一定数量的荷方资金（每户1000元人民币）给予资助下，实施社区发展活动。已经过去的3年里，在荷方资金的资助下，高黎贡山自然保护区周边社区有28个自然村寨实施了社区发展活动。省项目办中荷双方的主任以及项目官员通过总结3年来的工作，认为FCCD项目实施的社区发展活动，取得了非常好的成绩和经验，并产生了良好的影响。但是，FCCD项目实施社区发展活动的范围非常狭窄，依照这种活动模式进行下去，只能覆盖高黎贡山自然保护区周边东西坡社区的少部分村寨，难以从整体上实现保护高黎贡山地区不同权属森林保护的目标。因此，省项目办提出了在高黎贡山保护区周边社区采用编制、实施"周边地区管理计划"的方式，来实施FCCD项目资助的社区发展活动。

根据省项目办安排的工作程序，为编制好"周边地区管理计划"，首先要开展规模非常大的"保护意识教育"活动。在策划"保护意识教育"活动期间，荷方主任布朗姆先生曾经说道："高黎贡山自然保护区已经加入'世界生物圈网络'，通过FCCD项目的几年实施，我们应该把两江（怒江、龙川江）之间的区域称为

'生态区',我们要将'保护意识教育'活动覆盖此区域的所有村寨。"这次开展的"保护意识教育"的确是一次规模空前的项目活动,在地理区域上,和布朗姆先生所说的一样,"保护意识教育"活动,完全覆盖了东起怒江,西至龙川江这片土地上的所有村寨。下面将这次"保护意识教育"的情况和影响进行总结与介绍。

2002年4月24日~5月8日,在省FCCD项目办的精心策划和周密部署下,通过保山市FCCD项目办的协作和隆阳区、腾冲县FCCD项目办的具体操作,顺利地完成了高黎贡山周边区的"保护意识教育"活动。此次"保护意识教育"活动的目的:一是从怒江以西至龙川江以东这块生态区现实状况出发,向高黎贡山周边区的相关利益群体介绍可持续利用现有森林资源和生物多样性资源的重要性;二是通过传播生态知识,来提高周边区相关利益群体对生态平衡重要意义的认识,增强高黎贡山周边区各种相关利益群体保护周边区、自然保护区森林资源和生物多样性资源的意识和行为;三是介绍"周边区管理计划",激励和推动周边区各种利益群体参与保护"两江之间生态区"森林资源和生物多样性资源的积极性。

此次"保护意识教育"活动分两个阶段进行。

培训阶段 在4月24~29日期间,同时在高黎贡山东坡的隆阳区怒江、芒宽两个乡和西坡的腾冲县城共举办10个培训班(怒江3个班,芒宽1个班,腾冲县城6个班),培训到村寨开展工作的"保护意识教育"工作者。培训班由云南林校派出22名教师担任培训主持人(每个培训班有2名主持人,东西坡各1名协调员)。培训班得到了省FCCD项目办社区组4位中荷双方项目官员亨利、何丕坤、徐昀、吴训锋先生的现场指导。在腾冲县城培训班开幕式上,李其邦副县长代表腾冲县人民政府作了动员报告,对参加培训班的学员提出了开展"保护意识教育"的工作要求。腾冲县林业局的领导主持了培训班的开幕式。10个培训班一共培训"保护意识教育"工作者287名,这些学员绝大部分来自于高黎贡山东西坡社区7个乡。来自林业系统以外的学员:有的是在7个乡政府工作的公务员;有的是乡政府职能部门的工作人员;有的是7个乡的中小学教师；有的是72个村民委员会的党支部书记、村主任、村文书和村民代表。来自林业系统内部的学员：有的是7个乡林业站的林业科技工作者；有的是隆阳和腾冲两个县区林业局的工作人员；有的是保护区的护林员；有的是高黎贡山自然保护区管理局、隆阳和腾冲两个管理所以及下属11个管理站的工作人员。

在培训班上，20名培训主持人采取参与式的教学方法，运用主持人讲解、学员轮流上讲台介绍各小组的讨论成果、主持人与学员对话、做游戏等教学手段，认真耐心地讲授了"生物多样性资源及其价值"、"生态平衡"、"周边区森林和生物多样性资源的可持续利用"3个知识模块。学员精神集中，认真学习，为第二阶段进村开展工作打下了良好的基础。培训班的最后两天，培训主持人讲解了Venn图的绘制要求和填写方法、《高黎贡山自然保护区周边社区利益群体/存在问题一览表》的填写要求，介绍了"周边区管理计划"；主持人与学员还共同讨论了《FCCDP意识教育工作者村寨工作指南》。

"保护意识教育"阶段 在4月30日~5月8日期间，参加培训的287名学员以2人编组共计组成134个"保护意识教育小组"，奔赴高黎贡山自然保护区周边社区的怒江、芒宽、明光、界头、曲石、上营、五合7个乡的72个村民委员会，在837个村民小组中，以成年村民和部分中小学师生为对象，开展"保护意识教育"活动。134个"保护意识教育小组"在村寨开展保护意识教育时，首先将一组由《森林生物多样性的价值》、《横断山脉中一颗璀璨的明珠——高黎贡山自然保护区》、《让我们共同走近高黎贡山——认识我们身边的"生物博物馆"》、《保护好我们共同的家园——美丽的高黎贡山自然保护区》为题的4幅招贴画，发放到每户农民手里，送到村中的中小学校，粘贴到乡政府、村民委员会和街道的饭馆、商店以及村民经常聚集的地点。广大的村民对这组设计新颖而形象、图文并茂、印制质量上乘的招贴画爱不释手。"保护意识教育"活动的第二步是召开村民大会，每个小组的2名工作人员作为主持人，采用成人容易接受的参与式方法，将培训班期间学习的知识传授给到会的村民，向村民介绍"周边区管理计划"。同时，"保护意识教育小组"的工作人员也向村民们学到了很多生态保护和生态平衡方面的乡土知识。"保护意识教育"的最后一步是，"保护意识教育小组"与村中的长者、能人志士访谈，由一名组员提问，另一名组员作记录，由村民们自己绘制本村寨的 Venn 关系图，讨论村寨在森林资源利用与保护以及对村庄经济、社会发展等各个方面的问题。在这次开展规模浩大的"保护意识教育"活动期间，正值高黎贡山东西坡社区收种的农忙季节，绝大多数工作小组只能在夜间举行村民大会，有的小组工作到凌晨两点钟；云南林校派来的 22 名老师为了督促与检查每一个小组的工作情况，也是深夜才能赶回驻地。指导老师到每个小组检查工作时，亲自上阵与学员一起共同在村民大会上为村民传授生态保护知识，亲自到学校里为中小学的学生和教师做"金字塔"、"生态网"游戏。

"保护意识教育"活动中获取到的问题：这次"保护意识教育"活动的一项重要任务，就是 134 个工作小组要向村民调查和了解高黎贡山自然保护区周边东西坡社区在森林保护、社区发展方面存在的各种问题，并对问题产生的原因进行分析。经过对 134 个工作小组调查到的各种问题进行分类汇总后，与森林保护有直接和间接联系的问题有：缺乏建房木材、生产生活所需的薪柴紧缺、水资源明显减少、林权纠纷、山体滑坡、出现泥石流、生产生活用水紧张、水源污染、水毁农田、一部分村寨已经没有了森林、需要购买薪柴用于生产（如烘烤烟叶）生活等，这些问题主要存在于无森林资源或者森林资源较少的村寨中；森林资源较多或者有一定森林资源的村寨中存在的问题是无计划地砍伐薪柴出售（如界头乡的大塘、周家坡两个村民委员会）、集体林缺乏科学管理、造林地管护困难；普遍性的问题是村民在保护区内放牧、到保护区偷砍薪柴、过度采集保护区内的非木材林产品等。造成上述与森林保护相关问题的原因，一是过度无计划地消耗原有的和现有的森林资源；二是经济发展与森林保护出现冲突，东坡社区增加甘蔗等热带经济作物的种植面积需要毁林垦地，西坡社区发展烤烟需要砍伐森林来提供烘烤燃料,这个原因是高黎贡山自然保护区周边社区森林资源减少的主要原因;三是高黎贡山自然保护区周边社区使用的能源单一化,无论生产还是生活,主要是依靠薪柴来提供能源。

社区发展方面存在的问题有:农用物资(农药、化肥、籽种等)价格高、粮食等农产品价格低、农业成本高而效益低,土地利用缺乏科学规划、农业产业结构单一化、近几年来农民增收比前些年困难、缺乏实用性农业科学技术、部分村寨粮食不够吃、贷款难、收费高而学生辍学、学生读村完小路程远、供电质量差、电费价格高、道路差、交通不便、农业灌溉沟渠和拦水坝年久失修、糖厂工业生产与农田灌溉争水(芒宽)。

"保护意识教育"活动取得的成效和意义:这次开展的"保护意识教育"活动,是1998年FCCD项目实施以来,其规模、覆盖面、影响力最大的一次项目活动,不敢说人人皆知,但可以说做到了家喻户晓。通过134个工作小组提供的资料显示:这次"保护意识教育"活动覆盖了高黎贡山东西坡社区隆阳区、腾冲县的7乡(东坡2乡,西坡5乡)72个村民委员会(东坡31个,西坡41个)的837个村民小组(东坡313个,西坡524个)。共有农民37 450户(东坡17 651户,西坡19 799户),农业人口166 423人(东坡74 704人,西坡91 719人),其中妇女79 329人。通过村民大会的形式,参加"保护意识教育"活动的农户为30 891户(东坡13 682户,西坡17 209户),占总农户的82.5%(东坡77.5%,西坡86.9%);受教育人数为52 692人(东坡22 036人,西坡30 656人,不包含在中小学开展"保护意识教育"活动受教育的学生和教师人数),占总人数的31.7%(东坡29.5%,西坡33.4%);受教育的妇女人数为18 988人(东坡8 402人,西坡10 586人,不包含在中小学开展"保护意识教育"活动的受教育的女学生和女教师人数),占妇女总数的23.9%(东坡23.8%,西坡24%)。

"保护意识教育"活动取得了多方面的成效。一是使FCCD各级项目办和高黎贡山自然保护区局、所、站三级管理机构,不仅全面地了解了"两江之间生态区"的森林资源及其利用的现状,调查到了森林保护方面现存的各种问题,而且还对这块生态区的社会、经济、文化等多方面的情况进行了一次全方位的了解;二是进一步地摸清了高黎贡山自然保护区周边区各种利益群体对高黎贡山的依赖程度,也调查和了解到了周边区对高黎贡山自然保护区已经构成的现实压力和威胁;三是了解到了7乡72个村民委员会的党政负责人,以及837个村民小组的广大农民群众在森林保护、社区发展方面的一些想法和愿望;四是向高黎贡山周边区的各种利益群体介绍了FCCD项目追求的目标和所采用的策略,对提高周边区各种利益群体保护森林的意识和行动将会起到积极的推动作用,也将会产生深远的影响。

"保护意识教育"活动,已经产生了积极的意义。经过134个工作小组的工作,获取到了高黎贡山周边区森林保护和社会经济发展等各个方面的大量信息,同837个村民小组的村民在一起分析和讨论了各个村寨的内外利益群体,并分析了各种利益群体之间的相互关系,调查清楚了高黎贡山周边区存在的各种现实问题,为2002年下半年采用PRA方法对高黎贡山周边区现存问题进行深度分析和研究,为最后编制和实施"高黎贡山周边地区管理计划"创造了条件,奠定了良好的基础。(2002年6月4日)

(朱明育 供稿)

荷兰外交部项目考察代表团到保山市考察FCCD项目实施情况

2002年6月8~11日,荷兰外交部环境司负责人范赫德(R. E. van Gelder)先生、荷兰外交部中国蒙古发展合作事务负责人范德松(A. P. M. van der Zon)先生、荷兰驻华使馆一等秘书马克(Mark van der Voet)先生、荷兰驻华使馆荷方助理田宏女士、

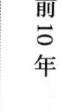

国家林业局代表郭瑜富先生等一行5人组成的项目考察代表团,在"中荷合作云南省森林保护与社区发展项目"(简称"FCCD项目")管理办公室荷方项目组长布拉姆(Bram)先生、中方项目组长王为民先生、项目工作人员庄昊女士、项目翻译杨硕女士的陪同下,前来保山市考察高黎贡山国家级自然保护区和小黑山省级自然保护区的FCCD项目实施情况。

6月8日晚上8点钟,考察团从昆明乘机至保山机场。保山市政府办公室余有林副主任、市林业局罗兴志局长、隆阳区政府张锭副区长、高黎贡山国家级自然保护区保山管理局李正波副局长、隆阳区林业局李安顺局长5人到机场迎接。考察团从机场直接前往高黎贡山自然保护区管理局会议室,保山市委杨连副书记、政协保山市委会胡应舒主席等领导与外宾们会面座谈。杨副书记代表保山市委欢迎荷兰外交部项目考察代表团的到来。会面结束,外宾们参看了保护区的模型,对高黎贡山的基本情况作了初步了解。

6月9日,考察代表团在市林业局史增国副局长、隆阳区政府张锭副区长、高黎贡山自然保护区保山管理局朱明育副局长、李正波副局长、隆阳区林业局李安顺局长等领导的陪同下,前往高黎贡山东坡的潘家沟——CEAP实施村进行考察。上午10点考察团到达潘家沟,村民身着民族服装在村口迎接考察团的到来,并在村中的基督教堂前面给外宾们表演傈僳歌舞。潘家沟,是隆阳区潞江乡的一个傈僳族村寨,全村有94户、411人,已建沼气池91口。FCCD项目的实施,每年全村节约薪柴300余方,并使男人放下了手中的砍刀,妇女从厨房解脱出来,用更多的时间从事农业生产。下午,考察团又到了保护区百花岭管理站,徒步考察澡塘河温泉、瀑布生态旅游景区。4公里的游道虽然艰辛,但来宾们却被沿途丰富的动植物、美丽的瀑布、叠水、奇特的温泉所吸引、陶醉,不时地停下来摄影留念。

6月10日上午,考察团乘车到达海拔2 300米的金场河,考察了保护区中山湿性常绿阔叶林。接着到了丝绸之路上的古驿站——旧街子,考察保护区内的南方丝绸古道。从旧街子出发考察团又前往坝湾，途中还考察了怒江双虹桥。中午1点，考察团到达高黎贡山保护区的隆阳管理所，考察隆阳区FCCD项目办，了解高黎贡山国家级自然保护区与小黑山省级自然保护区之间的生物走廊带的各种情况。下午3点半钟，考察团抵达赧亢管理站，实地考察生物走廊带保护管理情况。4点10分，考察团到达隆阳区与龙陵县交界处的灰坡丫口，龙陵县委董礼书副书记、县林业局李成荣局长、小黑山自然保护区管理所杨晓华所长、宁斌副所长、郁云江副所长等领导前来迎接考察团。在龙陵县领导的陪同下，考察团考察了小黑山自然保护区。6点10分，考察团到达龙陵宾馆，龙陵县人民政府的丁昌吉县长等领导在宾馆迎接外宾，并宴请考察团一行。

　　6月11日上午，外宾们考察了龙陵绿舟特禽养殖基地、一碗水亚保护区。10点钟，考察团从一碗水出发前往德宏州林业局，继续在德宏州考察FCCD项目实施情况。

　　此次荷兰外交部项目考察代表团在我市考察期间，由于在保山市委、政府、隆阳区政府、龙陵县委、政府高度重视下，高黎贡山、小黑山自然保护区的项目工作人员认真组织汇报，在接待中交警车开道，以高规格接待外宾，使得整个接待工作圆满完成。荷兰外交部、荷兰驻华使馆、国家林业局、省FCCD项目办的领导、专家对我市高黎贡山自然保护区、小黑山自然保护区FCCD项目的实施情况给予了高度评价。在德宏州林业局告别时，荷兰外交部环境司负责人范赫德先生表示他今后还会到保山来。关于二期FCCD项目一事，他表示要尽力说服荷兰驻华大使馆使项目继续在云南、在保山实施。（2002年6月12日）

（李正波　供稿）

高黎贡山自然保护区保山管理局局长赵晓东高级工程师当选中国人与生物圈国家委员会委员

今年5月,作为中国21个世界生物圈保护区、也是177个国家级自然保护区的杰出管理者代表,高黎贡山国家级自然保护区保山管理局局长赵晓东高级工程师当选为第五届中国人与生物圈国家委员会委员,他是生物圈保护区入选的中国人与生物圈国家委员会3名委员之一。

人与生物圈计划(简称MAB)是联合国教科文组织于1971年发起的一项政府间跨学科的大型综合性的研究计划。这是一项致力于全球环境与发展的长期性科学研究,目的在于通过多学科(包括自然科学与社会科学)相结合,研究人与环境之间的关系,为资源和生态系统的保护与持续发展提供科学依据;通过培训、示范、信息传播等方式,提高人类对生物圈的有效管理能力。"生物圈保护区"是MAB计划为促进生物多样性保护与持续发展相协调的一个创举,是MAB计划最重要的组成部分,中国人与生物圈国家委员会是人与生物圈计划在中国的执行机构,于1978年经国务院批准建立,已历经4届。2002年,为适应新的形势,中国人与生物圈国家委员会对其组成单位进行了调整,并选举产生了第五届中国人与生物圈国家委员会。

第五届中国人与生物圈国家委员会由中国科学院、中国联合国教科文组织全国委员会秘书处、国家科技部、国家环保总局、国家林业局、国土资源部、建设部、国家旅游局、国家海洋局、水利部、农业部等政府部门及有关的相关科研机构、大专院校、学术团体、新闻媒体,以及知名科学家、世界生物圈保护区代表组成。中国科学院副院长、北京大学校长、中国科学院院士许智宏担任中人与生物圈国家委员会主席,委员由国家各相关部门的领导、知名科学家、知名记者及世界生物圈保护区管理者中的杰出代表共48人组成。委员中有10人是中国科学院院士及中国工程院院士。

高黎贡山国家级自然保护区以其丰富、独特的生物多样性资源享誉中外,1994年来,高黎贡山国家级自然保护区保山管理局局长赵晓东高级工程师带领全局干部职工,遵循世界生物圈保护区理念,积极借鉴国内外管理自然保护区的先进经验,不断探索保护高黎贡山的有效途径,切实加强自然资源保护管理,开展科研监测活动,广泛开展社区共管活动,创建了"中国第一个农民生物多样性保护协会"、"绿卡行动"、"保护区资源的参与性管理"等多种管理模式,在全国产生了广泛的影响。这次赵晓东局长当选中国人与生物圈国家委员会委员,正是中国人与生物圈国家委员会对高黎贡山国家级自然保护区保山管理局这些年工作成绩的肯定。(2002年7月3日)

(艾怀森 供稿)

神奇的高黎贡
——中美合作高黎贡山生态资源考察纪实

2002年6月17～28日,由美国芝加哥费尔德博物馆环境部负责人DebraMoskvits女士、生态专家Robin期工程Foster博士、植物专家Jun Wen博士、真菌专家Mueller Gregory先生、两栖爬行类专家Bradley Shaffer、鸟类专家Douglas Stotz先生、西南林学院国际合作处易绍良处长、覃家理博士、邓丽兰副教授、杨斌博士、硕士研究生张宁女士、昆明动物所权锐昌博士、高黎贡山自然保护区保山管理局副局长李正波高级工程师、科技科科长艾怀森高级工程师、施晓春工程师、王天灿工程师、蔺汝涛助理工程师等21人组成的中美合作高黎贡山生态资源考察团,对高黎贡山自然保护区的生态资源进行了考察。

此次考察，经国家林业局、省林业厅批准，由美国芝加哥费尔德博物馆、西南林学院、高黎贡山自然保护区保山管理局三方联合进行。目的是通过考察，对高黎贡山的生态资源进行快速评估，拿出评估报告，为争取国际合作项目提供基础性材料。按国家林业局的要求，考察地点安排在高黎贡山百花岭、大塘、赧亢三个点的保护区实验区内。考察团分为植被、植物、真菌、鸟类、兽类和两爬6个专题组。调查方法采用目前国际上先进的生物资源快速评估方法。考察团在面对雨季、有蚂蟥叮咬等不利条件的情况下，克服重重困难，取得了重大的成果。

生态专家 Robin Fosten 博士，曾经到过世界许多国家，但高黎贡山对他来说却是一个非常有意思的区域。他说高黎贡山一山兼有热带、温带、寒带的植被类型，分布着许多来自北方和南方的重要物种，在欧洲、北美是找不出相同的一块，在南美洲虽然有相似的，但面积很小，而且资源破坏大，高黎贡山是世界上很特殊的地块。这里有许多新的物种还没有发现，需要从植被上进行整体研究。

高黎贡山的植物，昆明植物所李恒教授等国内专家曾进行过研究，共记载有种子植物 4 303 种。此次野外考察，植物组发现在百花岭有 5 个科，10 个属分布新记录，在大塘发现 3 个新种，在赧亢发现一个五加科种新分布记录。Jun Wen 博士说高黎贡山与中国的许多山如玉龙雪山、峨眉山等相比是一座非常特殊的山，这里生物多样性比较高，估计高黎贡山的高等植物要在 5 000 种左右。

高黎贡山自然保护区记载有大型真菌 133 种，而此次 9 天的野外考察，真菌组共收集了 200 多种大型真菌。在这 200 种真菌中，仅有 20 种是原来记录过的。真菌专家 Mueller Gregory 先生估计，高黎贡山地区的大型真菌应该有 1 500~2 000 种。

高黎贡山记录有鸟类 343 种，其中有 19 种被列入世界濒危物种红皮书，有 1/4 的鸟类分布区域非常峡窄，范围在 10 万平方公里（约占云南面积的 1/4）以下。此次 9 天的野外考察中，在阴雨天观鸟非常困难，而且不易见到鸟的情况下，鸟类组共观察到171种鸟类，其中有23种是以前没有记录过的。鸟类专家Douglas Stotz先生估计高黎贡山地区的鸟类（含低海拔）应该有600种左右。他说如果估计正确的话，那么高黎贡山的鸟类将占中国的1/2，是亚洲鸟类最丰富的地方。

两栖、爬行、兽类也有许多发现。两爬组发现一个非常惊奇的现象：高黎贡山东、西坡两爬分布不同，东坡有的西坡没有，而西坡有的东坡没有。高黎贡山保护区记录有两栖类28种、爬行类48种。Bradley Shaffer专家估计仅蛙类可能有40~50种，蛇类80种左右。保护区记录有兽类115种，此次兽类组共观察到42种兽类痕迹，发现小熊猫的活动范围由3 000米左右降至2 000米；白眉长臂猿、水鹿等动物过去非常不易看到，这次考察发现其数量有所增加，活动范围在扩大。兽类组估计高黎贡山的兽类应该有150种左右。

本次考察，有许多新的发现。通过考察进一步揭示了高黎贡山的重要性，专家们一致认为高黎贡山的生物资源是世界独一无二的！（2002年7月3日）

（李正波　供稿）

中央人民广播电台将连续8次报道高黎贡山自然保护区

2002年4月19~26日，中央人民广播电台主任记者汪永晨女士到高黎贡山国家级自然保护区进行采访。汪永晨女士是我国资深环保记者，是中国最高环保奖——地球奖的获得者，中国40名"环保使者"之一。此次采访中，汪老师不辞劳苦，考察了地势复杂、气候多变的高黎贡山自然保护区的许多地方，沿丝绸古道登上了高黎贡山山顶；走访了保护区周边的许多村寨、环保单位，采访了保护区管理机构的领导、武警边防官兵、周边政府官员、周边社区村民等多方面的人士。高黎贡山丰富的生物多样性、自然景观、历史文化、民族风情，以及当地各界人士为保护高黎贡山所作的努力和奉献，深深感染了汪老师，她深感此次采访收获颇丰。在采访期间，汪老师就对高黎贡山作了3次直播报道。

近日，保山管理局获得来自汪老师的消息：中央人民广播电台将在2002年8月18日、8月25日、9月1日、9月8日、9月15日、9月22日、9月29日、10月6日连续8次在星期天中午12:30~13:00播出关于高黎贡山国家级自然保护区的报道，报道汪老师在采访中遇到的关于高黎贡山保护的人和事，关于高黎贡山丰富的生物多样性等方方面面。播出频率为中波720千赫。（2002年8月2日）

（寸瑞红　供稿）

全国、省、市三级政协委员视察高黎贡山世界生物圈保护区

2002年11月1~7日，以政协保山市委员会胡应舒主席为团长，杨文灿、卢继雄两位副主席为副团长，杨青松同志为秘书长，黄贵中同志为副秘书长的政协视察团，对高黎贡山国家级自然保护区、世界生物圈保护区进行了为期一周的视察。

参加这次视察活动的有全国政协委员赵家周，云南省政协委员胡应舒（市政协主席）、卢继雄（市政协副主席）、张慕芬（腾冲县政协副主席）、李纪东、余国生、张尚云、景梅芳，市政协委员杨文灿（市政协副主席）、张静（市政协副主席）、丁晓昌、杨兆华、许本荣、庞仕龙、苏加祥等。视察团在高黎贡山西坡视察期间，腾冲县政协索绍香副主席以及机关工作人员陪同了视察；在东

坡视察期间，隆阳区政协李友炳主席及其机关工作人员陪同了视察。为政协视察团的视察活动提供后勤服务、宣传报道工作，是市政协机关的工作人员，市电视台、《保山日报》社的记者，市林业局、高黎贡山自然保护区保山管理局、腾冲县和隆阳区林业局的相关负责人和工作人员。

这次视察活动，是根据政协保山市委员会一届二次会议所作的决议，经 2002 年 8 月 26 日市政协第 5 次主席办公会决定的。驻保三级政协委员视察高黎贡山世界生物圈保护区的指导思想和目的是，以江泽民同志"三个代表"重要思想为指导，充分发挥政协"政治协商，民主监督，参政议政"职能，加深对高黎贡山保护区的认识，宣传扩大其影响；掌握情况，发现问题，实事求是地对保护区的保护与发展提出意见和建议，引起各级党委、政府的重视和社会的关注，帮助协调解决存在的困难和问题；让高黎贡山走向世界，让世界认识高黎贡山；促进保山经济和社会的发展。

政协视察团在高黎贡山西坡期间开展视察活动：

11 月 1 日，三级政协委员不顾乡村道路的凸凹不平、上下颠簸的辛苦，奔赴地处腾冲县界头乡最北部、腾冲管理所下设的大塘管理站，委员们既听取了管理站长的工作汇报，又了解了大塘管理站全体工作人员的工作、生活等各个方面的具体情况。

11 月 2 日，三级政协委员听取了界头、曲石两乡党委书记、乡长就两乡在保护高黎贡山自然保护区，和高黎贡山自然保护区对两乡经济与社会发展所起的生态支撑作用以及潜在价值等方面的情况汇报；听取了高黎贡山国家级自然保护区腾冲管理所李昌连所长关于高黎贡山（南段）西坡保护与管理的工作情况汇报。李昌连所长从保护区的基本情况（保护区的类型、地理位置、国际国内有关组织给予保护区的荣誉、生物多样性及其保护物种、管护面积、管理所下设的机构与人员、保护区周边区所涉及的乡村及人口与保护区的相互关系）、保护管理情况（护林防火、野生动植物的保护管理、科技和中美合作 GEF—PLEC 与中荷合作 FCCD 项目工作）、采取的措施与方法、保护区管理中存在的问题及下一步打算

4个方面,介绍了高黎贡山建立保护区以来取得的成效,保护管理工作中采取的各种措施与方法,工作中现存的问题与困难;提出了请三级政协委员帮助呼吁解决现存问题和困难的一些迫切要求。考察团的全体人员视察了界头乡"大园子小康示范村",曲石乡箐桥村民委员会境内横跨龙川江的野猪箐古木拱桥、南方丝绸古道上的江苴古镇、黑鱼河地质奇观"柱状节理"。

当天晚上,腾冲县人民政府在林业培训中心举行座谈会,欢迎政协视察团的到来。在座谈会上,县人民政府李其邦副县长介绍了腾冲县情和腾冲县1998年以来的经济社会发展情况、高黎贡山自然保护区的保护管理工作情况和主要做法、腾冲县下一步发展思路以及请求帮助协调解决的困难和问题。

11月3日上午,三级政协委员以及陪同视察的全体工作人员前往腾冲县五合乡腾朗村民委员会境内,视察了"小地方中荷友谊小学",视察团的三级政协委员及其全体工作人员与小地方小学的全体教师和学生合影留念。

政协视察团在高黎贡山东坡期间开展视察活动:

11月3日上午,政协视察团结束了对高黎贡山生物圈保护区西坡的视察活动,前往东坡继续进行视察。是日13时,三级政协委员及其全体工作人员来到隆阳区潞江乡丙闷村民委员会所管辖的一个傈僳族村寨——潘家沟。政协委员及其工作人员在潘家沟,受到了傈僳族村民的热烈欢迎,傈僳族村民为视察团的政协委员和工作人员表演了傈僳族歌舞。看完傈僳族歌舞表演后,政协委员到村民家中了解沼气池的建设和沼气的使用情况。政协委员了解到潘家沟自然村有94户村民,在中荷合作FCCD项目的援助下,91户人家修建了沼气池。村民们的生产与生活中,已经很少使用木柴作为能源了,既改善了家庭环境卫生,又有效地保护了现有森林,减少了水土流失,还节约了大量的劳动力。政协委员们对潘家沟村民修建沼气池来缓解人们对森林的依赖和压力的这一行动给予高度评价,大家认为是一条在广大农村社区走生态型农业、建设好生态型村庄的好路子。

视察了潘家沟沼气化村寨后，政协视察团的全体人员到怒江边的傣家饭馆进行午餐。在午餐前，高黎贡山国家级自然保护区隆阳管理所、潞江乡人民政府的负责人分别向视察团的市政协的领导、三级政协委员、市区两级林业部门的负责人以及随行的工作人员分发了书面汇报材料。

中午饭后，政协视察团前往隆阳区的芒宽乡百花岭村民委员会。委员们在百花岭村委会院内，参观了中国第一个农民生物多样性保护协会——高黎贡山农民生物多样性保护协会活动室，听取了协会负责人对协会成立以来的活动，村民保护高黎贡山生物多样性思想意识提高的各种情况的介绍。

这天的夜晚，在百花岭村民委员会的芒岗村中活动场——古榕树下，中共芒宽乡党委、芒宽乡人民政府举行"民族文化之夜篝火晚会"，欢迎政协视察团的到来。为了推进百花岭村民更好地保护高黎贡山的生物多样性，实现人与自然的和谐发展，在篝火晚会开始之前，政协视察团举行捐赠仪式。市政协的领导、三级政协委员和随同的部门领导及工作人员，以个人、单位团体的形式，向高黎贡山农民生物多样性保护协会捐款，表达了政协视察团的委员们、随同的部门领导及其工作人员对保护高黎贡山的森林资源和生物多样性的深情厚意。

11月4日，政协视察团从百花岭"高黎贡山生态旅游发展中心"出发，沿怒江而上。在行进的途中，视察团的委员和工作人员，观看了南方古丝绸之路上横跨怒江的著名古铁索桥——双虹桥。中午，视察团到达芒宽乡人民政府，听取了乡长的情况汇报。下午，在芒宽乡党委书记杨双建、乡长窦红明的陪同下，视察团的全体人员观看了古榕树奇观，视察了西亚村委会"芒归文明新村"。接着，政协视察团前往怒江州。

11月5日，视察团在怒江州政协、泸水县政协领导、高黎贡山国家级自然保护区泸水管理局领导的热情陪同下，前往片马镇考察。途经姚家坪时，泸水管理局的领导介绍了高黎贡山国家级自然保护区北段的情况。视察团的全体人员到达片马丫口后，下车观看了高黎贡山东西坡的天然的森林植被景观。到达片马镇，视察团的全体人员在中缅16号国界合影留念。

11月6日，视察团的全体人员离开六库，经过漕涧、瓦窑，返回保山。

11月7日，视察团在市政协举行了"驻保全国省市政协委员视察高黎贡山世界生物圈自然保护区座谈会"。在座谈会上，首先听取了张锭副区长代表隆阳区人民政府所作的工作汇报，张锭副区长从基本情况、近几年来开展的主要工作、需要上级帮助解决的几个问题3个方面，介绍了隆阳区境内高黎贡山自然保护区的动植物资源状况，管理机构及人员配备情况；介绍了几年来在保护区开展的宣传教育、森林防火与扑火、野外巡护、对外来人员管理、林政管理、增补界桩、实施外援项目、在保护区周边进行退耕还林等各项工作；提出了请求上级政府及其相关部门帮助解决的5个方面的困难和问题。

高黎贡山国家级自然保护区保山管理局赵晓东局长从基本情况、建立自然保护区对保山社会经济发展有重大作用，自然保护区成立以来各项工作有较大发展，加强高黎贡山世界生物圈保护区的保护与发展的思路4个方面，既介绍了保护区的地理位置和动植物情况，保护区周边区的范围以及周边区的乡镇、人口；阐述了建立高黎贡山自然保护区对保山社会经济发展所起到的6个方面的重要作用。又总结了自1983年建立高黎贡山自然保护区以来，保护区管理机构所开展的7个方面的工作。还提出了加强高黎贡山世界生物圈保护区的保护与发展6个方面的思路。

市政府杨建洪副市长就市政协组织驻保三级政协委员视察高黎贡山生物圈保护区的重要意义，发表了讲话。杨建洪副市长还指出，高黎贡山在保山的生态建设中具有重要的意义，在旅游上保山最有潜力的就是高黎贡山，市政府历来把高黎贡山自然保护区的保护作为一项非常重要的工作来抓；对高黎贡山的开发，一定要在充分保护的基础上，做好规划，逐步开发。随后，三级政协委员通过这次视察活动，从全球发展的角度，站在可持续发展的高度，围绕高黎贡山世界生物圈保护区的保护与可持续发展这一主题，充分地发表了各自的意见和建议。最后，市政协卢继雄副主席、胡应舒主席作了总结性的发言。市政协的两位领导提出，会后要将三级政协委员所发表的意见和建议整理出来，形成视察报告、提案、建议案，送交保山市委、市政府和省政协、全国政协。（2002年12月6日）

（朱明育　供稿）

中共保山市委黄毅书记到高黎贡山自然保护区调研时要求：强化世界生物圈保护区综合管理促进全市生态经济社会全面发展

　　为认真贯彻落实省委白恩培书记最近到保山工作调研时提出的要对保山的生态问题进行一次再认识，进一步加大生态环境保护和建设力度的指示，3月1日，市委黄毅书记率市委秘书长李志刚、副秘书长朱宏春等有关部门的领导，在高黎贡山国家级自然保护区保山管理局局长赵晓东的陪同下，再一次沿着南方丝绸古道百花岭—南斋公房丫口—江苴徒步翻越高黎贡山，对高黎贡山自然保护区的保护与发展进行调研，同时也创下当天（12小时）徒步翻越南斋公丫口（海拔3 250米）的新纪录。

　　阳春三月，怒江河谷里木棉花硕果累累，糖厂正在日夜加班生产，香料烟已进入收获季节，天气似盛夏酷热难当，但在海拔3 250米的南斋公房丫口仍是冰雪覆盖，一派北国风光，真是"一山分四季，十里不同天"。面对神奇的自然与文化资源，黄书记反复强调：高黎贡山是我们从大自然和祖先那里继承下来的共同遗产，是我们各族人民的母亲，要像爱护母亲一样保护高黎贡山。现在它已被联合国授予"世界生物圈保护区"的称号,既是高黎贡山的荣誉,也是我们保山市230多万各族人民的荣耀,我们要全力打造这一"世界品牌",加大工作力度,促进保山对外开放和招商引资工作,促进全市生态经济社会全面进步。要按照联合国人与生物圈计划的理念,在注意资源保护的同时,更好地关注保护区周边社区经济社会的发展,要从资源保护与利用、生态旅游、国际合作、科学研究与监测、社区发展、科技推广与科普教育、文物保护与管理等多方面强化管理,合理规划与开发,综合协调,促进人与自然和谐发展。例如:高黎贡山丰富的树种花卉资源,可以在不违背有关法规的情况下,为城镇绿化美化提供支持服务。

在下山的途中,刚好碰上正在野外调查的管理局科技干部,黄书记向他们表示慰问,详细听取了他们的调查成果汇报,对他们在野外观测到小熊猫、金钱豹等珍稀动物的重要发现表示祝贺,要求管理局领导要想方设法改善科技人员野外工作条件。

面对延伸在原始密林和高山峡谷中的丝绸古道及石板上深深的马蹄印,黄书记一再要随行摄影人员拍照留念,高度赞叹先辈们为开通这一举世闻名的国际大通道所付出艰辛和努力。今天,我们全面建设小康社会,就是要发扬先辈们的这种精神,踏着先辈们的足迹,按照省委、省政府的部署,早日恢复和开通这一通往南亚的国际大通道。要想方设法筹集资金,先修复腾冲辖区内被损的古道和林家铺至山脚村4公里半的简易公路,使旅游考察人员快捷进出这条高品位的生态旅游线路,在不破坏资源与环境的前提下,沿途设置一些标志牌和休息点。应组织附近农民成立马帮或滑竿队,为旅游者提供服务,增加他们的收入,同时也带动岗党、江苴小集镇的建设和发展。

针对沿途偷砍树木的痕迹,要求腾冲、隆阳管理所要加大巡查力度,减少偷砍盗伐和偷捕乱捕现象,要求森林公安要加强林区治安管理,打击盲流人员偷盗红豆杉、枫木、兰花等行为,特别是加强森林防火,千方百计不发生大的森林火灾。黄书记最后说:徒步翻越高黎贡山不仅是体验大自然的神奇与美丽,更重要的是磨练一个人的毅力。表示今后每年要抽出时间翻越一次,希望高黎贡山的保护与发展年年都有一个好的变化。(2003 年 3 月 3 日)

(赵晓东　供稿)

一本来自美国的权威报告
中国云南省保山市高黎贡山南段
快速生物资源调查报告

  2002 年 6～7 月间,由中美自然科学家、建筑师、规划师和文化旅游专家等组成的专家小组分别就高黎贡山生物资源、社会文化资源及生态旅游设计等方面进行了野外考察,并对这些跨学科考察的成果进行总结,形成了一本高质量、图文并茂、中英文及拉丁文对照的权威报告。3 月 16 日,在昆明威龙饭店,由省委宣传部、省对外文化交流协会、中共保山市委、市人民政府主持,来自美国美中文化交流中心及费尔德博物馆的美方专家,向与会的省林业厅、省民委、省文化厅、省旅游局、西南林学院、云南大学、云南师范大学、云南省民族博物馆等单位领导、专家及中央驻滇、省、市 20 多家新闻媒体的记者朋友们介绍了这一报告的主要内容。

  美国费尔德博物馆环境保护部主任莱丝柯维兹博士首先介绍了为何选择高黎贡山开展此次考察时说:第一,高黎贡山具有世界上得天独厚的条件,在这里可以看到从热带到温带森林植被的各种类型,该地区生物多样性和特有种非常集中,也是保护地球上丰富的生物资源的优先区域。第二,高黎贡山同时也是各种文化交融、碰撞的地方和各种历史事件的发生地,此次文化调查的重点是百花岭行政村,充分体现了云南文化多样性的特点。第三,高黎贡山的自然瑰宝的长期存在有赖于当地社区能否全面参与保护区的管理和保护,要保护高黎贡山这些世界上独一无二的自然宝藏,在开展经济活动时，必须考虑这些经济活动对于生态和文化保护是否有利，是否能够给当地群众的发展和当地的生物群落的保护带来直接的利益。

短短的考察使中外专家发现了一些新种和新记录，大大地丰富了保护区的物种名录，同时也使中外专家进一步认识到高黎贡山国家级自然保护区为各种生物群落和大量分布范围狭小或濒危物种提供了庇护所。我们对保护区的认识和了解还十分有限，有待于今后更多地考察和研究。

高黎贡山保护区的建立为人类保护该地区特有的各种生态群落创造了条件，同时也为周边地区的多元文化与社区周围以及保护区内的生物多样性资源的管理和恢复协调发展提供了机会。通过使当地群众受益，激发当地人的自豪感，培养大自然好管家的精神和保存乡土文化，保护区能够成为世界上开展生态旅游的典范。

专家们还将保护和保护区综合管理能够给该地区乃至全世界带来的一些主要好处进行了归纳总结：

一、高黎贡山国家级自然保护区是一个全球重要性的保护区：从海拔 1 500 米左右的缓坡地带到海拔 4 000 米以上的峻峭山峰——保护着东亚、喜马拉雅和古北界的生态群落。

二、使目前受到威胁的低海拔地区的丰富的动植物资源的生境得到恢复。

三、保护区有望成为成功的，以当地生态和文化为基础的，给保护区和当地社区都带利益的生态旅游的典范。

四、使周边社区与保护区人员在保护区管理利用方面开展成功合作。

五、使水域以及其他食用和药用资源得到保护。

六、使保护区成为研究近代学（特别是物种形成）、生态学（特别是生物迁徙、生境利用和优势树种的生长）和开展保护活动等的基地。

报告还就今后高黎贡山的保护与管理、生态旅游、科学研究，进一步调查和监测提供了若干建议，特别在生态旅游方面强调：

一、保证所有生态旅游活动能够给保护区和周边村民带来直接利益。二、对保护区的游客承载量进行研究，并根据研究结果控制游客接待数量。三、旅游活动的开展和旅游基础设施的修建要尽量减少对敏感生物群落的影响，还要尊重和保存当地文化。四、将高黎贡山国家级自然保护区与滇西其他众多旅游景点连成一片。

报告已分别在美国和北京呈交有关机构及部门，为进一步让世界了解高黎贡山，让高黎贡山走向世界将起到重要作用和不可估量的影响。（2003年3月26日）

（赵晓东　供稿）

云南省省长助理陈小娅考察高黎贡山

2003年4月10日，云南省省长助理陈小娅、省教育厅和副厅长在保山市政府副市长杨炎平和高黎贡山国家级自然保护区保山管理局局长赵晓东的陪同下，来到了高黎贡山南端的灰坡丫口，对高黎贡山的生态旅游进行考察。

陈助理一行弃车步行，沿高黎贡山山麓经外灰坡一直走到古城山，一路欣赏高山草坪和原始森林，并在赵晓东局长的介绍下仔细观察了几种国家保护树种。陈助理与和副厅长对高黎贡山壮丽的风光和丰富的生物多样性赞不绝口，兴致勃勃、不停地拍照留影。一群在路边晒太阳的蜥蜴被脚步惊动，向森林中四散奔逃，大家争相循声查看变色龙矫健的身影，引起了森林中的一阵骚动。蜥蜴在密林中逐渐消失，林中的鸟鸣声忽高忽低、忽远忽近，寂静的原始森林由此而显得更加神秘莫测。

在一块平整的林中空地上，大家在厚厚的枯叶上席地而坐，摆上干粮和水果。鸟鸣阵阵，清风习习，一边欣赏林中美景，一边畅谈高黎贡山的旅游发展。陈助理说，她很早就听说了高黎贡山，一直对高黎贡山的丰富的生物多样性十分向往，在昆明时就计划要徒步翻越高黎贡山。她认为高黎贡山是一个具有很高知名度的世界品牌,旅游发展的潜力十分巨大,在自然资源越来越珍贵、崇尚自然、珍爱自然渐成主流风气的今天,高黎贡山一定能逐步成为一个集科学研究、科普教育、观光旅游和考察探险的热点和胜地。(2004年4月17日)

(李勇华 供稿)

荷兰专家到高黎贡山进行中荷合作二期项目考察

1996年5月,由荷兰专家威蒙先生率团到高黎贡山国家级自然保护区进行"中荷合作云南省森林保护与社区发展项目"(简称FCCD项目)认定考察,当时,在高黎贡山保护区保山管理局赵晓东局长的推荐下,考察团同时考察了我市小黑山省级自然保护区,终使我市高黎贡山、小黑山两个保护区列入项目计划。项目于1998年3月正式启动实施。项目在我市实施5年来,共投入2 000多万元资金,用于高黎贡山、小黑山保护区管理和周边社区发展,促进了这两个保护区的建设与发展及周边地区社会经济的发展。现一期项目已进入收尾阶段,计划于今年年底结束。在一期项目即将结束之际,2003年4月5~6日,在FCCD项目省项目办中方主任王为民先生陪同下,荷兰专家菲力克斯先生(Mr. Felix Hoogveld)到高黎贡山、小黑山保护区进行二期项目考察。

4月5日下午,考察团抵达保山,高黎贡山保护区保山管理局赵晓东局长、保山市林业局史增国副局长在高黎贡山国家级自然保护区保山管理局迎接了考察团。赵晓东局长向菲力克斯先生介绍了高黎贡山国家级自然保护区,并就高黎贡山生物多样性与文化多样性保护与其进行了很好的交谈、讨论。晚上,杨建洪副市长代表保山市政府在兰都饭店宴请菲力克斯先生一行,感谢荷兰政府对保山自然保护事业的支持,希望二期项目能够成功实施。

6日,在赵局长、史副局长及隆阳区林业局李安顺局长陪同下,菲力克斯先生来到百花岭金场河一带,深入保护区腹地,对高黎贡山国家级自然保护区进行了实地考察,向保护区领导及基层工作人员了解保护区的野生动物等资源情况及保护区管理工作开展情况。保护区的原始森林显然给菲力克斯先生留下了很深的印象,在金场河的森林里,他说:"我真想在这样的森林里待上40天,只可惜待会儿我就得走。"

离开金场河,考察团一行来到旧街,赵局长向菲力克斯先生介绍了著名的南方丝绸古道和"二战"期间中国在高黎贡山抗击日本侵略军的有关人文历史情况。

中餐后,菲力克斯先生不要人员陪同,仅带省项目办的翻译杨硕女士到鱼塘村了解社区情况。之后,考察团到连接高黎贡山保护区与小黑山保护区的生物走廊带考察。

由于时间关系,菲力克斯先生在结束对高黎贡山保护区的考察后,于当日下午兼程前往龙陵小黑山保护区考察。菲力克斯先生在与赵局长告别时说:"我希望今后有机会到高黎贡山与你一道工作。"(2003年4月23日)

(寸瑞红 供稿)

高黎贡山再获殊荣

近日,高黎贡山国家级自然保护区保山管理局又获三项殊荣,一是荣获由全国政协人口资源环境委员会、全国绿化委员会、国家林业局、国家广播电影电视总局、中华全国新闻工作者协会和中国绿化基金会联合颁发的"关注森林组织奖";二是荣获国家林业局授予的"全国自然保护区先进集体荣誉称号";三是局长赵晓东荣获国家林业局授予"全国自然保护区先进个人荣誉称号"。

高黎贡山自然保护区自成立以来,逐步建立起局、所、站三级管理体系,资源管护队伍不断得到壮大。多年来,各级管理机构求实创新,以多种形式开展自然保护宣传和群防群治工作,积极推行社区共管和联防,并严格依法治区,建立起规范的野外巡护和监测体系,多方面努力提高自然保护区管理水平。保护区的资源得到明显的恢复和增加,森林覆盖率由建区前的82.1%上升到93.8%,主要保护对象羚牛由6群12头增加到8群300多头。

保山管理局自成立以来,内促管理,外抓宣传,在有效做好自然保护区资源管护和科研监测工作的同时,积极与国内外相关机构和组织建立合作关系,千方百计引进项目、引进资金、引进先进的技术和发展的观念。近年来,先后争取并实施了美国麦克阿瑟基金会资助的"高黎贡山森林资源管理和生物多样性保护"项目和"中荷合作森林保护和社区发展(FCCD)项目",并先后实施了高黎贡山楠木、垂直香柏、长蕊木兰、红花木莲、羚牛、小熊猫等物种的调查和研究项目,开展了保山市陆生野生动物资源调查及日本山嵛菜在高黎贡山的引种栽培试验项目。

这些项目的争取和实施,一方面使干部职工获得了学习和锻炼的机会,改善了工作装备和条件,有效增强了机构能力和人员素质,提升了保护区的管理和科研水平;另一方面,周边社区从高黎贡山自然保护区的发展和扶持中逐步找到了双方的利益结合点,认识到了保护高黎贡山的重要性和必要性,从而自觉自愿地从各个层面为保护高黎贡山而出策出力,共同营造出"保护高黎贡山就是保护我们自己"的良好的生态保护氛围。高黎贡山由此而步入一个以生态保护促社区经济发展,继而以社区发展促生态保护的良性循环的发展轨道,实实在在地演绎了人与自然的协调发展。(2003年5月7日)

(李勇华　供稿)

措施有力 管理到位
高黎贡山南段取得了
2003年无森林火灾成效

在市委、市政府和上级主管部门的领导下，在市护林防火指挥部的统一部署和指挥下，高黎贡山保护区各级管理机构认真贯彻"预防为主，积极消灭"的森林防火方针，加强对保护区森林防火工作领导，认真落实各项森林防火措施，取得了2003年无森林火警、火灾的好成绩。

一、高黎贡山保护区森林防火所面临的实际情况

（一）去年入冬以来，高黎贡山保护区和全市大部分地区一样，因降水较少，日照时间长，气温偏高，区内可燃物十分干燥，森林火灾易发指数较高。据气象部门信息显示，去冬今春全市范围内降水总量较历年同期偏少17%～36%，平均气温为较历年同期偏高$0.2℃～0.9℃$，相对湿度较历年同期偏低2～4成，平均日照较历年同期增多104.1～227.5小时。而去年雨季因降雨较为充沛，保护区林下杂草十分茂盛，入冬来的突发旱情和进入森林防火戒严期后，气温的迅速升高，致使林下杂草大量枯死，可燃物数量迅速增加，保护区2003年的森林防火形势是继1999年之后较为严峻的一年。

（二）森林火警、火灾来得早，而且来势迅猛，发生时间相对集中，是今年森林防火出现的特殊情况。刚进入森林防火期就发生森林火情，这也是多年来未出现过的情况。进入森林防火戒严后，全市很多林区进入了森林火警、火灾多发期和高峰期，高黎贡山保护区周边社区的部分集体林区也相继发生了森林火情，对保护区构成了极大的威胁和压力。

（三）高黎贡山保护区山高坡陡，自然条件恶劣，山情、林情比较复杂，周边社区村庄密集，人口众多，森林防火工作难度相对较大,加上保护区东坡社区盲流人员活动频繁,周边社区村民沿丝绸古道走亲访友的人为活动和中缅边界境外火源威胁等情况,加大了保护区森林防火工作的难度。另外由于近年来枫木价格高涨,少数不法分子受暴利驱使,不惜铤而走险,到保护区内盗伐枫木,冬春之际又是高黎贡山周边社区村民到保护区内采集非木质林产品的高峰期,保护区山高林密,入山路口繁多,人为活动问题不能从根本上得到有效制止,保护区内因人为活动而引发森林火灾的隐患依然存在。

二、保护区森林防火工作的主要做法和经验

(一)严密部署,强化目标管理责任。为全面搞好保护区森林防火工作,管理局、所、站把保护区森林防火工作列为保护区各级管理机构的中心工作,从保护区的具体实际出发,对辖区森林防火工作进行了周密安排和部署,制定了切实可行的森林防火预案和森林火灾扑救方案,确立了以主要领导负责制的森林防火目标管理责任制,层层加以落实,责任到人。

(二)深入开展宣传教育,提高森林防火意识。开展多种形式、多渠道的森林防火宣传,提高森林防火意识,是保护区管理机构坚持不懈的有效措施。进入防火期以来,保护区管理部门利用广播、电视、发放户主通知书、张贴宣传标语、出动宣传车和召开村民会议等多种形式开展宣传活动。在公路沿线、入山路口等重点地段张贴、刷写、更新宣传标语2 180条,出动宣传车180辆次,召开社区村民森林防火宣传会议43次,给中小学生上防火课68次,发放森林防火户主通知书3.8万份。深入广泛的宣传,增强并提高了社区群众的森林防火意识。

(三)结合实际,狠抓重点区域和重点林区的森林防火工作。保护区管理部门根据保护区山情、林情,划定了森林防火重点区域和重点林区,有计划地进行重点防范。对百花岭经南斋公房至江苴丝绸古道生态旅游区、西亚经北斋公房至界头古道沿线、赛林摆老塘、中缅边境与保护区接壤地段、大树杜鹃区域、垂枝香柏林区、天台山人工秃杉林区、大蒿坪及烽火台古道沿线、新老保腾公路沿线等重点区域和林区进行了重点监测和巡护。设立固定和移动哨卡及防火检查站65个,进行严格的登记检查,有效控制了未经批准非法进入保护区的人为活动,堵住了火源入山。

(四)建立保护区联防机制,加强森林防火工作的联防联治。开展保护区联防联治是保护区管理部门多年来坚持的制度,是保护区资源保护和森林防火的有效措施之一。隆阳管理所赧亢管理站,与腾冲管理所整顶管理站和小黑山管理所古城山管理站,隆阳管理所坝湾管理站,与腾冲管理所大蒿坪管理站,隆阳管理所芒宽管理站,与怒江州泸水管理局上江管理站之间相互签订了联防协议,使保护区特别是保护区管理结合部的资源保护与森林防火工作得到了加强。在开展保护区管理机构联防联治的同时,保护区管理部门认真搞好与周边社区之间的联防联治工作,积极参加周边社区森林火灾的组织扑救,做到打早、打小、打了,确保了保护区的安全。

(五)加强对"五种人"和盲流人员管理。保护区管理机构积极协助乡、村开展周边社区"五种人"的清理登记工作,并说服监护人做好对他们的监护管理。隆阳管理所还同周边社区的129名"五种人"的监护人建立了定期走访检查制度。盲流人员管理是保护区管理部门难度较大的一项工作,隆阳管理所克服各种困难,对社区盲流人员进行了调查登记,加强了对新增的694名盲流人员的管理,有效控制了"五种人"和盲流人员引发森林火灾情况的发生。

(六)组织和实施保护区联合巡护,及时发现和解决保护区森林防火工作中存在的问题和困难。在森林防火期间,特别是进入防戒严期后,管理局有计划地组织局、所、站三级管理机构的专职人员,对百花岭至江苴丝绸古道生态旅游区、北斋公房丝绸古道沿线和摆老塘至曲石沿线实施了联合巡护。协调和组织地方公安、林业公安共同参与对破坏保护区资源的违法案件进行联合查处,有力打击了违法犯罪分子的嚣张气焰。通过联合巡护和联合查处,产生了很好的宣传和震慑效果。

(七)强化内部管理,坚持值班制度。进入森林防火期以来,保护区各级管理机强化内部管理，坚持24小时值班和主要领导带班制度。要求值班人员坚守岗位，认真做好来自保护区一线的森林防火相关情况/信息资料的记录整理，掌握和了解保护区森林防火工作状况和动态，并将有关情况及时报告主管领导，保证了保护区森林防火相关情况/信息的上传下达和政令畅通。

（八）充分发挥和调动护林员工作积极性和主观能动性。保护区护林员是保护区资源保护和森林防火工作中的重要力量，管理局根据保护区各级管理机构工作的实际需要，下达保护区两个管理所长期护林员指标82个，每年安排专项资金20余万元，用于解决护林员待遇。进入森林防火戒严期后，隆阳管理所多方筹措资金，为所聘用的37名护林员人均增加工资待遇200元，使他们全脱产地投入保护区森林防火工作，护林员队伍得到了加强，充分调动了护林员巡山护林积极性。

（九）建立专业扑火队伍，切实搞好森林火灾的扑救工作。保护区管理所、站干部职工和护林员，组成了森林防火应急队伍，24小时待命，一旦发生火情，及时组织扑救。腾冲管理所、曲石管理站与曲石乡政府联合组成了40人的专业扑火队，隆阳管理所、站与乡、村、社扑火队共同协作，形成了合力作战的格局。同时积极参与周边社区集体林森林火灾的扑救，确保险情不进入保护区。

（十）实施国际合作项目，推动和促进高黎贡山森林防火工作。实施中荷合作"云南省森林保护与社区发展项目（FCCDP）"是保护区管理机构做好保护区森林防火工作较有特点措施之一。FCCDP资助的项目资金、设备和技术，使保护区和周边社区的机构能力建设得到了加强，促进了周边社区经济发展，对高黎贡山森林防火工作产生了积极的推动和促进作用。

1. FCCD项目投入项目资金205.88万元，在高黎贡山保护区周边的28个社区自然村（社）编制和实施了《社区环境行动计划》。社区环境行动计划的实施，在周边社区产生了较好的辐射作用和宣传效果，社区群众对参与保护区资源管理有了更进一步的认识。

2. FCCD 项目为保护区和周边社区乡镇配置车辆 17 辆（丰田越野 2 辆、丰田皮卡 2 辆、北京吉普 2 辆、北京战旗吉普 11 辆），摩托车 21 辆，电台 20 部，对讲机 55 只，风力灭火机 30 台。防火设施的改善，增强了保护区和周边社区的森林防火能力。项目还为专业扑火队配置防火服 160 套，铁铲 160 把，水枪 60 套，有效提高了专业扑火队的作战能力。

3. 保护区管理部门争取 FCCD 项目资金援助，建固定哨卡 8 个，移动哨卡 28 个，永久性宣传栏 7 块，警示牌 273 块，埋设保护区界桩 839 棵。哨卡建设，改善了巡护人员野外工作条件，加强了保护区资源管理。建立的宣传栏和警示牌，起到广泛的宣传效果，同时展示了高黎贡山保护区的对外形象。保护区标桩定界，解决了保护区建立以来界线不明显，界桩不完整，难以管理的实际问题，既维护了保护区的完整性，又调解了因界线不明显等原因引发的与社区之间的林权林地争议，同时在周边社区产生了很好的宣传作用。

4. 开展保护区巡护管理培训，提高保护区工作人员和护林员的工作技能和业务水平。高黎贡山保护区管理机构在 FCCD 项目的支持下，分别在隆阳区和腾冲县举办了 6 期巡护管理培训班，来自保护区各级管理机构的工作人员和护林员 160 人参加了培训。通过培训，使保护区管理人员和护林员更加全面地掌握了野外巡护工作技巧和方法，正确而科学处理突发事件的能力有了较大提高。

5. 全面开展社区公众环境保护意识教育，增强群众森林防火意识。保护区管理机构抓住 FCCD 项目实施机遇，在保护区周边社区的 7 个乡镇，72 个村委会，847 个自然村（社）和中小学校，开展了保护区近年来规模最大的社区公众环境保护意识教育活动，5 万多社区群众和中小学生参与了活动。此次社区公众环境保护意识教育活动，在保护区周边社区产生了较大的影响，起到了很好的宣传效果，群众的保护意识和观念得到了加强和更新，为全面实现高黎贡山森林防火目标奠定了坚实的群众基础。

三、存在的问题和困难

（一）保护区和周边社区的森林防火设施还比较薄弱。由于高黎贡山保护区特殊的自然因素，保护区管理机构和周边社区的森林防火的软硬件设施条件还较为薄弱，不能满足森林防火工作的实际需求，特别是保护区与周边社区防火道建设，生态防护林建设，怒江流域二半山的退耕还林、还草和保护区及周边社区乡镇的机构能力建设。

（二）森林防火经费严重不足，制约着保护区森林防火工作的进一步开展。一是宣传经费投入不足，使保护区经常性的森林防火宣传工作不能很好开展，宣传设施建设和宣传资料制作困难加大；二是森林防火管理经费投入不足，使保护区森林防火设施、器材、车辆、工具等不能及时得到维护和更新，同时影响了保护区森林防火专业技术和防火执法培训工作；三是专职扑火队伍建设资金投入不足，专业扑火队是保护区及周边社区森林火灾扑救的生力军，由于缺乏所需经费，专业扑火队伍得不到进一步加强，装备得不到改善；四是保护区按所管辖面积，应得到省、市、县区森林防火专项经费重点扶持和倾斜。

（三）盲流人员和"五种人"管理是保护区森林防火工作中较难开展的一项工作。保护东坡社区盲流人员数量多，活动分散，管理难度较大。保护区东西坡的大部分社区是保山市的农业主产区，社区村民农业生产任务繁重，村民对"五种人"的监护管理较差。盲流人员和"五种人"管理，需要各级政府和相关部门帮助和支持，并需要一定的专项经费作保证。由于缺乏必需的专项资金，保护区周边社区盲流人员和"五种人"问题无法得到妥善解决。

四、保护区森林防火下步工作计划

（一）开展调查研究，结合起来高黎贡山保护区实际，积极探索进一步做好保护区森林防火工作的新措施和新方法。

（二）加强保护区森林防火队伍建设，积极筹措资金开展森林防火专业技术和防火执法培训，提高保护区管理人员的业务水平和执法水平。

（三）持之以恒地开展多种形式的森林防火宣传教育工作，不断提高社区公众的森林防火意识。

（四）认真做好保护区森林防火基础设施建设项目研究和申报立项工作，争取资金扶持，进一步加强和完善保护区森林防火基础设施建设。

（五）积极争取和实施国内外合作项目，通过合作项目援助，使保护区和周边社区的森林防火能力得到有效提高，推动保护区的森林防火工作不断向前发展。（2003年7月28日）

（陶　宏　供稿）

香港嘉道理植物园考察团走访高黎贡山

应中荷合作云南省森林保护与社区发展项目（FCCDP）云南省项目办的邀请，由刘惠宁博士为团长，周锦超博士、陈辈乐博士、吴世捷博士、吴狄姬项目主任、李国诚助理主任一行6人组成的香港嘉道理植物园考察团于7月21～24日走访了云南省西部的小黑山、高黎贡山2个保护区。

陪同考察的有：中荷合作FCCD项目云南省项目办荷方主任布朗姆先生、公园组组长雷福光先生、社区组组长徐昀先生、翻译张群女士、小黑山保护区龙陵管理所杨晓华所长、高黎贡山国家级自然保护区保山管理局李正波副局长、李昌连所长、彭武伦所长等。

22日：香港嘉宾受到龙陵县李永辉副县长的热烈欢迎，听取了小黑山管理所杨晓华所长关于龙陵县FCCD项目实施的介绍，到雪山村了解该村社区环境行动计划（CEAP）和参与性资源监测（PRM）的实施情况，参观了小黑山保护区的生物走廊带和树蕨林。

23日：上午，考察团到高黎贡山保护区赧亢、整顶生物走廊带徒步考察，香港专家深深沉醉于高黎贡山丰富的动植物和优美的自然风光，拍照、观察、探讨，忙个不停，完全忘记了饥饿和疲劳，直到下午3点才走出森林，比行程计划大大推迟。接着，又来到走廊带边缘的贫困山村小地方，听取该村森林共管委员会委员关

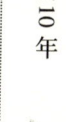

于该村 CEAP 实施和中荷小地方友谊小学建设的介绍。

24 日：考察团登山参观了位于高黎贡山保护区内南方丝绸古道上的古烽火台，到百花岭村访问了高黎贡山农民生物多样性保护协会，浏览了保护区百花岭阴阳谷生态旅游区，后乘车返回保山，受到保护区保山管理局赵晓东局长的接见。（2003 年 7 月 30 日）

（寸瑞红　供稿）

中美联合考察队完成高黎贡山（保山段）植物资源考察

2003 年 8 月 19 日～9 月 12 日，由美国加利福尼亚科学院布鲁斯博士、周丽华博士、中国科学院昆明植物研究所李恒研究员、刀志灵副研究员、刘怡涛工程师、李嵘博士，以及高黎贡山国家级自然保护区保山管理局科技人员共同组成的联合考察队，完成了对高黎贡山保山段的一次植物资源考察。本次考察分别对赧亢、大嵩坪、百花岭三个片区，从东西两个坡面，根据不同海拔高差、不同植被类型，选择 40 个考察点，进行植物调查，共计采集植物标本 2 012 号。通过初步分析研究，本次考察收获较大，将为高黎贡山增加近 50 种植物新记录，对今后将要出版《高黎贡山植物》（第二版）增补了许多新资料，促进了高黎贡山生物多样性深入研究。

本次考察是美国加利福尼亚科学院和中国科学院昆明植物研究所共同申请获得批准的美国国家科学基金资助的国际合作项目"中国云南西部热点地区高黎贡山生物多样性调查"的组成部分，得到国家林业局和外事部门批准实施，并且在云南省林业厅和地方保护区管理部门组织协调下进行。高黎贡山国家级自然保护区保山管理局不仅为本次考察派出了专业科技人员参加，而且安排腾冲、隆阳两个管理所及赧亢、大嵩坪、百花岭等管理站配合协助考察队搞好后勤工作,并依照国家保护区相关法律法规,严格遵守内外有别、科技保密等原则进行管理,保证了本次国际合作考察活动的顺利开展。随着本项目深入实施,将会进一步促进中美科学工作人员的合作与交流,促进高黎贡山生物多样性深入研究,并对高黎贡山国家级自然保护区保山管理局科技人员专业能力提高,以及整个保护区科研水平提升起到积极促进作用。(2003年10月20日)

(施晓春　供稿)

美国湿地生态宣传教育考察团考察高黎贡山

10月13~15日,美国湿地生态宣传教育考察团在省野保办齐义俐副主任及保山市林业局和高黎贡山管理局领导的陪同下参观考察了高黎贡山。考察团由来自美国联邦渔和野生动物保护管理局湿地项目活动司司长本杰明·塔格尔先生、国际保护司俄罗斯和东亚部主任史蒂文·科尔先生及相关部门的史蒂文·卡林、格雷戈里·纽德克、卡罗琳·约翰逊、戴维·莫瑟等6位专家组成,此行主要是对高黎贡山自然保护区的自然资源状况及其保护管理和科技科研情况进行考察,以此增进中美两国之间自然保护方面的交流与合作。

考察团13日下午到达保山后,顾不得休息,直接来到高黎贡山管理局,兴致勃勃地参观了保护区野生动物标本馆,并听取主人对高黎贡山基本情况的介绍。专家们围在高黎贡山的沙盘模型前,瞪大了眼睛不停地问这问那,随着介绍而发出一阵阵赞叹。虽然还未到保护区,但他们已经对高黎贡山神奇的自然风光和丰富的生物多样性充满了向往,迫不及待地要到保护区进行实地考察。

14日一早,考察团一行驱车赶往高黎贡山的百花岭,专家们抑制不住激动的心情,一路上不停地向陪同人员打听高黎贡山的自然、人文和地理情况,并互相描述着各人心目中想象的高黎贡山。车到道街坡,云雾缭绕高黎贡山一下子映入眼帘,车内一阵骚

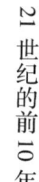

动。专家们有的找照相机，有的找望远镜，有的将头伸出车窗外急切地观望，激动心情溢于言表。车缓缓停住，专家们一拥而下，各人抢占有利地形，摄像摄影忙个不停，恨不能把眼前美景尽数装进机器之中。

考察团到达百花岭后，稍事休息即徒步深入阴阳谷旅游小区参观。一路上，专家们对比比皆是的奇树异花啧啧称奇，赞不绝口，不住地拍照，像小孩般兴奋得又跑又跳，并好奇地不断发问。面对管理局李正波副局长的介绍和讲解，专家们除了称赞就是感叹。格雷戈里先生激动地请翻译转告陪同人员："我从来没有见过那么神奇和美丽的自然景观！"略通中文的考察团团长史蒂文先生则操着发音不太标准的普通话不停地念叨："太神奇了！太神奇了！……"

15日，专家们起了个大早，冒着沥沥的秋雨，不顾肆虐的旱蚂蟥，深入到保护区的金场河、大炉厂、旧街子等地考察。与前一天不同的植被，不同的物种，不同的景观以及多变的气候，使得专家们对高黎贡山的垂直景观更增进了认识和了解。中午，考察团来到了高黎贡山脚的傈僳新村潘家沟，考察了该村在高黎贡山中荷合作森林保护与社区发展项目资助下，以保护森林资源、整治生态环境为目的的沼气能源建设项目，目睹了一个刀耕火种的民族逐步转变为节能护林，科学致富的典型事例。

中午，考察团又来到了高黎贡山脚的傣族村寨烂坎寨，在茂盛的大青树林里，橡脚鼓乐伴和着悠扬的傣族歌曲，小卜哨们在树荫下翩翩起舞，一幅人与自然和谐共处的天然画卷。专家们都被感染了，纷纷挎起了橡脚鼓，抓起了大铜钹，扭着笨拙的身躯跳起了傣家特有的舞蹈，其乐融融。

下午，考察团圆满结束了对高黎贡山的考察。离别之际，专家们对高黎贡山依然恋恋不舍，为表达他们的感激和眷恋之情，考察团成员分别向同行们赠送了纪念品，预祝中美两国自然保护工作者之间的友谊如高黎贡山般坚实和长久，并殷切希望能与高黎贡山开展更进一步的交流考察与项目合作。（2003年11月4日）

（李勇华 供稿）

中、美、英联合考察队完成高黎贡山保山段首次昆虫与苔藓资源考察

2003年10月11日~11月1日,由美国加利福尼亚科学院Mona、Thomas Briggs、美国加州大学伯克利分校Dan Dorris、英国爱丁堡植物园David Long、中国科学院昆明植物研究所刀志灵副研究员、李嵘博士、纪运恒博士、中国科学院北京动物研究所梁宏斌博士、中国科学院昆明动物研究所梁醒才研究员、董大志副研究员、李学燕博士、湖南师范大学唐果博士,以及高黎贡山国家级自然保护区保山管理局科技人员共同组成的联合考察队,完成了对高黎贡山保山段的首次昆虫与苔藓资源考察。考察队先后到高黎贡山坝湾、大蒿坪、曲石、界头、赧亢、整顶等地,从东西两个坡面,根据不同海拔高差、不同生境,选择50多个考察点,进行昆虫与苔藓资源调查。在中外科技工作者的共同努力下,本次考察共计采集昆虫标本近7 000号(份),蜘蛛标本约3 000号(份),苔藓标本约1 500份。经过初步分析,本次考察收获颇丰,成效显著,许多方面都将填补高黎贡山研究空白,极大地促进了高黎贡山生物多样性深入研究。以北京动物研究所步甲专家梁宏斌博士为例,本次共采集3 160份步甲标本,约含21属82种,其中估计有5~8个新种。目前具体考察结果尚未得出,各位专家正各自进行标本鉴定和分析研究,今后将不断有学术成果公布出来。

本次考察是美国加利福尼亚科学院和中国科学院昆明植物研究所等科研机构共同申请获得批准的美国国家科学基金资助的国际合作项目"中国云南西部热点地区高黎贡山生物多样性调查"的组成部分,得到国家林业局和外事部门批准实施,并且在云南省林业厅和地方保护区管理部门组织协调下进行。高黎贡山国家级自然保

护区保山管理局积极参与项目实施,不仅派出了科技人员参加本次考察,而且安排腾冲、隆阳两个管理所及坝湾、大蒿坪、曲石、界头、赧亢、整顶等管理站配合协助考察工作。参与考察的保护区科技人员,严格遵循管理局领导的指示精神,做好与相关单位和部门联系、协调及后勤工作,努力配合好各位专家的实施考察活动,认真向中外专家学习,努力工作,研究水平有所提高;并依照国家保护区相关法律法规,严格遵守内外有别、科技保密等原则进行管理,未发生任何管理方面事故,保证了本次国际合作考察活动的顺利开展。随着本项目深入实施,将会进一步促进高黎贡山国家级自然保护区保山管理局科技人员与中外科学家的合作与交流,对保护区科技人员专业能力提高和高黎贡山生物多样性深入研究,以及整个保护区科研水平提升起到积极的促进作用。(2003年11月10日)

(施晓春　供稿)

全国生态旅游知识竞赛获奖者考察高黎贡山

2003年10月19～24日,被称为"生态旅游种子"的5名全国生态旅游知识大赛获奖者以及中国青年报新闻采访中心记者蒋薇薇、李京和中国社会科学出版社编辑室冯春凤主任一行8人对高黎贡山国家级自然保护区及周边社区进行了为期6天的旅游考察。

由中国青年报社、保护国际、美国大自然协会(TNG)、云南高黎贡山国家级自然保护区保山管理局和中青在线等单位共同举办的"全国生态旅游知识大赛",于10月15日开始。此次竞赛首先通过填写答题卡或网上答题从全国几千名参赛人员中筛选出50名人员参加网上答辩,由专家评审出10名优胜者,高黎贡山七日游是作为对获奖者最吸引人的奖品之一。

19日,5名获奖者及3名记者一行8人在高黎贡山国家级自然保护区保山管理局的工作人员陪同下首先参观了 FCCD 项目高黎贡山项目点之一——潘家沟沼气池建设项目，在听取了村领导的介绍和看了沼气的使用情况后，代表们对一个靠山吃山的傈僳族村寨通过项目的实施竟然转变成几乎家家使用沼气感到太神奇了，同时也感到，FCCD 项目确实给高黎贡山周边社区带来了实实在在的好处。

下午，代表们在参观了丙闷村烂坝寨傣族歌舞表演后，来到了高黎贡山百花岭村考察中国第一个农民生物多样性保护协会，通过一个个具体事例的介绍，代表们了解到，保护协会在积极带领村民发展经济，脱贫致富的同时，采取了各种各样的方式方法对高黎贡山国家级自然保护区及周边集体林实施了有效的保护，使保护区的资源压力得到了缓解。

20 日，代表们参观了百花岭阴阳谷生态旅游小区，在穿过茂密的季风常绿阔叶林、观看众多的叠水瀑布群后，亲身体验了高山自然温泉阴阳交融的奇观。为翻越高黎贡山进行了一个"热身"活动。21 日早晨，天还没亮代表们就抑制不住兴奋的心情早早起来了，早餐后，在保护区管理局郑云峰和孙海涛两位同志的带领下，一行 10 人沿着西南丝绸古道向山顶海拔 3 250 米的南斋公房进发，一路上，代表们对高黎贡山丰富的生物多样性啧啧称奇，对高黎贡山美丽的景色赞不绝口，纷纷拿出相机不停地拍照。下午 6 点，终于到达了山顶，此时代表们都已疲惫不堪，但热情却达到了高潮，为了拍到日落，全体人员在山顶的寒风中守候了 30 多分钟，饭早就做好了，可是谁也不愿意走开，一直等到鸡蛋黄似的太阳伴着晚霞落下山去，代表们拍光了相机里的胶卷后，才意犹未尽地离开了山顶去吃晚餐，虽然饭菜都有些凉了，但代表们还在一边吃饭一边热情洋溢地谈论着今天的所见所闻。

22 日，经过艰苦而快乐的跋涉，代表们到达了腾冲，高黎贡山国家级自然保护区保山管理局李副局长代表管理局为各位代表颁发了翻越高黎贡山证书，代表们兴奋地谈论着自己的感受，都觉得："来高黎贡山参加生态旅游是我们正确的选择，来到这里，我们体验了真正的生态旅游,在中国,能够有这样感受的地方太少了,高黎贡山不愧为有国际价值的生态旅游区。"

24日,代表们在参观了腾冲火山、热海后结束了这次愉快而有意义的高黎贡山之行返回全国各地,他们将像"种子"一样把生态旅游的理念和高黎贡山的生态旅游体验散布到全国各地。(2003年11月28日)

(郑云峰　供稿)

"自然保护区信息管理系统"培训班在保山举行

12月17～19日,在高黎贡山自然保护区保山管理局举办了为期三天的"自然保护区信息管理系统"(NRIMS,Nature Reserve Information Management System)软件培训班。培训班由省FCCD项目办、北京林业大学、省林科院、省规划院的6位专家主持,参训人员由保山市林业局、高黎贡山自然保护区泸水管理局、保山管理局、腾冲管理所、隆阳管理所10名计算机操作人员组成。在为期三天的培训中,通过幻灯演示的方法,学员们直观地认识了"自然保护区信息管理系统(NRIMS)"软件的目的与意义;通过各位专家认真耐心地讲授了"自然保护区信息管理系统(NRIMS)"软件中的生物多样性调查模块、生物多样性监测模块、森林资源管理模块、土地利用管理模块、保护区数据管理模块、日常管理模块、地图服务模块、系统管理模块、数据管理模块共九大功能模块的操作技能后,学员们经过上机实际操作,现已熟练掌握了"自然保护区信息管理系统(NRIMS)"软件的基本操作技巧,能应用先进的计算机技术管理自然保护区的各类数据,让数据变成了看得见、摸得着的现实。

NRIMS 是集属性数据、空间数据、文档数据、符号数据、图像数据、声像数据等的数据输入、处理、管理、查询、输出于一体的信息管理系统。具体功能包含：

1. 以多媒体的形式存储自然保护区有关社区、日常管理、保护活动以及土地、动物、植物等原始数据。主要包括 IMA1～5 的数据、部分社会、经济和管理活动数据。共 237 个表。

2. 可以完成相关数据的汇总，打印、上报或者备份。

3. 可以进行 17 种固定的有关生物多样性等统计分析。

4. 在以上基础的图形与属性数据的连接，提取所需要的图、表等形式的信息。

5. 支持保护管理活动，提取日常活动的原始与统计数据。

6. 支持日常事务管理活动，提供输入、存储、检索、使用文字、图形、图像、声音等资料。

7. 灵活的接口，和其他系统能进行数据交换。

在现代自然保护区的保护管理工作中，NRIMS 的开发和推广使用，能对自然保护区野生动植物资源的现状、动态和发展趋势、土地利用情况、保护区及周边社区资源管护以及国内外合作项目的实施效果进行综合分析和评价，提出系统准确的监测数据、图表、评价报告和决策支持，逐步使自然保护区的有效管理走上数字化、高速化、网络化、智能化和可视化的林业信息化道路。（2003 年 12 月 22 日）

（李　松　供稿）

中央电视台《科技博览》栏目到高黎贡山拍专题片

2004 年 3 月 13～18 日，经省林业厅保护办安排由中央电视台

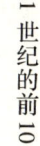

科技部丁广师、颜定星两位记者和国家林业局宣传办公室郑杨等三人组成的摄制组到保山拍"高黎贡山生物多样性"专题片。

　　13日上午摄制组从昆明乘飞机至保山高黎贡山保护局,李正波副局长给三位记者介绍了保护区基本情况,并陪同摄制组前往高黎贡山百花岭进行野外拍摄。下午2点~7点,摄制组在百花岭温泉瀑布小区拍摄。中央电视台《科技博览》栏目编导、摄影丁广师高级记者,是中国摄影家协会、中国电视艺术协会会员,已有30多年的摄影历史。他长期与林业部合作到全国许多地方拍科教片、拍湿地。云南的西双版纳、大理、丽江也到过多次,此次到高黎贡山是第一次。在来保山之前他是没有抱多大希望的。当到了高黎贡山后他感到惊奇,高黎贡山的原始森林植被、丰富的生物多样性和壮丽的自然景观给他留下了深刻印象。在温泉瀑布小区他说这条河太有意思了!梯级瀑布就像四川九寨沟一样,而且还有温泉,如果开展生态旅游一定会吸引人。

　　14日上午,摄制组到海拔2 300米的金场河拍摄,沿途拍摄了许多花卉和珍稀植物。中午摄制组从百花岭出发到了隆阳区潞江乡丙村在大青树拍傣旅歌舞表演。下午摄制组又乘车到新保腾公路边赧亢,在里灰坡拍摄。丁编导对这块生物走廊带的原始森林不时赞叹。直到太阳快要落山摄制组才收机前往腾冲。15日摄制组在腾冲界头拍摄高黎贡山外貌。上午在去界头的路边一群白鹭吸引了摄制组,这是在高黎贡山西坡腾冲经常看得到的人与动物和谐相处的典型例子。16日摄制组再次到赧亢生物走廊一带拍摄。17日摄制组从腾冲返回保山。18日摄制组从保山——芒市,乘下午航班到昆明、北京,中途还在龙陵小黑山自然保护区的一碗水拍摄树蕨林。

　　此次中央电视台《科技博览》栏目到高黎贡山拍摄原计划3天,后因高黎贡山拍摄内容多,摄制组临时取消了去昭通大山包自然保护区的拍摄计划,而延长了在高黎贡山的时间。丁广师编导讲高黎贡山博大精深,今后还要来拍摄,他有一个大计划回去后要策划,争取一大企业来资助拍摄高黎贡山。(2004年3月29日)

(李正波　供稿)

市委黄书记第三次翻越高黎贡山

2004年3月23日，中共保山市委黄毅书记在市林业局局长罗兴志、市科协主席何学禹、市农业局副局长许本荣、隆阳区副区长胡飚等相关领导的陪同下，沿着百花岭——南斋公房——江苴丝绸古道第三次徒步翻越高黎贡山，对高黎贡山世界生物圈保护区的综合管理及生态旅游发展情况进行考察。

23日早晨7点，天还没有亮，黄书记一行18人即从上江糖厂驱车出发，到达百花岭大炉厂后，便沿着丝绸古道开始徒步翻越高黎贡山。沿途鸟语花香，春风送爽，领导们忽而引吭高歌，忽而放声吼叫，尽情释放欢快的心情，体验与大自然融合的舒畅。一段古道、一株奇树、一个险峰、乃至一朵盛开的野花，都能引起领导们的一阵赞誉和感慨，不时合影留念。

一条小溪边的一小片塑料垃圾引起了黄书记的注意，他踩着湿滑的石头弯腰捡起了塑料，准备用袋子装起来带走，同时语重心长地告诫大家：高黎贡山是珍贵的自然文化遗产，旅游开发不能造成环境污染，要防止因旅游带来任何形式的环境污染和破坏。在黄书记的感召下，大家心里油然升起一股强烈的保护自然环境的责任感和使命感，开始自觉地和黄书记一起沿路捡垃圾，为高黎贡山的生态环境保护做出表率。

一路上，黄书记详细听取了高黎贡山管理局李正波副局长对百花岭——江苴生态旅游区的规划和建设情况以及今后的发展思路的汇报，并提出了具体的指导意见。同时，明确要求相关部门要在年内修通曲石山脚村至林家铺子的简易公路，改善保护区的交通条件，以便更好地做好保护区的森林防火和资源管理工作，促进高黎贡山的生态旅游发展。

黄书记第一次翻越高黎贡山是2002年3月8~9日，与省经研中心车志敏主任等省、市领导一起考察高黎贡山旅游资源，提出了开辟高黎贡山生态旅游、带动全区旅游产业发展的建议及策略；第二次是2003年3月1日，为认真贯彻落实省委白恩培书记到保山调研时提出的要对保山的生态问题进行一次再认识，进一步加大生态环境保护和建设力度的指示，亲率市委秘书长李志刚、副秘书长朱宏春等领导翻山，首创一天徒步翻越高黎贡山的新纪录，并提出了"强化世界生物圈保护区综合管理，促进全市生态经济社会全面发展"的要求。

与前两次不同的是，黄书记此次翻越高黎贡山具有特别的含义：一方面，去年10月，在保山市文化产业会上市委、政府把高黎贡山列为8个重点建设的文化园区之一（高黎贡山丝绸古道文化生态旅游观光区）。今年初在市委扩大会议上市委、政府又明确指出高黎贡山作为保山对外的两个品牌之一（火山热海、高黎贡山）。今年3月13日，《保山高黎贡山生态旅游区总体规划》在昆明经专家评审顺利通过验收，准备报国家计委争取旅游国债项目。此时，黄书记的调研对今后高黎贡山的生态旅游发展具有十分重要的意义；另一方面，百花岭——南斋公房——江苴丝绸古道具有3 000多年的历史，在历史上对我国的对外交流和贸易发挥了十分重要的作用，黄书记在走过高黎贡山古道之后，紧接着24日带团出访缅甸进行腾密公路签字、考察密支那——印度的公路，去寻求与缅甸的合作，恢复和开通这一通往南亚的国际大通道，扩大保山的对外开放，具有深远的历史意义。（2004年3月29日）

（李正波　供稿）

市长熊清华考察高黎贡山

高黎贡山自然保护区能否开发旅游？如何开发？带着这两个问题，2004年3月30～31日，保山市市长熊清华率领市政府秘书长刘刚、市林业局局长罗兴志、市旅游局副局长艾怀森等部门领导到高黎贡山进行了为期2天的调研。

30日早上，熊市长一行乘车从保山出发抵达高黎贡山百花岭。在百花岭科考旅游接待中心，高黎贡山自然保护区保山管理局副局长李正波向熊市长汇报了保护区基本情况和生态旅游规划情况。高黎贡山自然保护区已于1994年3月26日经原林业部授权云南省林业厅批复，在《高黎贡山国家级自然保护区总体设计》中将百花岭——南斋公房——江苴的丝绸古道沿线一带划为生态旅游区，旅游区面积为4 631公顷（69 465亩）。自1994年4月以来，保护区启动了生态旅游区规划与建设工作，先后完成了百花岭澡塘河温泉、瀑布生态旅游小区的初步开发，开展了保护区生态旅游总体规划。目前，《云南高黎贡山国家级自然保护区（南段）生态旅游总体规划》正上报省林业厅、国家林业局审批。听完汇报后，熊市长又到百花岭村汊龙社吴朝明家参观了民居旅馆和抗日战争民间小博物馆，考察社区开展旅游的情况。

吃过中午饭后，熊市长一行开始到保护区考察。他们先乘车到海拔2 000米的大炉厂，稍做准备后便沿着丝绸古道徒步往南斋公房方向前进。熊市长健步走在古道上，沿途的一切给他留下了深刻的印象。一棵小草、一株大树、一块奇石、一个战坑，他都会细心听保护区人员的介绍。他时而停下来触景赋诗，时而停下摄影留念，时而停下给景点命名。登高黎贡山虽然比较辛苦，但熊市长却被古道两旁的景色所陶醉，在不知不觉中到了山顶南斋公房。南斋公房海拔3 250米，是古道上的一个驿站。阳春三月高黎贡山下的潞江坝艳阳高照，可斋公房气候却非常寒冷，夜晚还下起了雷雨，领导们体验了一次难忍而艰辛的野营生活。

第二天早上天色还朦胧，领导们就开始起床，争着看高黎贡山山顶的日出，可惜山高雾大看不到。吃过早点后，领导们开始下山考察高黎贡山西坡。在南斋公房丫口，熊市长考察了当年阻击日军的碉堡，碉堡上已长满了苔藓，显得古老沧桑，但它却是一个很好的战争见证物。在下山的途中，天突然下起了雨，雨中还有冰雹。

尽管如此熊市长还是愉快地在雨中行走。熊市长走在前面还看到了红腹角雉和小熊猫，这真是一个遇外的收获，因为平时要看到这两种动物是非常不容易的。

中午领导们到达了保护区边缘的林家铺护林点。熊市长讲道，高黎贡山是世界生物圈保护区、国家级自然保护区，虽然国家林业局、省林业厅已同意把百花岭——南斋公房——江苴作为生态旅游区，但保护区的旅游开发要在保护的基础上来进行。高黎贡山主要只能作为旅游大概念来宣传，对于翻山旅游要严格控制人数，大规模的游客会带来资源的破坏，特别是护林防火工作难度大，旅游重点是放在保护区边缘的百花岭、江苴。此外，熊市长还要求在现有保护区管理机构的基础上成立一个高黎贡山研究中心，以加强高黎贡山生态、文化等方面的研究，从更深层次科学地揭示高黎贡山，有效保护和合理开发高黎贡山，实现保护区和周边社区的可持续发展。(2004年4月6日)

（李正波　供稿）

腾冲县领导集体考察高黎贡山

为贯彻落实市委市政府打造文化新保山，建设高黎贡山永昌丝绸古道生态文化园区的战略方针，全面实施"探高黎贡山，观火山热海，品腾越文化"的旅游战略，真正叫响高黎贡山这块品牌。2004年4月1～2日，腾冲县委书记王彩春、县政协主席张饶良、常务副县长杨明俊、副县长钏相强、杜春强、李艳、组织部长李明、县委办公室主任谷雨道及旅游局、接待办的负责人等一行20人，在曲石乡和腾冲管理所领导的陪同下，沿江苴——南斋公房——百花岭生态旅游区进行了探险考察。

考察队驱车穿过富饶的曲石坝，徒步踏上了具有3 000年历史的南方丝绸古道。风和日煦，林风融融，在郁郁葱葱的原始森林中穿行，映入绵绵的溪流，长满苔藓的古道衬着满地落英，纤纤藤蔓伴着千年古树，每一次注视，都是一道亮丽的风景，让人目不暇接，沁入肺腑的是大自然的那份清甘，仔细聆听，是来自天籁之音。踩着高黎贡山这块神奇而厚重的土地，领导们早已忘记了身体的疲劳，尽情地唱起了腾冲的民间小调，表达对高黎贡山母亲的眷恋之情。到南斋公房后，大雾弥漫了整个山顶，高黎贡山隐入了一片迷离之中，霎时扬起一阵冰雹，气温也骤降到摄氏5度，让考察队感受到了"一山分四季，十里不同天"的气候变迁，夜宿南斋公房，野营式的生活又着实让考察队激动、担心了好一阵子。

4月2日凌晨6点，王彩春书记便敦促着做饭，以便有更多的时间领略高黎贡山的风光。7：30，红彤彤的太阳从对面的山顶冒出来，整个大地便融入了光和影的世界，白的是露，红的是霞，绿的是树，一幅流光溢彩的山水画呈现在眼前，考察队员们一阵惊呼，纷纷找出相机、摄像机，捕捉这美丽的瞬间。在至百花岭的途中，领导们在领略沿途风光的同时，禁不住的又一路高歌起来，让《腾冲谣》、《高黎贡山我的妈妈》、《傈僳三杯酒》、《欢迎你到腾冲来》等优美的旋律久久回荡在高黎贡山的崇山峻岭之中。（2004年4月6日）

（毕　争　供稿）

中央电视台海外部
《走遍中国》栏目到高黎贡山拍摄专题片

2004年3月30日至4月5日，应保山市委、宣传部及高黎贡山国家级自然保护区保山管理局的邀请，由中央电视台海外部赵忠义和张华两位记者组成的"高黎贡山"专题摄制组，先后到达高黎贡山东坡（隆阳区）的百花岭温泉瀑布景区、旧街、金场河、双虹桥、赧亢灰坡,及西坡(腾冲县)的曲石小江桥、野猪箐桥、界头永安等地,拍摄了从怒江到龙川江之间保护区及周边社区的部分森林植被、珍稀植物、江河、瀑布、温泉、山峰、古道等自然景观,拍摄了周边社区村民种植林果、收获甘蔗、饲养牲畜、集市贸易等生产生活场景。所有这些都让中央电视台两位老师感受到高黎贡山具有深厚的自然生态文化底蕴,表示将在专题片中集中反映出高黎贡山自然保护区以"生物圈保护区"和"以人为本"的管理理念,在加强保护管理工作的同时,帮助周边社区发展经济,引导村民积极参与生物多样性保护,正在走向实现人与自然和谐发展的道路。

在高黎贡山的拍摄活动是保山市委开展的"文化新保山"的七个主题宣传活动之一,将与其他六个活动一起在中央电视台4套《走遍中国》栏目中连续播出一周,形成强大的宣传态势,这在保山宣传史上是空前的,也将成为高黎贡山自然保护区一次重要的对外宣传活动,体现了树立高黎贡山为保山对外宣传的两个品牌之一的重要意义,并将对强化高黎贡山世界生物圈保护区综合管理起到很好的促进作用。(2004年4月6日)

(施晓春 供稿)

高黎贡山羚牛调查项目正式启动

2004年4月4~15日,由云南师范大学的李宏教授、王金亮教授、李石华硕士、杨丙丰硕士及高黎贡山国家级自然保护区保山管理局的科技人员共同组成的高黎贡山羚牛调查线路考察队,经过12天的野外艰苦工作,顺利完成了高黎贡山羚牛调查线路的踏查和社区群众的访谈,这标志着高黎贡山的羚牛调查项目已正式启动。

羚牛隶属偶蹄目、牛科大型食草动物,其羚牛指名亚种(Budorcas taxicolor taxicolor Hodgson）是高黎贡山地区的特有动物，也是中国保护的一类珍稀濒危动物，是高黎贡山地区森林生态系统中的关键物种，它与大熊猫、金丝猴一道被称为中国高山林型中的三大珍贵动物。但目前高黎贡山羚牛指名亚种在科研界基本没有做过研究，其分布现状、活动情况、分布数量等都不清楚。因此，为摸清这些情况，国家自然科学基金会资助了高黎贡山羚牛调查这一项目，主要由云南师范大学、西南林学院、高黎贡山国家级自然保护区保山管理局等单位共同合作实施来完成。

国家自然科学基金高黎贡山羚牛调查项目实施期限为3年，即从2004～2006年完成，调查项目的野外工作主要是在2004～2005年完成。此次野外工作为整个项目的首次野外工作，其主要工作目的是：野外工作线路、工作点的踏线选择，并做一些相应的食性、活动方向、水样等分析。工作组用12天时间踏查了隆阳区百花岭黄竹河温泉、金场河温泉、芒宽岗顶河澡塘河硝塘、赛格摆老塘、腾冲大塘大树杜鹃等5条线路、5个点。选择了社区群众蒙应科、胡义兴、李正恩等8名护林员、老猎人进行了相关的访问、访谈。设样地小样方6块对羚牛的活动痕迹、食性特征进行了分析调查；采温泉水样（硝塘水）4瓶带回实验室作水质分析。

考察组经对实地认真踏查后，反复讨论分析认为，本项目的实施重点应放在百花岭金场河澡堂、赛格章子岩、杀人场、山脊南斋公房、大塘大脑子等地点实施。（2004年4月20日）

（赵　玮　供稿）

保山师专党员徒步翻越高黎贡山

2004年4月23日，通过精心策划组织，经保山师专领导及相关人员和高黎贡山生态旅游发展中心全体人员的共同努力和相互协调下，成功举办了保山师专"党员活动和民兵拉练"——沿着具

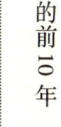

有3 000多年历史的"南方古丝绸之路"经"高黎贡山东坡的百花岭——山脊南斋公房——西坡江苴",以一天平均9个半小时的时间徒步翻越高黎贡山。

4月1日,保山师专党办、校办与高黎贡山生态旅游发展中心联系,决定利用周末开展一次大规模的党员活动和民兵野外拉练活动——徒步翻越高黎贡山。双方一经决定后,就开始了精心地组织和准备:(1)保山师专有关人员到高黎贡山进行活动线路踏查;(2)保山师专精心准备了途中食品;(3)保山师专与高黎贡山腾冲管理所、曲石管理站取得联系,以得到他们的支持和帮助,他们在林家铺子和曲石街进行了后勤准备;(4)高黎贡山生态旅游发展中心负责了百花岭的接待,食宿安排以及进山安全知识教育并全程陪同翻山。这是一次规模较大、人员年龄、体力悬殊也较大的活动,是有史以来一次翻山人数最多的活动,并且只用一天时间翻山,因此,组织者较为细心,对每一个环节都考虑得较为周到,为保证这次翻山活动的成功打下了坚实的基础。

4月23日,高黎贡山生态旅游发展中心派出陪同人员3人一同与保山师专的党员、民兵乘车到达岗党街,经共同商量决定把71名老师分为3个组,由高黎贡山生态旅游发展中心3名职工一人带一组。在此基础上,保山师专领导又决定在每组里成立了急救队和医护人员,以备对掉队和发生意外事故的队员采取援助措施。

4月24日早晨,所有队员6:00起床,6:30早餐,7:30分组出发,依次按预先筹划的第一组、第二组、第三组行动开始上山。

一路上,党员们情绪激昂,有的高歌前进,有的前后忙乎摄影,有的上下忙于拍照,高黎贡山"一山分四季、十里不同天"的气候多样性,导致了丰富多彩的物种多样性、形成了明显的垂直分布的植物带谱;远古的驿道和历代的战争遗迹,形成了丰厚的历史文化沉淀,这一切的一切,让老师们惊叹不已;神奇的抗日战争传说以及一路可见的国民远征军的抗日痕迹,激发了老师们的爱国热情,老师们无所顾忌蚂蟥的叮咬而激情感慨:"高黎贡山不仅是

动植物的天堂,还是爱国主义教育的最直观的课堂。"(2004年4月30日)

(赵 玮 供稿)

德国植物学家到高黎贡山自然保护区考察

4月24~26日,在高黎贡山国家级自然保护区保山管理局科技人员陪同下,德国植物学家Dietrich Weiss、Aagelica Weiss、Juergen Becker3位博士先后到保护区百花岭澡塘河流域、大炉厂、金场河及赧亢灰坡,实地考察了高黎贡山植物植被情况。3天考察期间,出现了河谷稀树灌丛草丛、季风常绿阔叶林、中山湿性常绿阔叶林、竹林等多种植被类型,以及树蕨、长蕊木兰、红花木莲、虎头兰、虾脊兰、鸟足兰、厚唇兰、叉唇兰、滇重楼、云南大百合、多花含笑及多种杜鹃、大型真菌等珍稀植物,使得3位长期在欧洲、美洲、非洲从事植物研究的德国专家深刻感受到高黎贡山完整的植被类型和丰富的植物资源,表示有机会将再次到高黎贡山来,更全面地考察高黎贡山丰富的植物植被资源。

近年来,高黎贡山国家级自然保护区保山管理局积极开展对外宣传与交流合作,先后与美国、英国、法国、荷兰、日本、西班牙、加拿大等国家和香港特别行政区、台湾地区的相关部门组织和学术机构开展了科学研究、野外考察及生态旅游等项活动,对提高保护区知名度和加强机构能力建设起到很大的促进作用。本次考察是保山管理局科技人员首次与德国植物专家接触,在短短三天的考察中,双方在学术上相互交流、学习,不但在学术上有所收获,而且增进彼此之间的友谊,收到良好效果,是一次很好的对外交流合作实践,终将对保护区科研管理水平提升起到积极的促进作用。(2004年4月30日)

(施晓春 供稿)

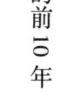

中美鸟类专家到高黎贡山百花岭开展观鸟生态旅游

2004年5月3~5日，来自美国鸟类保护协会的Baker、Demarris、Heller、Simons、Walton、Chelius、Messersmith等12名观鸟爱好者，在中国知名鸟类学家、国际自然保护联盟IUCN物种生存委员会SSC委员、西南林学院教授韩联宪、北京师范大学研究生刘阳及高黎贡山国家级自然保护区保山管理局工作人员陪同下，先后到保护区百花岭旧街、大炉厂、金场河及怒江沿岸，开展了为期3天的观鸟旅游活动。

观鸟生态旅游是一种观鸟爱好者在野外观察鸟的种类及生活习性的旅游休闲活动，20世纪中叶由西方国家兴起，现已在世界范围内广为流行。高黎贡山国家级自然保护区已知分布有392种鸟类，约占中国鸟类总数的1/3，云南鸟类总数的1/2，是中国鸟类最丰富的地区之一，也是中国最适于开展观鸟生态旅游的地区之一。高黎贡山国家级自然保护区保山管理局在做好保护管理工作的前提下，于1995年探索发展生态旅游事业，其中一直把观鸟生态旅游作为发展的重中之重，先后接待了世界雉类协会、美国圣地亚哥动物园协会、美国观鸟协会、新加坡自然学会、香港观鸟协会、台湾野鸟学会等鸟类组织，以及英国、丹麦、荷兰、日本、加拿大、法国、西班牙、广州等国家和地区的鸟类爱好者，到高黎贡山百花岭、大蒿坪、大塘、赧亢等多个地点，开展观鸟生态旅游活动，产生了良好的社会效益和经济效益。保山管理局通过开展观鸟生态旅游活动，不仅起到了提高保护区知名度的作用，而且增加了保护区科技人员与国内外专家学者的交流合作机会，增进彼此之间的友谊，促进了保护区科研水平的提升。

此次中美鸟类专家到高黎贡山百花岭 3 天的时间，共看到了白鹇、林雕、环颈山鹧鸪、剑嘴鹛、藏黄雀、栗喉蜂虎、岩沙燕等近百种鸟类，高黎贡山密集而丰富的鸟类资源使得客人们惊叹，感觉到这次行程安排在高黎贡山的时间太短，纷纷表示以后有机会将再次到高黎贡山观鸟，并介绍自己的亲朋好友到高黎贡山来。（2004年5月9日）

（施晓春　供稿）

高黎贡山保护与可持续发展国际研讨会在保山顺利召开

为高标准、高起点地探索高黎贡山的保护管理和发展建设，打响高黎贡山这一国际知名品牌，促进保山的对外交流和合作，推进保山的生态旅游发展和文化产业建设，2003 年 12 月，保山市委黄毅书记、市政府杨建洪副市长与到访的美国哥伦比亚大学美中艺术交流中心秘书长郝光明先生在兰都饭店会面，双方就合作开展高黎贡山生态文化保护与可持续发展项目达成共识，确定于 2004 年 5 月在保山召开一次国际研讨会。2004 年 5 月 12~19 日，由美国哥伦比亚大学美中艺术交流中心、西南林学院、云南省林业厅、保山市人民政府联合主办的"高黎贡山保护与可持续发展国际研讨会"在保山如期举行。国际研讨会之前由中美双方专家联合进行一周的野外考察，在考察基础上进行交流。

5 月 12~18 日，中外专家开展了为期 7 天的野外考察。考察分为旅游资源和恢复生态学两个组进行。旅游资源考察组由美国哥伦比亚大学美中艺术交流中心郝光明秘书长、Gerald William Adelmann 副理事长、纽约大学 Hannah Messerli 教授、Emily Jane Harris 女士、Joseph Franke 先生、Jian Ming Chang 先生等美方专家，西南林学院韩联宪教授、李小龙讲师及高黎贡山国家级自然保护区保山管理局工作人员组成；恢复生态学考察组由北卡罗来纳州大学Theodore Henry Shear教授、西南林学院杨宇明副院长、李茂彪副处长、杨斌副教授、蔡荣副教授及保山管理局、腾冲管理所工作人员组成。保山管理局及隆阳、腾冲管理所为野外考察做了精心准备，克服了天气恶劣、交通阻塞、人员较多、战线过长等不利因素，保证了考察工作的顺利开展。5月14日中午，当旅游资源考察组来到潞江乡浪坝傣家餐馆时，潞江乡党委书记、乡长及隆阳管理所已经准备好了丰盛的午餐和优美的傣族民间表演，然而却由于大雨下个不停，只好将表演改在餐厅中举行，客人们依然兴致颇高地投入到活动之中，收到了意想不到的良好效果；为丰富考察内容，我们请来了芒宽乡民间艺术表演团，在百花岭芒岗的榕树表演场上为客人们演出了彝族、傈僳族、傣族等民族民间舞蹈、歌曲，为客人们举办了热情洋溢的篝火晚会；考察期间，恰逢Harris女士的生日，我们特地买来生日蛋糕和水果，为她在百花岭接待中心举行了生日晚会；在百花岭，我们带着客人们考察了阴阳谷景区、金场河、大炉厂、旧街、观音寺等景点；在赧亢里灰坡，实地考察了当地的动植物情况，以及建立珍稀植物园及小熊猫主题公园的可行性；在曲石，考察了江苴古镇、扯雀塘、银栗园、野猪箐古桥等景点，无不给客人们留下了美好印象。恢复生态学考察组将工作重点集中在腾冲县界头乡大塘村，克服了气候交通带来的不利因素，坚持开展野外调查和农户访谈，综合中外专家的集体智慧，调查组确定了大塘村的中寨和董家寨为项目点，选择了对照样地和预备示范点，确定了存在的问题和今后发展的思路，以及项目实施和监测的方法。

5月19日，国际研讨会在保山兰都饭店召开，参会人员包括中美双方专家学者、云南省林业厅郭辉军副厅长、省政府办公厅范建华处长、省野生动植物保护办赵晓东主任、保山市政府、人大、市直相关单位、隆阳区、腾冲县政府及相关单位的主要领导、新闻记者等50余人。会议由保山市人民政府杨建洪副市长主持，保山市政府熊清华市长致欢迎辞，并参加了大会研讨。中美专家高度赞扬高黎贡山丰富的生物多样性、壮丽的自然景观、神奇的人文旅游资源，是理想的生态旅游胜地，纷纷就高黎贡山生态旅游、恢复生态学的现状及发展思路，提出了许多建设性意见、建议。郭辉军副厅长在会上作了重要讲话，介绍了"中共云南省委、云南省人民政府关于加速林业发展的决定"精神，生物多样性保护是六大生态工程之一，森林旅游业成为八大林业产业之一，提出争取把高黎贡山建成云南省森林生态旅游示范点，并表示积极促成高黎贡山保护区管理条例的立法工作。在研讨会上，熊清华市长向中外专家表示：一、建立健全保护区法制体系，争取促成省人大尽快出台《高黎贡山国家级自然保护区管理条例》，从法制上强化高黎贡山自然保护区的管理；二、加强高黎贡山保护区管理和建设的力度，进一步理顺管理体制，营造良好的保护工作环境；三、加大保护区周边社区的投入，改善周边社区的生态环境，减轻社区群众对保护区资源的依赖；四、认真组织实施《高黎贡山的生态旅游总体规划》，打造生态旅游精品，努力将高黎贡山建设成为中国生态旅游示范区，促进可持续发展；五、在保护区管理局的基础上，成立高黎贡山研究中心，广泛开展对外交流合作，全方位多层次地开展高黎贡山的研究和监测工作。（2004年5月27日）

（施晓春　供稿）

依托基地　立足社区开展科普与保护意识教育宣传

高黎贡山国家级自然保护区，是于1999年12月21日经云南省人民政府批准建立的"云南省科学普及教育基地"。按照国家、省、市科技、宣传、科协各级部门关于举办2004年科技活动周的要求，我市 2004 年科技活动周于 5 月 15～21 日在全市展开。在科技活动周期间，高黎贡山国家级自然保护区保山管理局以基地为依托，立足于保护区周边社区，以隆阳区芒宽乡百花岭农民生物多样性保护协会、潞江乡潘家沟自然村森林共管委员会、腾冲县上营乡大田坡村社区共管委员会、界头乡寺山自然村森林共管委员会为基点，组织开展了科普宣传与保护意识教育相结合的宣传活动。

管理局购买了《落叶果树新优品种培育技术》、《南方果树病虫害原色图谱》、《果树无性培育》、《果品采后处理及贮运保鲜》、《名特优蔬菜栽培》、《饲料作物种植及加工》、《无公害稻田养鱼综合技术》、《实用高效新技术》、《乡村医疗手册》等农村实用科技书籍，中荷合作"森林保护与社区发展项目"编印的《农村实用技术宣传手册》，赠送给百花岭农民生物多样性保护协会、潘家沟自然村森林共管委员会、大田坡村社区共管委员会和寺山自然村森林共管委员会；还制作了甜柿、板栗、梨、核桃丰产栽培资料发送给村民。

管理局将购买的《小学生创新作文大全》、《小学生作文大全》、《小学生日记大全》、《小学生数学应用题大全》、《十万个为什么》、《名人名言》等学习书籍、中荷合作"森林保护与社区发展项目"编印的宣传招贴画、云南科普教育基地宣传图片，分别赠送百花岭完小、丙闷完小、大田坡完小和东华完小。科技活动周期间，农民保护协会、社区共管委员会和森林共管委员会一共刷写了科普宣传和保护教育宣传标语 150 多条。保护区管理部门与农民保护协会、社区共管委员会和森林共管委员会相互配合，在村民较为集中的活动场所开展科普宣传和保护意识教育，起到了很好的宣传效果。保护区工作人员还在学校开展了与小学生上一堂课活动，向学生宣传科技知识和自然保护知识，得到了学校师生的普遍欢迎。

保护区周边社区科普宣传和保护意识教育是高黎贡山保护区保山管理局长期坚持开展的一项工作，特别是高黎贡山国家级自然保护区作为"云南省科学普及教育基地"建立以来，在上级和相关部门的关心支持下,科学普及教育工作得到加强和发展,取得了很好的成果。通过开展科学普及和保护意识教育相结合的宣传活动,其目的是为了提高保护区周边社区群众的科技水平、科技能力和保护意识,促进社区经济的发展,改善社区群众的生活水平,引导社区群众树立科学的发展观,积极参与和投身于自然保护事业,合理利用自然资源,降低对自然资源的依赖程度,最终实现保护区与周边社区的和谐发展。(2004年5月27日)

(陶 宏 供稿)

北京东方河图影视文化公司到高黎贡山拍摄南方丝绸古道专题片

2004年5月27~29日,北京东方河图影视文化有限责任公司刘嘉等5名记者,在保山电视台、高黎贡山自然保护区保山管理局工作人员陪同下,来到高黎贡山百花岭——江苴生态旅游区,拍摄"大地之痕——一条路的传奇"专题片。

5月27日,摄制组在拍摄了怒江边的双虹桥及傣族、傈僳族村寨之后,来到高黎贡山百花岭,先到汉龙社采访了吴朝明老人和他的抗战小博物馆,然后在百花岭接待站,商议在高黎贡山百花岭——江苴生态旅游区的拍摄方案。百花岭——江苴生态旅游区内的古道是南方丝绸之路中非常典型、颇具特色的一段,集丰富的生物多样性、壮丽的自然景观和神奇的人文旅游资源于一身,但是由于自然条件艰辛,很少有电视台作过完整的拍摄。北京东方河图影视公司决心把百花岭——江苴生态旅游区内的古道作为拍摄专题片的重点区域之一,因此其成为除保山本地电视台外,国内首家翻越高黎贡山拍摄专题片的影视公司。5月28日清晨,摄制组离开百花岭,乘车到旧街,拍摄古驿站遗迹。然后继续乘车到大炉厂后，开始步行，沿着古道拍摄。摄制组先后经过了二台坡、大峰包、黄竹河、门帘树、懒板凳等地，克服了重重困难之后，怀着激动的心情于下午5:30到达南斋公房。5月29日清晨，大家离开南斋公房，越过山脊，沿雪冲丫口一路向下拍摄，途经背风岩、板壁岩、岗房、撒马坝等地，来到了林家铺。最后乘车到江苴古镇拍摄。

此次北京东方河图影视公司来保山拍摄专题片，主要以保山境内典型的南方丝绸之路为主线，拍摄古道及道旁的自然人文景观和风土民俗民情，并拍摄在第二次世界大战反法西斯战争中起到重要作用的滇缅和中印公路，以道路的变迁，展示保山经济文化的发展历史，是保山市的一次重要宣传活动。本次拍摄活动也将成为高黎贡山保护区一次重要的对外宣传活动，对树立高黎贡山生态旅游品牌起到积极的促进作用。（2004年6月2日）

（施晓春　供稿）

省人大常委会黄炳生副主任到高黎贡山自然保护区视察指导工作

继1997年4月首次视察高黎贡山百花岭之后，2004年6月23日，云南省人民代表大会常务委员会黄炳生副主任在保山市人大孙家灿副主任等领导的陪同下，再次到高黎贡山百花岭视察指导工作。黄副主任不顾旅途劳累，首先视察了百花岭科考旅游接待中心服务设施，听取了管理局艾怀森局长对保护区近年来工作情况的汇报。下午黄副主任等领导还冒雨考察了澡塘河小区。澡塘河小区是高黎贡山生态旅游开发较为成熟的区域，管理局修建了4公里旅游小道，形成环线，沿途分布有仙人石、大瀑布、露天温泉、美人瀑等景点，并分布有灰叶猴、白腹锦鸡、树蕨、普文楠等珍稀动植物，是具有很高品味的生态旅游景区。黄副主任撑着雨伞，不顾脚下的泥泞，行走在陡峭的山路上，边走边听取艾局长介绍有关情况，兴致勃勃地参观沿途的景点，不时地对生态旅游事业发展和景区、景点开发和建设提出了具体指示。

黄副主任通过本次野外实地考察，和听取艾局长汇报，对保山管理局近年来的工作给予高度评价，并对高黎贡山保护管理和生态旅游事业发展提出了具体指示。艾局长代表管理局表示一定认真落实黄副主任的指示精神，做好高黎贡山保护及生态旅游工作。最后，黄副主任高兴地挥毫题词："寻游丝绸古道，走进高黎贡山。"（2004年6月28日）

（施晓春　供稿）

朱明育同志获保山市首届"十大优秀公民"殊荣

在保山市举行的首届"十大优秀公民"评比活动中，高黎贡山国家级自然保护区保山管理局朱明育同志榜上有名，获保山市首届"十大优秀公民"殊荣。评比"十大优秀公民"，是保山市实施公民道德建设的重要举措，其目的是为充分展示精神文明建设的丰硕成果，加强公民道德建设步伐，进一步推动群众性精神文明创建活动的深入开展，为三个文明建设营造良好的社会氛围。

朱明育同志坚持邓小平理论，认真学习和实践"三个代表"重要思想，热爱祖国、热爱家乡、热爱人民，遵纪守法；他注重培养自己良好的思想品德，树立良好道德风尚，自觉遵守道德规范，自强不息、爱岗敬业，为人品行端正，作风优良。在多年的辛勤工作中,多次被省、市、区和主管部门被评为先进工作者和优秀党员。他结婚建立家庭10多年来,夫妻互敬互爱,共同赡养老人,教育和培养子女。在社会交往中,他敢于抵制歪风邪气,廉洁自律,团结同志,乐于助人,尊老爱幼,与邻里和睦相处,模范遵守社会公德,积极参加扶贫帮困和献爱心活动,起到了很好的表率和楷模作用,为我们树立了良好的学习榜样。(2004年7月6日)

(陶 宏 供稿)

山脊联合巡护

2004年7月7~9日,在高黎贡山国家级自然保护区保山管理局的组织下,由隆阳管理所、赛格管理站、百花岭管理站、腾冲管理所、曲石管理站和高黎贡山东西坡的林区派出所8个单位的工作人员,保护区护林员共21人组成的巡护队,对高黎贡山国家级自然保护区南斋公房丝绸古道沿线和山脊区域开展了联合巡护。

8日早晨,东西坡巡护分队分别从高黎贡山东坡的百花岭、西坡的林家铺子出发,冒着大雨自山脚向山脊展开巡护。雨季的高黎贡山,云雾弥漫,泥滑路陷,沟谷水流湍急,蚂蟥、蚊虫肆虐,东西坡巡护分队克服重重困难,经历近6个小时的艰苦攀登后,于中午13时在山脊会合。

高黎贡山山脊一线,是隆阳、腾冲管理所管辖区的结合部,是保护区巡护管理的重要区域。此次联合巡护,由于整天连降大雨,山脊一线云雾重重,有效视线极差,无法对山脊线展开巡护,未能实现此次山脊巡护预定的所有目标。开展不同自然条件下的野外巡护,是保护区管理部门对保护区资源进行有效管理的需要,也是必须采取的有力措施之一。开展这次山脊联合巡护,既对保护区野外联合巡护能力进行了次检验,同时也发现和解决了保护区山脊一线巡护管理中存在的一些问题。并对所、站加强今后的巡护管理工作提出了要求，作出了安排。

在此次联合巡护中，临时增加了一项工作内容，就是对南斋公房丝绸古道的路程进行测量。在朱明育副局长的主持下，用测绳测量的方法，完成了东坡从大炉场至南斋公房丝绸古道行走路程的实测工作。经测量，大炉场到南斋公房的实际路程为8 760米，其中从大炉厂到黄竹河为5 450米，黄竹河到南斋公房院子为3 310米。
（2004年7月23日）

（陶　宏　供稿）

在今年的洪涝泥石流滑坡自然灾害中百花岭生态旅游区损失严重

2004年保山市发生了50年一遇的洪涝泥石流滑坡灾害，在这次自然灾害中，高黎贡山百花岭生态旅游景区也遭到了严重损失，由于山体滑坡造成多处道路中断、房屋倒塌、桥梁被毁等，造成直接经济损失近百万余元。

根据保山高黎贡山生态旅游发展中心的统计，截至8月20日，高黎贡山百花岭生态旅游区受灾情况如下：岗党街至百花岭接待站弹石路段山体滑坡27处，形成路面中断，坍塌石方12 000多方，土方36 000多方，造成直接经济损失30多万元；景区游道山体滑坡8处，阻断游道土石方14 000多方，桥梁桥墩冲毁2座，造成直接经济损失20多万元；百花岭接待站、汉龙社、大鱼塘社及百花岭村其他社的部分群众饮水主干管道被摧毁120米，被损坏若干处，造成直接经济损失8万多元；百花岭科考旅游接待站由于山体滑坡，造成一间44平方米的公厕（与周围社区群众共用）倒塌，围墙倒塌32米，餐厅、厨房破裂倾斜180平方米，造成直接经济损失40多万元。在此次洪涝泥石流滑坡灾害中，高黎贡山百花岭生态旅游景区共造成近百万余元的经济损失。

灾情发生后，高黎贡山国家级自然保护区保山管理局多方协调，联系周围社区干部群众，积极努力地进行着各种生产自救工作，经10多天的苦战，修复坍塌路段10余处，以各种简易方式暂时解决饮水问题，现在还处于生产自救之中，很多问题还需经多方协调，争取多方支持才能解决。（2004年8月26日）

（赵玮 供稿）

高黎贡山保护区百花岭科普环线上有了完善的标牌系统

2004年10月，高黎贡山保护区保山管理局完成了百花岭科普环线上的植物挂牌工作，加上之前完成的解说性和警示性标牌，百花岭科普环线上的标牌系统已经全部建立，基本能够满足到小区内开展科普教育活动的需要。

植物挂牌活动是云南科技厅的资助的"百花岭科普环线建设项目"主要活动之一，在高黎贡山自然保护区进行植物挂牌尚属首次，保护区管理局领导给予了高度重视，组织相关工作人员，精心准备，认真实施。管理局科技人员首先开展了百花岭科普环线上的植物实地调查，根据所选植物为国家、省重点保护、特有、主要建群种或有一定经济价值的植物的标准，确定出需要挂牌的植物。然后制作植物过塑卡片，卡片上面的内容包括植物中文名、拉丁名、科名、属名、保护等级、濒危程度、分布、用途等方面介绍。最后到环线上，对35科57种近千株植物进行了挂牌。

高黎贡山保护区保山管理局近年来依托百花岭科普环线，组织开展了形式多样的科普教育活动,多次组织保山师专、西南林学院等院校师生、保山城区中小学生到百花岭开展教学实习、夏(冬)令营,帮助周边社区村民开展环境教育活动,组织国内外旅客到百花岭进行观鸟、赏花、探险等生态旅游活动,充分发挥了保护区的科普教育基地作用。百花岭科普环线上的标牌系统建立完善后,将对各项科普教育活动起到积极的促进作用。(2004年11月2日)

(施晓春 供稿)

翻越高黎贡山探寻丝绸古道
——云南电视台与高黎贡山保山管理局联合拍摄高黎贡山专题片

2004年11月3~11日,根据云南电视台与高黎贡山自然保护区保山管理局达成的协议,云南电视台《走遍云南》栏目组第二次到保山,与高黎贡山自然保护区保山管理局一道,沿高黎贡山丝绸古道采访拍摄专题片。

首先,摄制组一行用了3天的时间对百花岭——林家铺子进行了摄制,采访了当地知情的老者,仿佛听到当年繁忙的山间马铃声。古道两边森林茂密、物种多样,壮观秀丽的自然景观使人心旷神怡。石块镶嵌的古道上,千百年来踏出的马蹄印清晰可见。被树木和苔藓包裹的古桥还在见证着千年的历史。摄制组第一天由百花岭经旧街子古驿站、大峰包到黄竹河宿营。第二天经过5个小时的艰苦跋涉到达南斋公房拍摄了抗日战争遗迹。最后一天越过山脊经雪冲丫口、岗房、撒马坝一路拍摄到林家铺子。

接着,摄制组又用了三天的时间拍摄了江苴古镇、明善堂雕版印刷、野猪箐桥、界头新庄抄纸等古老的中原文化遗迹。并且新庄抄纸现在还保留着传统的技术方法制造，从剥树皮到纸张要经过72道工序。

最后，我们又到了腾冲城关下绮罗古镇拍摄，这里古建筑随处可见，蜿蜒的石板路将整个古镇串联起来，民居建筑也颇具特色，此次拍摄的李家宅院雕梁画栋还具有中西合璧的特点。接着又拍摄了抗英英雄李珍国故居、水映寺、绮罗图书馆等。使人感受到浓厚的文化气息。

此次由云南电视台《走遍云南》栏目组拍摄的高黎贡山丝绸古道及古驿站，是高黎贡山自然保护区专题片拍摄重要组成部分，是一次宣传高黎贡山自然保护区的重要活动，通过这个栏目将使更多的人加深对高黎贡山的了解起到积极作用。（2004年11月18日）

（杨　华　供稿）

高黎贡山全力打造云南省科普教育基地

高黎贡山北接青藏高原，南达中印半岛，是怒江和伊洛瓦底江的分水岭，这一地域是著名的模式标本产地，是全球生物多样性最关键的地区之一，素有"物种基因库"之称。丰富的生物多样性与神奇的自然和人文景观使得高黎贡山在世界上具有较高的知名度，国内外专家学者纷至沓来，在高黎贡山开展多学科的考察和研究，昔日作为物种保护基地的保护区，正在发展成为一个集科学研究、监测考察、探险觅奇、教学实习、意识教育、生态旅游等为一体的综合基地，1999年被省政府批准为云南省科普教育基地，2003年被表彰为云南省科普工作先进集体。

成绩的取得使高黎贡山国家级自然保护区保山管理局更加努力地、创造性地开展工作，倾全局之力打造精品型的云南省科普教育基地，充分发挥高黎贡山的科普教育功能。

一、努力强化基础设施建设

一是建成高黎贡山国家级自然保护区百花岭科考接待站。在百花岭相继建成了4幢不同档次的接待用房，总面积900余平方米，并整修改善了接待站的庭院环境和辅助设施，能同时接待60余人到保护区参观考察。

二是建成百花岭科普展示中心。在百花岭开辟了一个展厅，借鉴其他科研机构的展厅建设经验，以图片、文字、实物、音像等多种形式全面介绍高黎贡山丰富的生物多样性和文化多样性。同时，规划了百花岭科普环线建设方案，在科普环线上对35科57种928株国家保护植物挂牌，详细介绍植物的基本情况，并在沿线设置了100多块警示标牌。

三是建成高黎贡山野生动物标本展馆。在管理局内布置了一个约200平方米的野生动物展厅，收集制作和展出高黎贡山的野生动物标本上千份，并利用沙盘向大家生动展示高黎贡山雄奇的地理地貌和野生动物分布情况。标本室长期对外开放，每年接待中小学、大中专学校学生1 000余人次，社会各界人士数百人次，已成为保山坝区学校的重要生物教学实习基地，也是保护区对外宣传教育和普及动植物保护知识的重要窗口。

二、积极开展多种形式的科普教育活动

一是在高黎贡山开展野生动植物野外科研监测活动。保护区开展了楠木、香柏、木莲等珍稀树种的育苗研究，山葵的引种试验，羚牛、白尾梢虹雉、小熊猫等珍稀动物的生境调查和监测等科技项目。在高黎贡山建立了10块植物固定监测样地，建立了16条动物监测样线和8个补充调查样圆，开辟野外监测样线71 524米，基本建立起高黎贡山的野生动植物监测体系，并让村民积极广泛地参与各种考察活动，在潜移默化中学习自然科学知识，受到自然资源科学知识的熏陶，促进群众的生态保护意识。

二是进行社区环境教育。在科普基地周边社区开创"绿卡行动"、"小手推动大脊背"等旨在提高群众生态保护意识的活动，

并帮助自发建立农民生物多样性保护协会、社区共管委员会周边区管理委员会等协会组织,编写印发各类农村实用技术培训教材。同时采用参与式方式,利用宣传挂图、举例、卡片、模型、做游戏等方法,帮助村民提高生态保护意识,并指导社区青少年完成开展小型项目的调查研究,培养青少年从小养成学科学、爱科学、用科学的良好习惯。

三是积极支持教学实习活动。近年来,高黎贡山自然保护区逐渐成为云南重要的教学实习基地,先后组织西南林学院、保山师专、玉溪师专、云南省林校、保山师范、保山农校等学校千余名师生到高黎贡山开展生物学实习,师生们实地观察垂直体气候与植被变化,丰富的野生生物物种及其生境的差异,体会到学习生物学科的重要意义,许多学生表示,到高黎贡山实习受益匪浅,对今后参加工作有很大帮助。

通过努力,高黎贡山将逐渐打造成为一个让人们认识和了解自然,同时增长自然科学和民族文化知识的良好基地,必将为我省乃至全国的科普教育事业奠定一定的基础。(2004年12月6日)

(李勇华　供稿)

云南省报纸副刊记者编辑云集高黎贡山采风

2004年12月7日,由保山日报社、云南省报纸副刊研究会、高黎贡山国家级自然保护区保山管理局联合举办的"云南省报纸副刊研究会2004年年会暨高黎贡山采风活动"在保进行。来自全省13个地、州、市的报纸副刊记者、编辑39人云集保山,共商报纸副刊发展大计,赴高黎贡山国家自然保护区采风。感受高黎贡山丰富的物种多样性、优美的自然风光和丰厚的历史文化。

在7日上午召开的研究会2004年年会上,杨焱平副市长代表市委、市政府致欢迎辞,并向与会记者、编辑介绍了近年来保山市的政治、经济、文化发展的基本情况。

7日下午，与会记者、编辑乘车赴高黎贡山国家级自然保护区百花岭，开始了以"叩访高黎人"为主题的采风活动。

观仰古桥

从保六公路沿怒江而上可以寻访到南方丝绸古道上的两座古桥。透过江边的林荫，惠人桥黝黑的桥墩出现在我们眼前。惠人桥已不是一座完全意义上的桥了，它看起来更像一座中世纪的城堡。站在一片被江水打磨得光滑锃亮的石堆中，大家都虔诚地仰视着惠人桥，并走近它，抚摸它，不停地对着它按下快门。

与惠人桥相比，双虹桥给大家的感觉大不相同。惠人桥是用来感受的，双虹桥则是可以亲近的。双虹桥是怒江峡谷中现存最古老的铁索桥，有如双虹飞跨怒江。亲近它最好的方式便是踏上晃晃悠悠的铁索桥，用心体验这座曾经走过无数马帮的古桥。

幽谷温泉

百花岭温泉是流经保护区澡塘河边的一处天然温泉。8日一早，记者们便向温泉出发。从百花岭到澡塘河温泉，一路上经过了老地基、小桥流水、观画廊、大瀑布、别有洞天、三瀑映泉，到达温泉。面对山水一色的天然温泉，记者们忍不住纷纷跳进温泉，融于山水之中。

温泉洗去大家一路的旅途疲劳。记者们经美人瀑、仙人石回到百花岭。

访民间抗战小博物馆 在百花岭旁幽静的汉龙寨深处有一座民间抗战小博物馆，它是村民吴朝明倾注了几十年心血收集创办的。吴朝明先生向记者们讲述了中国远征军与日军在高黎贡山浴血奋战的情景，介绍了他创办民间抗战博物馆的经历和今后的打算。记者们对老先生不忘国耻，敢想敢为的精神极为钦佩，手中的相机成为大家表达钦佩之情的最佳方式，纷纷对着老先生和他的收藏品按动着快门。

民族歌舞篝火狂欢

冬夜的百花岭有些凉意，篝火在院场中燃起来了，燃烧的篝火

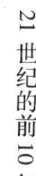

映红了大家的脸。在傈僳族小伙子和姑娘们欢快的歌声中,篝火狂欢开始了。大家围着熊熊燃烧的火堆,欣赏百花岭傈僳族表演队独具民族风情的歌舞。在热烈的气氛中,记者们跃跃欲试,跟着傈僳族老人的弦子,随着傈僳族小伙子和姑娘们手拉手起舞狂欢,并即兴表演了各地的民族歌舞,一张张笑脸在火光中格外灿烂,歌声、欢笑声一直在百花岭上空回荡。

幽幽古道行

9日上午,记者们开始了高黎贡山南方丝绸古道之行。古道行的第一站是旧街子。旧街子曾经是南方丝绸古道上的一个繁华驿站,当年这里酒馆、驿馆、茶楼遍布,来往客商、马帮川流不息,热闹非凡。现在,当年的繁华早已淹没在枯草之中,只有点点残迹可寻了。

古道在高黎贡山遮天蔽日的原始森林中延伸。阳光透过树缝形成片片金光,洒向地面,斑驳灿烂。

黄竹河是古道行的终点站。沿古道前行近3个小时,我们到达了海拔近2400米的黄竹河。一路下来,大家除了欣赏美景和对美景的盼望外,便是疲劳。但黄竹河湍急透亮的河水,布满苍老藤蔓的永定桥,盘绕交错的森林景观,又让所有人异常兴奋。

3 000余年的古道上,一个个深达几厘米的马蹄印依然可见,向人们诉说着古道曾经的热闹和繁忙。

赋诗签字留念 9日夜晚,全省各地报纸副刊的记者和编辑们,将自己几日来在高黎贡山的切身体会凝聚于笔端。云南省报纸副刊研究会会长、云南日报报业集团正厅级巡视员韩声雄先生以《高黎贡山赞》为题,赋诗一首:"高天流云胜仙境,黎明鸟语赛鸡鸣,贡斋古道千嶂翠,山托英烈万古灵。"表达参加高黎贡山采风活动的所有人员对高黎贡山的共同感受。紧接着,全体人员在写有《云南省报纸副刊研究会高黎贡山行》标题的宣纸上,签下了自己的姓名,作为此次高黎贡山之行的纪念。(2004年12月22日)

(陶 宏 供稿)

省人大常委会黄炳生副主任考察高黎贡山保护区

省人大常委会副主任黄炳生一行8人在市人大常委会副主任丁恒源及高黎贡山保山管理局艾怀森局长等人的陪同下于2月26日~3月2日对云南高黎贡山国家级自然保护区保山管理局段的百花岭——江苴生态旅游区及世界有名的大树杜鹃的资源管理现状进行了考察。

2月26日下午,考察组首先参观了百花岭村汉龙社吴朝明收藏的"民间抗日战争小博物馆",在仔细听了吴朝明老人的介绍后,黄副主任指出:"这是最好的民间爱国主义教育基地,也是全民奔小康的动力所在,民强国强,我们应用这一历史事件来推动我们国家的经济发展,使我们国家的人民生活提高,国家得到强盛"。晚上,黄副主任到百花岭村委员会与芒宽乡政府和村民进行了座谈会,详细了解了当前农业生产和经济发展状况,并与村民一起观看民族歌舞表演和参与了民间篝火晚会。

27日,黄副主任等一行12人不辞辛苦,一早就从旧街子驿站沿南方丝绸古道徒步翻越高黎贡山考察百花岭——江苴生态旅游区的资源管理现状。沿途,黄副主任观赏着高黎贡山优美的自然风光,品味着丰厚的历史文化。一路上,保护局艾怀森局长对高黎贡山保护区生态旅游发展的情况和保护区资源保护的现状作了详细介绍。下午4点30分,一行12人到达了海拔3 250米的南斋公房。一到南斋公房,黄副主任就到山脊远眺怒山雄姿,观赏高山草甸、苔藓景观,黄副主任看着所有美景尽收眼底,激动得拨动手中的电话,向远方的亲人和朋友介绍着这里的一切。

28日一早,黄副主任早早就起床,等待着东方的日出,一轮红日不负众人希望,从东方缓缓升上山巅,所有人一片欢呼。吃过早餐,迎着山脊的寒风,所有人经南斋公房丫口向山脚出发,沿路观看了抗战遗迹、人头岩、杜鹃花、古道驿站等景点，中午1点到达目的地林家铺。

3月1日，黄副主任等同志不辞劳累，还牵挂着保护区周边社区群众的经济发展状况、人民生活情况，一早就到界头乡召开了座谈会，认真听取了基层组织建设、人民经济发展、税费改革等工作汇报，到群众中真正了解人民的生活状况。

3月2日，黄副主任一行8人仍余兴未了，又徒步考察了世界有名的大树杜鹃。

通过5天的考察，黄副主任对高黎贡山丰富的旅游资源，优美的自然景观和丰厚的历史文化赞誉不绝，他指出：要充分发挥高黎贡山生态旅游的品牌效应，从而推动保山经济的繁荣和发展，在开发的同时要特别注意资源的保护，不能以牺牲自然资源换取短期的经济效益，做杀鸡取卵式的开发。（2005年3月8日）

（赵　玮　供稿）

保山市科技局到百花岭与我局共商高黎贡山科普基地建设

2005年3月12日，保山市科技局张雷局长、白毅副局长等一行19人来到高黎贡山国家级自然保护区云南省科学普及教育基地，考察组首先进行实地考察，与我局共商科普教育基地建设工作。在看了百花岭科普展室、澡塘河科普环线及接待中心的建设情况后，科技局领导对高黎贡山保护区保山管理局建设科普教育基地取得的成绩给予了充分肯定。为进一步拓展高黎贡山保护区的科普教育功能，3月13日清晨，科技局与管理局共同组成的考察组，从百花岭出发，沿南方丝绸古道，徒步翻越海拔3 200米的南斋公房，到达腾冲江苴，实地考察了计划新建百花岭——江苴科普路线。

保山市科技局高度重视高黎贡山国家级自然保护区的科普教育功能发挥和培植,帮助保护区成功申报为"云南省科学普及教育基地",并安排保护区开展了百花岭科普环线建设等科普项目,增强了保护区科普教育基础设施建设。近年来,保山管理局充分发挥保护区科普教育作用,多方筹集资金,加强科普基地建设,改善接待设施,并结合行业特点,开展了保护区动植物标本图片展、野生动植物保护知识竞赛、"小小昆虫学家"比赛、青少年生物与环境科学冬令营、社区环境教育、科研考察与教学实习等形式多样的科普教育活动,受到社会各界广泛赞誉和上级部门的肯定,产生了良好的社会效益。(2005年3月21日)

(施晓春 供稿)

"羚牛行动"日记
——保山分队穿越高黎贡山东西坡保护区

保山分队,是云南高黎贡山国家级自然保护区保山管理局实施"羚牛行动"计划的13个分队之中的一个分队。保山分队的行动路线在地理位置上,处于由北到南的第3条线路上。保山分队由8名来自不同职业领域的人员组成的,他们是朱明育("羚牛行动"的总指挥,高黎贡山国家级自然保护区保山管理局副局长)、陶宏("羚牛行动"保山分队的分队长,高黎贡山国家级自然保护区保山管理局资源管理科副科长)、李根志(保山电视台副台长)、谭志文(保山电视台记者)、裴武(隆阳区野生动植物保护管理委员会办公室主任)、杨正纪(保护区界头管理站护林员)、王德品和左明洲(他们是分队请的民工)。

穿越高黎贡山东西坡原始森林的唯一分队

保山分队于2005年3月9日中午,从保山市区出发,赶往腾冲。3月10日,来自保山市区的5名队员与界头乡王家寨自然村的3名队员会合。8名队员相互认识后,立即整理行囊和各种设备,捆绑马驮。于14时30分,沿着北斋公房的南方丝绸古道路线,从高黎贡山西坡进入自然保护区。19时10分,保山分队到达预定的宿营地——清水河边。

3月11日上午,队员吃过早饭,于9时20分顺着清水河边向东行进。经过大空树、硝塘和与清水河的交汇口、圈桥(同善桥)后,离开清水河,攀越陡立的山路,向位于半山腰的宿营地——小高梁贡推进。15时12分,队员们上到了小高梁贡,此地的海拔2 200米。王德品、左明洲2名队员留在宿营地搭建防雨棚、烧水、做饭。另外的队员向着宿营地的南面,在藤蔓密布、坡度较陡的原始森林中穿行,寻觅偷猎者和盗伐者留下的蛛丝马迹。在林中艰难行走了一个多小时后,高黎贡山的天空像小孩子的脸,说变就变,下起了小雨,加大了分队的搜寻难度,为保证安全,队员们由南转西面,向下行走到一条小溪边。沿小溪的源头往东赶回宿营地。回到宿营地时,雨停了。有一名队员说,身上腹部有一点痒。野外生存经验丰富的杨正纪队员说,可能是被马鹿虱子叮咬了。这名队员撩起上衣,果真找到了马鹿虱子。马鹿虱子,腾冲当地的老百姓叫它"小瘪骡",如果被它叮咬的时间长,吸血较多而身体抵抗力差的人,可能会发高烧。队员们在未进入森林前就听说过马鹿虱子的恐怖情况,这时,所有队员都紧张起来了,相互之间帮助寻找身上是否有马鹿虱子,好几名队员在身上都找到了马鹿虱子。从身上找到马鹿虱子的队员赶紧涂抹清凉油,没有在身上找到马鹿虱子的队员也在涂抹清凉油,预防马鹿虱子爬到身上。疲惫、紧张的一天过去了。

3月12日10时8分,队员们离开小高梁贡宿营地,经过北斋公房,向山脊线攀越。14时,保山分队的8名队员和两匹骡子到达山脊上的马面关湿地。这片湿地的面积接近1 000亩,是泸水县(北面)、隆阳区(东面)、腾冲县(西边)。所有队员动手,在湿地的箭竹林里搭建好防雨宿营棚后,5名队员朝着山脊向北的方向，在极为密集的竹林中穿梭，搜寻偷猎者和采药者留下的痕迹。留下王德品、左明洲两名队员照看骡子，收集干竹子备足夜里取暖的燃料。队员们在竹林中艰难穿行一小时后，天气突变，下起了冰雹。十几分钟后，没有竹子生长的小块空地上布满了冰雹。队员们在竹林中穿行2个多小时，绕了一个圆圈，回到宿营地。此时，冰雹停了，天空逐渐晴朗起来，太阳也露面了。太阳出来了，队员们的心情也随之激动起来，不能在宿营地浪费宝贵的时间，往山脊的东面再次搜寻。朱明育、李根志、谭志文、王德品、左明洲5名队员来到了白凤坡。在白凤坡东南面的4个山头上，队员们亲眼目睹了60年前抗日战场的战争遗迹：地堡、战壕、交通壕、机枪口、冒耳洞、坑道木。除了朱明育外，另外的4名队员是第一次来到白凤坡，他们被战争遗迹所震撼。在白凤坡上，站得高看得远，队员们被眼前的雄奇俊秀的自然风光所陶醉，纷纷要求摄影留念。队员依恋不舍地收队了，18时28分，回到了宿营地。

3月13日，保山分队的队员们离开马面关湿地，于10时20分，分成两条行动路线出发了。谭志文、王德品、左明洲3名队员赶着两匹骡子，沿着北斋公房丝绸古道往东下坡行进，前往宿营地——茶铺。朱明育、陶宏、李根志、裴武、杨正纪5名队员由马面关湿地向山脊攀越，沿着山脊线在箭竹和树木交互共生的林中向南行进，搜寻了2个小时。在队员们经过的山脊线上，很多地段还有未融化的残雪。在山脊线上的巡护行动，队员们是沿着小路完成的，相对来说是容易的。在看见南边山脊有铁杉林，又听到河水响声的地段，队员必须从一个山洼子或者山梁子向东北方向下山，才能到达预定的宿营地。因为我们5个人都是第一次来到这片原始森林中，杨正纪、裴武、朱明育3名队员爬上一棵高大杜鹃树，观看宿营地——茶铺在那里；朱明育队员打开地形图进行了研究，并借助以前两次到过茶铺所看见的山积东面坡的铁杉林作为参照物，确定不能再往南走，应该在此地段选择下山的线路较为合适。我们5人统一了看法后，选择了一条两旁长满了箭竹的山洼子向下行进。

在竹林中穿梭了一个小时后，我们来到了河边，朱明育、杨正纪、陶宏3名队员都认为，我们的行进路线选择是对的。可是，下到河边，两岸多数的地段都是陡峭岩石，而且湿度很大，却无法行走，大家的头脑里出现了"暂时迷路"的感觉。此时，朱明育打开地形图研究行进路线。虽然这条河流的水量不小，但在地形图上没有标注。地形图也帮不上忙了，不管怎么艰难，我们还是顺着河流向下走。在"无路可走"的河流上，我们借助竹拐杖，首先由河的北岸趟过河水，到了南岸。走了几十步，南岸出现了笔直的峭壁，不能走了。我们又趟水回到北岸，这时，下起了小雨，我们不敢停息，继续行走。5名队员此时的心里，只有一个想法，就是不能休息，也不顾下雨，来回趟过河水，时而在河的北岸爬行，时而在河的南岸边攀行。谁也说不清楚，我们5名队员在河流两岸来回走过几十次。大家习惯了在"无路可走"的情况下行走后，由于速度和技能不同，队员们开始分离了。5个人的队伍分成了3个行进小组，裴武队员一个人为一组，走在最前面；朱明育队员也是单个人作为第二组，行走在中间；陶宏、李根志、杨正纪3名队员为第三组，排在最后。

　　我们5名队员在河流两岸岩石陡峭、河床狭窄的地段艰难困苦地行走了2个小时后，朱明育队员于15时30分左右，到达了有河汊交汇、河床宽平、有人为活动痕迹的地段。朱明育队员停下来，等待陶宏、李根志、杨正纪3名队员。裴武队员继续往前探路。我们4名队员汇合时，都是我们终于脱离了"无路可走"的峡谷地带，各个人的心情都很舒畅，太阳光洒到了森林里。李根志队员说，我们花了很大的力气，疲惫而沉闷走出了无路可走的陡峭的原始林区，这种充满挑战，充满刺激的行动，非常值得，这可以说才是亲身体验了在高黎贡山原始森林中探险的真正滋味。裴武队员是急先锋，一直走在前面，他我们4名队员前40多分钟到达预定在茶铺的宿营地。我们4名队员与16时39分也到达了宿营地。紧张、疲惫、饥饿的一天结束了。

　　3月14日10时36分，保山分队从宿营地——茶铺，起程了。今天的行程相对较为容易，沿着由怒江边攀越马面关山脊的古道逆行下山。森林中的山路是好走的，但是，随着行程的推进，山体的海拔不断下降。我们将接受由寒冷地带到炎热地带气候变化的考验，越到最后的时刻越要注意，要让身体逐渐适应气候的变异，不能生病。15时20分，保山分队的8名队员顺利、安全地到达了巡护哨卡——一把伞。休息片刻后，来自保山市区的5名队员与腾冲县界头乡的3名队员握手道别，相互之间都表达了感激之情，不会忘记这次有意义、友好而富有挑战性的集体森林之旅。腾冲的3名队员在旧乃山村子里留宿一夜后，于3月15日清晨起身，用一天的时间由原路返归界头乡。保山市区的5名队员前往芒宽乡，了解其他12个分队的行动情况。也于3月15日下午返回了保山市区。

观察动物活动的痕迹

麂子的足迹和"盐槽"。3月11日11时23分，保山分队来到硝塘河与清水河交汇地带，4名队员在硝塘河的南岸较为平缓的黑色沙壤土上，发现了一连串动物足迹。前些天下过大雨，这里又紧靠河边，土壤的湿度很大，动物留下的痕迹很清晰，而且还很新鲜。经过杨正纪、朱明育、李根志3名队员详细观察，确定了是"麂子"留下的足迹，在这里活动的时间不会超出10日上午。从足迹的大小、深浅、排布的方向进行判断，最近有3只麂子在这里进行过活动。陈旧的足迹非常多，难以根据足迹判断出更早一些日子里麂子的数量。麂子这里活动的原因是，在此地设有动物"盐槽"。"盐槽"，是使用一棵长10多米，根部直径30厘米左右的干树，用砍刀劈凿而成的。保山市电视台的记者兴奋地拍摄了有关麂子的第一个镜头。

遍布竹林中的"小熊猫粪便"。3月12日15时25分，朱明育、陶宏、裴武、杨正纪、李根志、谭志文6名队员，在位于白凤坡附近湿地边缘的竹林里，采药搭建的窝棚顶上，第一次看到了"小熊猫粪便"。从此以后，队员们在竹林中不断见到小熊猫的粪便。到13日的10时40分止，队员们两天的时间里，在所经过的巡护路线上看到"小熊猫粪便"不下50次。我们所看到的小熊猫

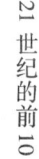

粪便，少数是新鲜的，多数是不新鲜的。

缓坡上的"羚牛粪便"和雪地里的"羚牛脚印"。3月13日10时50分，沿着山脊向南面展开巡护的5名队员在接近山脊线不远的缓坡地带，发现了"羚牛粪便"。羚牛粪便由颗粒状粘结成团，一共有3团。每一团"羚牛粪便"的形状和色泽，酷似"手雷"炸弹。这3团羚牛粪便不是新鲜的。11时30分，在山脊线小路东侧缓坡的雪地里，队员们看到了"羚牛脚印"。因为是较厚的雪地，脚印非常的明显。队员们经过详细观察，判定了只是一头羚牛的活动足迹。"羚牛粪便"的信息摄入了李根志队员的摄像机和朱明育队员的照相机；"羚牛脚印"的镜头也进入李根志队员的摄像机和陶宏队员的照相机。

"老熊"在树上流下的爪痕。3月13日15时40分，在位于不法分子盗伐了一棵枫木的河岸边，李根志、朱明育队员在3棵胸径20厘米左右的树上，看到了老熊留下的爪痕。根据观察和分析，很有可能是盗伐者在这3棵树上悬挂过肉食品和老熊喜欢的食物。

搜寻和捣毁窝棚

捣毁"窝棚群"。3月12日15时30分，朱明育、陶宏、裴武、杨正纪、李根志4名队员捣毁了位于冷水沟湿地东侧山坡竹林中的"窝棚群"。"窝棚群"由7个窝棚组成，分布在一条小溪的两侧。据观察，这些窝棚搭建得比较牢固，每个窝棚内都设有"烤架"，用于烘烤中药材和动物肉品。从窝棚里遗留的物品可以分析出，这个"窝棚群"是每年前来北风坡一带的采药者和偷猎者的最主要的栖身之所。谭志文队员将"窝棚群"的位置、内部构造和设施、遗留物品等信息摄下了许多镜头。

"零星窝棚"的分布。保山分队在实施"羚牛行动"中，一共捣毁了12个窝棚，除了集中搭建在一个非常小的区域内的7个窝棚外，其余的5个都是零星分布的单体窝棚。

"窝棚"搭建的地点选择。根据队员们的观察和分析，搭建窝棚在地点的选择上，需要满足以下的条件：一是位于中药材集中分布的区域，距离野生动物活动频繁的区域不太远的地段；二是有水源的地方；三是有树木生长的地点（尤其是在竹林广布的区域），便于砍伐活树作为燃料取暖；四是背风的地点。五是离开林中的山路不远，又不在山路上行走的人看到的隐蔽的地点。

寻觅与收集、销毁偷猎工具

钢绳扣子。3月12日16时38分，在百凤坡一带箭竹密集分布的山坡上，李根志队员发现了一个钢绳扣子。这个钢绳扣子长162cm，由21根细钢丝分3股扭结而成。在钢绳扣子的两端，将钢绳弯曲成直径3cm的圆环。偷猎者使用这种钢绳扣子猎捕体形小的脊椎动物。

麻绳竹钩扣子。在高黎贡山东坡森林中寻觅和搜到了2个麻绳竹钩扣子，这种扣子是用于猎捕雉类的。麻绳竹钩扣子的麻绳长65cm，麻绳的一端系着中部直径4cm，钩深6cm的竹钩；另一端将麻绳打结成直径2cm的绳扣。

销毁"地表竹扦"。这种竹钎是就地砍伐箭竹，将竹子切取为80cm左右的长度，破成两半，一端砍削得非常锋利，另一端稍微削尖，将削尖的一头插入土中，锋利的一头露在地表上。我们销毁的地表竹扦由120多根组成。

观察和测量盗伐的树木

3月11日，巡护队员在小高梁贡一带发现一棵五角枫被盗伐者用斧子砍过，砍的斧口较深，可能是枫木的波纹不够明显，所以没有被砍倒。12日，巡护队员在茶铺一带的两汊河附近，发现了6棵枫木被盗伐者砍伐了，取走了根部。

询问进入保护区的行人

保山分队在实施"羚牛行动"的全过程中，巡护队员们分4次一共遇到过12人（男人6人，妇女6人）非法进入自然保护区。其中有5名妇女是采集野菜；一对夫妇由腾冲路过保护区前往怒江边的村庄；有一名中年男人由怒江边翻越马面关到腾冲境内打工；有2名男青年和2名年纪稍大的男人是进山围猎。除了2名年纪稍大的男人（他们带有火药枪）跑掉外，针对他们的进入保护区的

行为，巡护队员们向他们宣传和讲解有关的法律、法规的禁止性规定。（2005年4月15日）

（朱明育　供稿）

高黎贡山保护局
不断探索管理工作的新模式

2005年4月1~3日，由中国科学院环境科学与技术局原副局长黄鼎成、科技部基础司原司长郭增燕、中国林科院李迪强博士、琅瑞国际投资管理公司总裁朱泰余等一行13人组成的专家组在保山市计委副主任张学光、高黎贡山国家级自然保护区保山管理局局长艾怀森等领导的陪同下到高黎贡山考察，以了解高黎贡山的有效保护与可持续利用（如生态旅游）的相关问题，探讨高黎贡山的保护与发展。

近几年来，高黎贡山国家级自然保护区保山管理局不断改变工作方法、创新工作思路，探索和实践文化与自然保护相结合、旅游与自然保护相结合、社区经济发展与自然保护相结合，深入研究自然保护与经济发展的有机联系和因果关系，提出了"在保护的基础上发展，以发展促进高黎贡山的保护"的全新工作思路，逐渐形成了集资源管护、社区发展、科研监测、生态旅游、国际合作等为一体的综合管理体系。先后创建了"中国第一个农民生物多样性保护协会"、"绿卡行动"、"小手推动大脊背"、"参与性共管"等多种管理模式，在全国产生了广泛的影响。

为了进一步探索高黎贡山有效保护与可持续发展的新模式，管理局不断邀请国内外专家、学者前来考察研究，为保护区的发展献计献策。此次专家组就是应邀前来考察研究高黎贡山的保护与发展问题，以推动保护区的各项工作。3天的时间，专家组在野外先后考察了高黎贡山古城自然公园、潞江乡芒旦傣族风情园、赧湖白龙洞、浪坝榕树群、百花岭澡塘河温泉瀑布景区，最后沿着百花岭——南斋公房——江苴丝绸古道徒步翻越高黎贡山对保护区进行深入细致的考察。通过考察，专家们对高黎贡山资源情况及管理局所开展的工作有了全面的了解。高黎贡山的自然、人文景观给专家们留下了极为深刻的印象。

4月4日下午在保山兰都饭店由市政府主持召开座谈会，市长助理蔺斯鹰、副秘书长吴明良、市计委、市旅游局、市林业局、市科技局、高黎贡山保护区管理局等市直相关部门的领导以及隆阳区的领导出席了会议。会上，专家们纷纷交流了这次考察的情况与收获。专家们一致认为高黎贡山是世界的珍贵财富，人类的自然与文化遗产，其开发一定要坚持在保护中开发，开发中保护。李迪强博士说他到过20多个国家和地区的自然保护区，像高黎贡山这样资源丰富，既有自然又有人文的并不多。他说国家林业局正在出台，在全国选一些价值高、保护工作做得好的保护区作为示范，高黎贡山要争取作为全国的示范保护区，加大投入力度。黄局长说，高黎贡山是世界级的，其意义在于中国唯一性，世界重要性。这样好的地方能保存下来，是非常了不起的。他还说高黎贡山今后的发展一定要走可持续发展之路。高黎贡山今后可建成"三个"典型：第一个典型是，可建成一个生态、文化、健康的世界一流的生态旅游示范点；第二个是典型是，可在怒江干热河谷建一个中国西南退化植被恢复示范点；第三个典型是，保护与发展有机结合的示范点。朱泰余总裁表示，今后琅瑞国际投资管理公司愿意与保山政府合作开发高黎贡山，争取国际、国内组织和机构的支持，加大对高黎贡山的保护和开发力度，推进高黎贡山的发展。（2005年4月15日）

（李正波　供稿）

高黎贡山保护局派出"千百万"工程工作组进百花岭村开展调研

为贯彻落实市委、市政府关于在全市开展千名农林业科技人员进百村（企）入万户帮扶致富奔小康的行动计划，结合高黎贡山的实际，高黎贡山国家级自然保护区保山管理局选择隆阳区芒宽乡百花岭村为项目点，并安排科技人员进村帮扶。2005年4月8~9日，管理局派出由副局长、高级工程师李正波带队的工作组一行4人到百花岭村进行调研。

百花岭村坐落在怒江大峡谷中，背靠高黎贡山国家级自然保护区，海拔900~1800米，为汉、傈僳、白、彝、回、傣、壮等多民族杂居村。全村下辖九个农业社，538户，2236人。2004年末，全村实有耕地2416亩，其中，地424亩，田1992亩。水田主要种植水稻、甘蔗等作物。通过工作组详细的调查后发现，百花岭村人口多，土地较少，产业单一，人均纯收入递增慢，村民居住条件差，生活水平不高。这与百花岭村优越的地理条件和丰富的资源不相适应。

工作组得到详细资料后，与百花岭村的村干部作了多层次的研究探讨，最终一致认为，百花岭村地处高黎贡山生态旅游开发区，村上应转变思路，紧紧围绕生态旅游做文章，通过发展生态旅游产业，调整产业结构，发展全村经济。根据这一发展思路，工作组与村上研究分析，梳理出百花岭村在旅游方面存在的主要问题：一是村社房屋建筑缺乏统一规划，没有民族特色，环境卫生差；二是种、养殖业落后，提供不了旅游所必需的生态蔬菜、禽、蛋、肉等食品；三是当地饮食文化没有挖掘形成商品，村民参与旅游接待服务少;四是村社导游没有接受过专门教育,村民素质有待提高;五是旅游商品几乎没有,旅游小商品、纪念品亟待开发;六是当地少数民族风情没有很好地挖掘成商品;七是旅游景区附近的集体林放牧、砍薪材现象严重。

工作组针对百花岭村在旅游方面存在的这些问题,确定出了"千百万"工程3年内的帮扶内容为:

1. 制定村社旅游发展规划,内容包含村寨房屋建筑、环境卫生等方面;

2. 培育蔬菜种植户、禽畜养殖示范户,为旅游提供当地特色食品;

3. 挖掘当地饮食文化,发展家庭旅馆,参与旅游接待服务工作;

4. 开展村社导游员培训工作,为旅游提供当地导游;

5. 举办旅游小商品、纪念品开发培训班,教村民开发旅游商品;

6. 挖掘当地少数民族风情,增加旅游内涵,提升景区品味;

7. 督促村社加强集体林管理,规范村社放牧、砍薪材等活动,防止旅游资源破坏。(2005年4月15日)

(赵玮 供稿)

国家林业局西南航空护林总站史永林副总站长到高黎贡山检查森林防火工作

2005年4月11~12日,国家林业局西南航空护林总站副总站长、云南省森林防火指挥部成员单位领导史永林一行,在保山市护林防火指挥部专职副指挥长杨龙昌、市护林防火办公室、西南航空护林总站保山站、高黎贡山国家级自然保护区保山管理局有关人员的陪同下，深入高黎贡山国家级自然保护区检查森林防火工作。

11日，史副总站长一行到高黎贡山自然保护区管理局，与局领导和相关人员座谈，认真听取了保护区森林防火工作汇报之后，赴保护区百花岭进行实地检查指导。

12日，史副总站长在市护林防火办公室、西南航空护林总站保山站、高黎贡山保护区管理局有关人员的陪同下，从百花岭经南斋公房至林家铺子徒步翻越高黎贡山，深入高黎贡山腹地进行检查。

两天的实地检查，史副总站长对高黎贡山自然保护区的森林防火工作给予了充分肯定。同时指出：保护区森林防火要坚持属地管理原则，在当地党委政府和护林防火指挥部的统一领导下开展，森林火灾扑救要"以人为本，科学扑救"。百花岭经南斋公房至江苴是高黎贡山的生态旅游区，人员活动较为频繁，存在着引发森林火灾的隐患，要切实加强对入区人员管理，特别是火源的管理。林区内的防火宣传标语制作要以岩石为主，避免在树上制作，在树上制作宣传标语既破坏了林木又影响了自然环境的和谐。保护区在开展生态旅游时，要有计划地开展入区旅游培训，进行野外用火安全、防火和生物多样性保护知识等各种宣传，树立旅游者科学的生态旅游观念。

（2005年4月18日）

（陶　宏　供稿）

国家林业局保护区宣传报道团到高黎贡山采风

2005年3月31～4月3日，经国家林业局委派，由中国报告文学学会理事、西部报告文学研究会会长、陕西省作协会员、咸阳作协常务理事魏军先生，中国作家协会会员、陕西省作家协会理事、咸阳市文联副主席李春光先生和咸阳市美术家协会主席李白颖先生等组成的国家级自然保护区宣传报道团到高黎贡山采风。

31日，宣传报道团一行在高黎贡山国家级自然保护区保山管理局人员陪同下，赴高黎贡山保护区百花岭采风。宣传报道团沿途欣赏怒江河谷风光，造访了南方丝绸古道惠人桥遗址，访问了百花岭农民生物多样性保护协会，参观了百花岭科普展室。

4月1日早晨，宣传报道团深入保护区，欣赏高黎贡山优美的自然风光，感受其丰富多彩的物种多样性。到旧街子和双虹桥，寻访南方丝绸古道逝去的繁华与热闹。

下午，宣传报道团抵达芒宽西亚村的山坡田，了解中荷合作"森林保护与社区发展"项目（FCCD）实施情况和取得的成果。访问了傈僳族民间艺人胡三八，观看了傈僳族歌舞表演。

4月2日早晨，宣传报道团访问了赧亢管理站，深入保护区走廊带查看了管理情况，欣赏高黎贡山山脊草甸风光。

三天的高黎贡山采风，宣传报道团对高黎贡山自然保护区有了认识和了解，他们对高黎贡山优美的自然风光和丰富的历史文化内涵赞不绝口，对高黎贡山守护人所做的工作给予了高度评价。李春光先生和李白颖先生分别以书画"高黎贡山绿花如海"和"大吉图"，作为游高黎贡山的纪念之作。（2005年4月20日）

（陶　宏　供稿）

高黎贡山被评为"云南最美的地方"

由《中国国家地理》杂志社牵头，联合全国媒体举办的"中国最美的地方"云南地区评选活动于2005年4月30日投票结束，高黎贡山国家级自然保护区以其丰富的生物多样性及人文景观得到了广大网民的高度关注和支持，以12 345票荣登"云南最美的地方"排名榜第一的位置，其得票数远远超过第二名。

在此次"中国最美的地方"云南地区评选活动中,高黎贡山国家级自然保护区之所以能在众多推荐的景观中(共计57个)位居榜首,这首先取决于她自身所具有的强大吸引力。巨大绵长的高黎贡山,北起青藏高原,南达中印半岛的缅甸境内,西通印度和缅甸,东隔云贵高原与华中、华南相连,复杂的地理环境使得保护区内动植物种属复杂,新老兼备,成为南北动植物交汇的通道和东西过渡的纽带。区内山川秀丽,自然资源丰富,孕育出众多的自然景观,有罕见的世界大树杜鹃花王、有神秘莫测且色彩斑斓的原始森林,还有众多的温泉瀑布和草甸雪山。古老的南方丝绸之路越境而过,蜿蜒曲折。漫步其间,耳闻鸟声啾啾,溪水叮咚,自然风光尽收眼底,真正体验回归自然的纯真感受。高黎贡山是全球生物多样性保护最关键的十个地区之一,被誉为"物种基因库"、"自然博物馆"和"世界雉鹑类的乐园",先后被世界野生生物基金会(WWF)列为具有国际重要意义的A级保护区,被中国人与生物圈组织吸收为生物圈保护区。同时,她还是云南省科学普及教育基地和云南省作家协会创作基地。

其次,这与高黎贡山国家级自然保护区卓有成效的工作也密不可分;自1994年以来,为了实现"让世界了解高黎贡山,让高黎贡山走向世界"的目标,保护区各级管理机构都加大了工作创新力度,在资源管护、科研监测、生态旅游等方面取得了多项突破。同时,保护区采取多种宣传形式,通过各种新闻媒介,进一步地强化了高黎贡山国家级自然保护区的宣传工作,不断提升高黎贡山国家级自然保护区的国内外知名度。特别是高黎贡山国家级自然保护区保山管理局网站 glgs.gov.cn 的开通,为网民提供了大量的高黎贡山相关信息,在对外宣传和交流中起到了重要的作用,有效提升了高黎贡山的知名度,为此次网络投票活动奠定了良好的基础。
(2005年5月9日)

(李 松 供稿)

实施综合巡护　强化资源管护
——高黎贡山国家级自然保护区"羚牛行动"圆满结束

2005年3月1日,高黎贡山自然保护区与全市各县区一样进入了森林防火戒严期。为切实做好戒严期自然保护区森林防火工作,结合冬春季节入山人员较多的实际,针对近期在自然保护区内局部地区出现的盗伐枫木、偷捕盗猎等问题,3月10~15日,在保山管理局的精心组织下,统一时间,统一行动,实施了代号为"羚牛行动"的一次大规模综合巡护。

"羚牛行动"由保护区局、所、站管理人员和护林员75人参与,组成了13个巡护分队,确定巡护线路13条,历时5天4夜,行程280多公里,徒步对高黎贡山自然保护区的重点保护对象分布区、山脊一线和所站管辖区结合部展开了巡护。此次综合巡护活动中,共查处和教育非法进入保护区人员12人,查获并没收了大量的作案工具,销毁盗伐、偷猎和采药者的栖身窝棚40多个。"羚牛行动"综合巡护,一是宣传了相关法律、法规和森林防火知识;二是清理非法入区人员,杜绝火种带入区;三是查处、打击和震慑了违法分子的违法活动;四是展示了保护区良好的工作形象;五是为建设和完善保护区巡护体系进行了有益的探索。

通过实施"羚牛行动",一是绝大多数巡护分队抵达了以前野外巡护工作中未曾到达过的许多区域,发现了一些新情况和新问题,为保护区今后开展野外巡护和资源管理提供了新的信息和新的依据;二是各巡护分队在高黎贡山保护区的不同区域发现并记录了羚牛、灰叶猴、白眉长臂猿、小熊猫、白腹锦鸡等国家重点保护野生动物的活动痕迹,为保护区管理提供了珍贵的本底资料;三是坝湾巡护分队在大竹山脚巡护中收录的非法入区人员资料,为潞江乡张贡村民委员会西面高黎贡山"3·17"森林火灾案件侦破提供了有力的线索;四是规范了保护区巡护管理工作,强化了巡护信息收录、资料分析整理和报告编制工作,总结和交流了经验,提升了巡护管理质量；五是通过综合巡护，队员们团结协作，相互爱护，敢于吃苦的团队精神得到高度体现，受到了充分的锻炼，为今后开展各项工作奠定了基础。

通过认真总结"羚牛行动"的成果，我们认为在保护区今后的资源管理中，一是要树立科学的发展观，转变观念，大胆探索保护区资源管理的新途径和新方法，建立长效巡护机制，加大自然保护区资源管理力度；二是深入调查研究，摸清资源分布现状，了解和掌握破坏保护区资源的违法人员的活动规律，有针对性地组织专项清理，有力打击各种破坏行动；三是认清保护区资源管理形势，制定切合实际的工作方法和措施，共同协作，开展联防联治，切实加强资源重点区域、结合部和管理死角的巡护管理；四是积极争取各级政府和相关部门的关心支持，在野生动植物保护管理、林政、公安、工商、医药等部门的参与下，组织开展市场清理，做到堵源截流两手并举。（2005年5月13日）

（陶　宏　供稿）

高黎贡山古城自然公园项目通过专家论证

5月28日，由市林业局组织和主持，邀请市政府、市发改委、市旅游局、市文化局、市林业局有关领导和专家13人组成专家组，对"高黎贡山古城自然公园"项目进行了论证。

在论证会上，与会领导和专家在听取了项目单位高黎贡山自然保护区保山管理局的情况介绍后，认真审阅了《高黎贡山古城自然公园项目建议书》及相关资料，认为：高黎贡山古城自然公园项目符合云南省发展森林生态旅游的发展规划和保山旅游发展思路和总体规划的目标要求，有利于高黎贡山生态旅游精品的培植和扩容增效，规划方案集旅游、观赏、探奇、参与于一体，追求人与自然环境的和谐，体现天人合一共生和谐与健康旅游的理念，突出自然文化，兼顾了欣赏功能和实用功能，能有效满足人们回归自然的需求，并通过公园建设，挖掘旅游产品的文化内涵，弘扬当地优秀的历史文化和民族文化，能发挥较好的效益。

在论证会上，与会专家也对项目的建设和发展提出了许多意见和建议，一是要处理好保护和开发的关系，坚持保护第一的原则，在建设施工中加强对资源环境的保护；二是做好公园建设内容的总体规划、布局，以确保项目建设具有前瞻性和代表性，建设精品工程；三是做好隆阳、腾冲、龙陵三县区的协调工作，进一步明确公园范围、性质，尽快落实经营主体，确定合适的运作模式。

高黎贡山古城自然公园项目通过专家论证后，将进入正式实施阶段，建成后将成为"高黎贡山精品旅游"中的一个新亮点。（2005年5月30日）

（郑云峰　供稿）

高黎贡山管理局深入扶贫点抗旱救灾

高黎贡山国家级自然保护区保山管理局积极响应市委先进性教育活动领导小组办公室《关于在先进性教育活动中做好抗旱救灾工作的紧急通知》和市政府《关于切实做好全市抗旱救灾工作的紧急通知》的号召，把抗旱救灾工作作为先进性教育活动整改提高阶段的实事来抓。艾怀森局长率抗旱工作组和一辆满载抗旱物资的货车，深入挂钩扶贫村腾冲县五合乡整顶村开展抗旱救灾工作。

工作组一行认真听取了村委会领导关于整顶村抗旱救灾的情况介绍，深入田间地头实地察看了灾情，了解了水利灌溉状况。今年的严重旱灾是整顶村20多年所不遇的，玉米、烤烟不同程度受灾，大春作物面临不能按节令栽种的困难局面，部分群众和大牲畜饮水困难。面对当前严峻的旱灾形势，工作组与村组干部及群众一起共商解决措施和对策。

管理局援助的钢管和水泥预制管等引水材料，将使整顶大沟、老百岩沟、下孔考沟、大庙树沟等灌溉沟渠坍塌和引水困难等问题得到彻底解决，有效改善农田水利灌溉条件，扩大灌溉面积，为整顶村的烤烟和大春生产提供有力保障。

实地了解了整顶村的旱灾情况后，艾怀森局长表示：管理局将尽力帮助整顶村切实做好当前的抗旱救灾工作，坚持抓好先进性教育活动整改提高阶段各项工作和抗旱救灾工作"两不误、两促进"。（2005年6月3日）

（陶　宏　供稿）

中、美、英科学家在高黎贡山自然保护区生物多样性联合考察中取得丰硕成果

继2003年的第一次联合考察之后，2005年5月22日～6月6日，由中国科学院昆明植物研究所、美国加利福尼亚科学院、英国爱丁堡植物园、中国科学院动物研究所、昆明动物研究所、湖南师范大学组成的联合考察队，来到高黎贡山国家级自然保护区南段。在保山管理局科技、管理人员的配合下，先后来到赧亢、整顶、大蒿坪、坝湾、百花岭等管理站所辖保护区及周边社区，顺利完成了为期16天的生物多样性考察活动，考察所涉及的各学科领域均取得了巨大收获，共采集高等植物标本1 889号15 000份，苔藓800多号，昆虫4 000多号（份），蜘蛛2 000多号（份）。经过专家们的初步分析，本次采集的标本中有许多是新种或新记录，随着标本鉴定工作的开展，将不断有学术成果公布出来，极大丰富了高黎贡山的生物多样性本底资料。

本次考察是美国国家科学基金资助的国际合作项目"中国西部热点地区高黎贡山生物多样性调查"的一次重要活动，得到了

国家林业局、云南省林业厅及外事部门的批准实施。项目由美国加利福尼亚科学院和中国科学院昆明植物研究所联合主持，主要专家有美国加利福尼亚科学院Peter研究员（项目负责人）、David研究员、Charles博士、James博士、周丽华博士，英国爱丁堡植物园Martin博士，中国科学院昆明植物研究所李恒研究员、刀志灵副研究员、纪运恒博士，中国科学院动物研究所梁宏斌副研究员，昆明动物研究所董大志副研究员，湖南师范大学颜亨梅教授（湖南省动物学会理事长）等。高黎贡山自然保护区保山管理局积极做好项目的协调组织工作，参加调查的科技、管理人员克服了学科要求复杂、专家来源不同等困难情况，严格遵循管理局领导的指示精神，不仅做好了与相关单位和部门的联系、协调和后勤工作，而且配合好各位专家的考察工作，认真向中外专家学习，努力工作，研究水平有所提高；并依照国家的相关法律法规，严格遵守内外有别、科技保密等原则进行管理，未发生任何管理事故，保证了本次考察活动的顺利开展。(2005年6月9日)

（施晓春　供稿）

高黎贡山自然保护区保山管理局努力建立完善的野生动植物监测体系

为了收集高黎贡山生物多样性动态变化信息和数据，进行分析、处理，运用到自然保护区的管理中，为保护区制定出科学合理的管理决策提供依据，2004年11月至2005年6月，高黎贡山自然保护区保山管理局在保护区又一次开展了规模较大野生动植物监测活动，完成了监测资料分析整理和报告编写工作，为本年度的监测工作画上了一个圆满句号。本次监测是我局与相关部门继1995年和2003年之后，在高黎贡山保护区开展的第三次监测活动，局领导十分重视此次监测活动,抽调了局、所、站近20名技术骨干,并邀请保山师专2名优秀生物教师组成了调查队。通过前期计划、野外调查、内业作业等几个阶段的辛苦工作,在经费十分有限的情况下,工作组按时、按质、按量、安全地完成了本年度的全部工作任务,取得了丰硕的成果。

在植物监测方面,一共选择了25块能够反映出南部高黎贡山垂直植被和主要植物保护对象的植物样地,开展了一次全面调查,并在其中21块样地四角,用水泥桩做了永久性的标志,为利用固定样地,定期对高黎贡山自然保护区的部分植被类型、植物种群和物种进行连续监测,掌握其变化情况奠定了基础。25块固定监测样地共出现乔木251种(次),胸径在5cm以上的乔木总数达2 036株,总蓄积量为473.911m^3;共出现灌木552种(次),总数达44 946株;共出现草本植物746种(次),总数达374 407株;共出现层间植物403种(次),总数有6 944株。共分布有5种国家重点保护野生植物,占高黎贡山分布国家珍稀保护植物的16.1%,其中一级保护植物2种,二级保护植物3种;云南省省级保护植物6种,占高黎贡山分布的省级保护植物总数的20.7%;另有17种为高黎贡山新记录。

在动物监测方面,设置样线5条、补充调查样带18条,运用可操作的野生动物监测的指标体系和可以重复的监测方法,对监测样线、样带上的出现的野生动物进行了调查,为最终建立高黎贡山自然保护区野生动物监测体系并使之健全的目标奠定了基础。样线宽度为60米,全长57 180m,补充调查样带宽度为60米,长度为11 970m,总抽样面积达到4 149 000m^2,占高黎贡山国家级自然保护区(保山段)总面积的0.481%。共出现兽类25种,其中羚牛、白眉长臂猿、小熊猫、云豹、金钱豹等11种属于国家级保护动物。出现次数最高的是毛冠鹿,共出现223次,其次是赤麂,共出现211次,帚尾豪猪出现180次,豹猫出现96次,黑熊出现85次,鬣羚出现47次。人为活动监测的结果是海拔2 500m以下的地区以放牧、砍柴、盗伐林木、采集等活动为主,在海拔2 500m以上的地区则以盗猎、采集中草药、野生蔬菜等活动为主，人为活动频度较上年有所减轻，说明保护区加强资源安全管理工作已初见成效。

我局将充分发挥已建成的野生动植物监测体系的作用，不断总结经验教训，使监测这项长期工作能够持续不断地定期开展下去，更好地为保护区科学管理服务。（2005年6月24日）

（施晓春　供稿）

高黎贡山自然保护局"千百万"工程开展得有声有色

为认真贯彻落实市委、政府安排的"千百万"行动，2005年6月29～30日，高黎贡山国家级自然保护区保山管理局副局长、高级工程师李正波带队的科技帮扶小组一行5人，带着种养殖资料、保温瓶等旅游服务用品和小耳朵猪种，到挂钩帮扶点芒宽乡百花岭村开展科技帮扶工作。

30日上午，李副局长带领林科指导人员代表高黎贡山保护局给范祖祥、彭大繁、刘占伟、彭兴国、彭开柄等5户养殖示范户赠送养殖技术资料24册；给赵明芳、杨在武、刘国良等3户蔬菜种植示范户赠送蔬菜种植技术资料18册；给家庭旅馆示范户侯体国、刘善清等两户各赠送保温瓶5个、碗筷15套、钢化茶杯10个、灭蚊器4个；给养猪示范户彭大繁引进小耳朵猪猪种3头；另外，还为当地协调了新建沼气池指标20口。

中午，帮扶小组对示范户的生产生活状况、所选项目的实施进度进行实地察看、访谈。经实地察看和访谈，得知所选示范户除三户蔬菜种植示范户由于天旱不能按计划实施外，其他示范户都已按计划实施。如养羊示范户范祖祥自开展帮扶工作以来已出售23只黄山羊，收入5 000多元，现存栏75只；养鸡示范户彭兴国已出

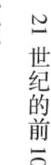

售大小鸡30只，现存栏60只；家庭旅馆已建床位20个，并开展旅游接待服务；6户马帮示范户通过参与保护区的旅游服务均已受益，其中，彭大卫户自帮扶活动以来参加旅游驮运服务已收入3 000多元，刘志顺户已收入1 000多元，其他4户马帮示范户均已相应地有了收入。

高黎贡山国家级自然保护区保山管理局对百花岭村的"千百万"帮扶行动，由于局领导的高度重视，在实施过程中，千方百计筹措资金，给林科人员安排足够的指导时间，能按照预定方案组织实施。现在整个帮扶活动实施顺利，已取得显著的阶段性成果。（2005年7月6日）

（赵　玮　供稿）

集思广益　共谋发展
——高黎贡山自然公园概念规划国际研讨会在保山召开

素有"世界物种基因库，民族文化和历史文化博物馆"之称的高黎贡山不仅是中国生物多样性保护的关键地区之一，也是中国最具生态旅游发展潜力的地区。但是与生物多样性保护相比，生态旅游的发展明显滞后，为把高黎贡山的生态旅游发展推上一个新台阶，通过精心准备，2005年7月19日下午，由中国云南省保山市人民政府和美国哥伦比亚大学美中艺术交流中心共同举办了"高黎贡山自然公园概念规划国际研讨会"。保山市委书记熊清华研究员、云南省文化厅范建华副厅长、保山市人民政府杨建洪副市长、李新平副市长以及西南林学院、保山市林业局、旅游局、发改委、文化局、环保局、科技局、高黎贡山国家级自然保护区保山管理局、隆阳区政府等单位的领导和专家及美国哥伦比亚大学美中艺术交流中心、芝加哥"开阔地计划"、亚特兰大植物园、芝加哥植物园、纽约大学、北卡罗来纳州立大学、EDAW公司的专家学者40

多人出席了研讨会。

　　研讨会由李新平副市长主持，杨建洪副市长代表保山市政府致欢迎词，杨副市长对专家们的到来表示欢迎，并向专家们介绍了保山市和高黎贡山生态旅游情况。会上，美方专家介绍了自然公园的规划过程、背景、指导原则、建议、概念规划设计以及下一阶段的工作。与会的领导和专家学者充分肯定了高黎贡山自然公园概念规划，同时也提出了一些具体建议。研讨会结束时，市委书记熊清华做了重要发言，高度评价了自然公园概念规划方案和专家提出的意见和建议，他说本项目的规划和实施将会对保山旅游发展和保山社会经济发展产生较大作用。熊书记还指出，自然公园的建设要与当地的民族文化、历史文化、自然资源相协调，在规划中要强化南方丝绸古道的地位，关于自然公园的名字也还要进一步探讨。熊书记最后要求，市内相关单位要一如既往地为课题组提供服务，共同做好自然公园的建设性详规和实施工作。

　　高黎贡山自然公园位于新保腾公路（省道317线）边的灰坡垭口，距离保山市区100km，腾冲县城54km。公园内森林茂密，动植物资源丰富，是木兰科植物、杜鹃林的集中分布地，分布有白眉长臂猿、灰叶猴、猕猴、熊猴、小熊猫、黑熊、红瘰疣螈及多种鸟类。同时，公园所处的区域，为高黎贡山原住民"高黎人"的家园，至今仍保留着许多"高黎人"的生产生活的遗迹，如古城、古墓、耕地、狩猎场等。南方丝绸之路（蜀·身毒道）也由此经过，并留下了古驿道、驿站遗址。公园集地理奇观、植被景观、野生动植物、丝绸古道、民族风情、历史文化为一体，是高黎贡山的一个窗口。为把自然公园建设成世界级的生态旅游区，2005年7月6~15日，美方专家与西南林学院、高黎贡山自然保护区的专家一起，在对公园的自然生态、动植物、民族文化及历史、旅游等方面的综合考察的基础上，共同开展了自然公园的概念规划。（2005年7月22日）

（李正波　供稿）

荷兰驻华使馆一秘 Martien Beek 一行莅临我市考察 FCCD 项目工作

2005年8月8~11日,荷兰驻华使馆一秘 Martien Beek、翻译田宏女士、FCCD 项目顾问布拉姆、咨询专家马龙女士、省林业厅保护办副主任齐义俐、翻译张群女士一行6人,在保山市 FCCD 项目办人员(高黎贡山国家级自然保护区保山管理局朱明育副局长、科技人员蔺汝涛)的陪同下,考察了我市 FCCD 一期项目实施成果,考察组对我市 FCCD 一期项目的实施成效和巩固期的准备情况都给予了充分肯定和高度的评价。

8月8日,考察组离开芒市机场,就直赴小黑山省级自然保护区一碗水考察国家二级保护植物树蕨的管理情况。晚饭后,考察组与龙陵县政府进行了座谈,李永辉副县长首先介绍了龙陵县及小黑山省级自然保护区的基本情况,以及 FCCD 项目一期实施情况,小黑山保护区管理所郁云江副所长介绍了 FCCD 项目在社区共管、项目示范推广等方面取得的经验和成果。李副县长以及县林业局相关领导对考察组提出的问题进行了解答。考察组还观看了小黑山省级自然保护区制作的 FCCD 项目宣传篇。

8月9日,在龙陵县政府、县林业局领导的陪同下,考察组到龙新乡黑山、廖家寨等社区村庄考察了 FCCD 一期项目实施的参与式资源监测、石斛种植、森林共管和退耕还林等项目活动所取得的成果。午饭后,考察组乘车前往腾冲县。当晚,考察组与腾冲县政府进行了座谈,腾冲县政府段生荣副县长详细介绍了 FCCD 一期项目在腾冲县的实施情况,并观看了高黎贡山自然保护区腾冲管理所制作的幻灯片,段副县长、腾冲管理所领导对考察组提出的问题进行了解答,座谈会持续到23:30分。

8月10日，考察组赴五合乡，对整顶村FCCD一期项目实施的农业灌溉项目，腾朗村小地方中荷友谊小学建设项目实施情况，进行了专门考察，并与五合乡、整顶村委会领导座谈。考察组还考察在生物走廊带建设情况，与整顶、赧亢两个管理站的职工进行了座谈。当天下午，考察组到达了百花岭旅游科考接待中心，高黎贡山自然保护区保山管理局艾怀森局长向考察组介绍了管理局对保护区资源进行有效管理的主要措施，生物走廊带的建设与管理成效，以及对生物多样性开展的调查与监测成果。当天晚上，考察组与隆阳区政府进行了座谈，隆阳区政府胡彪副区长介绍了FCCD一期项目在隆阳区的实施情况，以及区人民政府从多方面对项目予以支持。

8月11日早晨，考察组考察了FCCD一期项目在隆阳区潞江乡潘家沟实施的社区环境计划（CEAP），考察组到农户家中察看了沼气池的建设与使用情况。下午，考察组观看了高黎贡山自然保护区保山管理局的标本展室，高黎贡山自然保护区网站，保山管理局李正波副局长向考察组介绍了高黎贡山自然保护区生态旅游规划与建设情况。傍晚，保山市人民政府杨建洪副市长宴请考察组一行，并与考察组广泛地交换了意见。（2005年8月16日）

（蔺汝涛　供稿）

云南省科技厅领导莅临高黎贡山就药用植物资源保护与利用项目进行实地考察

高黎贡山是中国药用植物最丰富的地区之一，仅传统民间民族药用植物就达1 000多种。为加强高黎贡山优质药用植物资源保护，实现药用植物资源的可持续利用，云南高黎贡山国家级自然保护区保山管理局与云南中医学院中药学院联合提出"高黎贡山药用植物资源保护研究与开发利用"项目。项目提出后,得到云南省科技厅、保山市委政府的高度重视。2005年8月14日,云南省科技厅林文兰厅长、保山市委熊清华书记、市政府杨焱平副市长一行,在高黎贡山自然保护区保山管理局艾怀森局长陪同下,莅临高黎贡山自然保护区,实地考察了药用植物保护与开发利用项目实施点。

领导们首先来到位于高黎贡山——小黑山自然保护区之间生物走廊带的灰坡垭口,项目将在这里建立一个面积为200亩的药用植物优质种源培育基地,并将以此地为示范中心,向保护区周边的隆阳潞江、芒宽、腾冲五合、上营、曲石、界头、龙陵镇安等社区辐射,推广种植2000亩药用植物。通过实地考察和管理局的情况介绍,领导们对项目前期工作给予了充分肯定。赧亢管理站是距离项目点最近的一个管理站,将成为项目重要的工作生活场所,领导们亲临管理站,听取了保护区管理局、所、站工作汇报,充分肯定了管理局近期实施的野生动物栖息地管理、监测体系、自然公园及珍稀植物园建设取得的成绩,同时提出药用植物项目应与保护区正在进行的管理、研究工作结合起来,探索出一条更加科学合理的资源管理和持续利用有机结合、相互促进的综合保护之路。(2005年8月17日)

(施晓春 供稿)

高黎贡山国家级自然保护区南段东坡首次发现松茸分布
——填补了该区域没有松茸记录的空白

2005年8月16~17日,保山市林业局高级工程师曹嘉相、生防站站长张家胜、工程师刘勇、林业科技推广总站工程师屈春霞、保护管理局工程师蔺汝涛，深入到高黎贡山国家级自然保护区隆阳管理所坝湾、赛格、百花岭、芒宽管理站辖区范围进行松茸现状访问调查，在高黎贡山国家级自然保护区南段东坡首次发现有松茸分布，并与采集到松茸标本的护林人员进行了访谈。本次在高黎贡山自然保护区南段东坡发现松茸的分布，填补了该区域没有松茸记录的空白。

松茸学名松口蘑是名贵食用菌，属国家二级保护植物，生长于松林地和针阔叶混交林地，夏秋季出菇，七、八、九月为出菇高潮。新鲜松茸，形若伞状，色泽鲜明，菌盖呈褐色，菌柄为白色，均有纤维状茸毛鳞片，菌肉白嫩肥厚，质地细密，有浓郁的特殊香气。《高黎贡山国家级自然保护区》已记录了松茸 T. matsutake (Lto et Lmai) Sing 在高黎贡山自然保护区西坡的腾冲有分布，"生于云南松、华山松与栎树林地上"。此次在高黎贡山自然保护区东坡的隆阳区调查发现，主要分布在海拔 2 200～2 500 米之间的栎类、云南松、铁杉、冷杉混交林地，多数生长在阳坡的上坡位，在自然保护区内有一定数量的分布。

近几年，松茸成为我省第一大出口创汇林副产品，由于受利益的驱动，一些商贩在保护区周边地区进行隐蔽收购，怒江州游移我市和当地的傈僳族人员偷偷深入到高黎贡山自然保护区进行非法采集，由于缺乏采集技术和非持续利用，造成松茸资源的巨大破坏。摸清松茸资源本底，进行松茸资源的有效保护，以及对松茸资源合理利用，已成为高黎贡山自然保护区保山管理局面临的又一个新课题。(2005 年 8 月 23 日)

（蔺汝涛　供稿）

中国第一个保护传统资源的民间组织
——新庄传统资源共管会在高黎贡山成立

在新庄村民委员会的主持下，13个村民小组都召开了村民大会，通过村民大会的形式，村民们推选出49名共同利益代表，在共同利益代表会议上推选出由9人组成的传统资源共管会。这标志着中国第一个保护传统资源的民间组织——新庄村传统资源共管会在高黎贡山国家级自然保护区正式成立。新庄村传统资源共管会第一届理事会选举龙德泽担任会长，黄云方为副会长。新庄传统资源共管会聘请国家知识产权局知识出版社的龙文先生为新庄村知识产权保护法律顾问，还任命了新庄村龙上寨的传统资源共同利益代表龙占先生为新庄古纸博物馆负责人，由龙占先生负责组织造纸户进行新庄古纸工艺的调查和改进工作。

在新庄村传统资源共管会成立大会上，高黎贡山国家级自然保护区保山管理局朱明育副局长讲述了新庄村传统资源共管会的成立，对于保护社区传统资源，推进社区发展，促进自然保护区建设的现实作用和长远意义。龙文先生阐述了新庄村传统资源共管会的建立，在用法律来保护新庄村民的知识产权上就有了对外主张权利，有效保护手工造纸等传统资源不受侵害的代言人。他说道，今天成立的新庄村传统资源共管会，是中国第一个保护传统资源的民间组织。界头乡党委李家贤书记、新庄村党支部书记索绍良就新庄村传统资源共管会成立以后，如何加强手工造纸的质量管理提出了严格要求。龙德泽会长宣读了经过共同利益代表大会通过的《新庄村传统资源共管会章程》和《新庄村传统资源共管公约》，黄云方副会长讲解了《新庄村传统资源共管会对外接待办法》。

2005年8月19日，新庄村传统资源共管会正式成立。新庄村传统资源共管会的成立，对于我国制定知识产权战略，对传统资源实施立法保护，参与国际性的竞争都具有重大的意义。新庄传统资源共管会的成立，意味着从此以后，新庄造纸农户就有了自己的权益性的村民自治组织，对外可以代表共同利益者主张权利，有利于保护手工造纸等传统资源的知识产权免受侵害。

　　高黎贡山，有着丰富的生物多样性资源，周边社区的同样具有多样性的文化资源。高黎贡山国家级自然保护区保山管理局在着力保护好自然保护区生物多样性的同时，兼顾周边社区的传统的文化多样性资源的保护工作。为有效地保护高黎贡山周边社区的传统资源，高黎贡山国家级自然保护区保山管理局的领导和工作人员进行了初步了解后，认为界头乡新庄村民委员会村民正在传承的手工造纸工艺，应该是首先需要进行保护的传统资源，适合建立保护和对外主张权利的传统资源民间组织。2005年2月，高黎贡山国家级自然保护区保山管理局的领导从北京请来了国家知识产权局的法律专家龙文先生，在管理局的朱明育副局长和工作人员的陪同下，前后4次到达新庄村，对传统的手工造纸的相关情况进行详细的调查和研究。经过管理局的支持和龙文先生的具体帮助，新庄造纸农户对保护传统资源的需求意识和对外主张权利的意识日趋增强。通过半年时间的筹备，终于出现了"新庄村传统资源共管会"。

　　新庄位于高黎贡山西坡，是云南省保山市腾冲县界头乡北部的一个村民委员会。新庄村民委员会由13个村民小组组成，有村民621户3 041人。经过访谈造纸的农户得知，新庄村民的祖先手工造纸始于清朝末期，最初只有龙上寨自然村龙姓的10多户人家建立了造纸作坊。现在，手工造纸户已经发展到12个村民小组中的276户，造纸农户占总农户的44%。目前新庄村民的传统手工造纸业，每年可创造收入接近100万元。（2005年8月31日）

（朱明育　供稿）

心系基层　谋求发展
——市委书记熊清华一行中秋节到高黎贡山开展旅游调研

2005年9月18日，值中秋佳节之际，保山市委书记熊清华在市委常委、副市长王鑫、市委常委、政法委书记肖卓等领导的陪同下到高黎贡山百花岭慰问坚守岗位的保护区工作人员，并对高黎贡山生态旅游情况进行调研。

早上9点，熊清华书记一行15人冒雨从保山城出发，11点30分到达高黎贡山百花岭科考旅游接待站，此时天刚巧开始转晴。在接待站，熊书记向高黎贡山自然保护区基层的工作人员表示节日的问候，并送中秋月饼给他们。百花岭接待站的同志们感到十分激动，想不到熊书记在百忙中还心系着保护区基层的职工，中秋佳节前来慰问大家！

此次，熊书记到百花岭还有一个重要的目的就是对高黎贡山旅游开发情况再次进行调研。高黎贡山是国家级自然保护区、联合国教科文组织批准的世界生物圈保护区，三江并流世界自然遗产的重要组成部分。对于高黎贡山这一世界性的财富、人类的自然与文化遗产，如何保护和开发，是熊书记长期以来关心和思考的问题。2004年3月30~31日，熊书记率领市林业局、市旅游局等部门的领导沿着百花岭——南斋公房——江苴丝绸古道徒步翻越高黎贡山，对高黎贡山自然保护区能否开展旅游进行了调研，并指出了"加强保护，合理开发，科学研究，有效利用"。

2004年11月26日，美国哥伦比亚大学美中艺术交流中心秘书长郝光明教授等人到高黎贡山考察时，熊书记与美方专家会面，并邀请美中艺术交流中心帮助高黎贡山进行旅游规划。美方专家同意并计划于今年 7 月份到高黎贡山开展自然公园的旅游考察和规划工作。2005 年 7 月 6～18 日，美中艺术交流中心组织美国亚特兰大植物园、芝加哥植物园、纽约大学、北卡罗来纳州立大学、EDAW 规划公司等单位的专家到高黎贡山赧亢等地进行自然公园概念规划工作，19 日下午，在保山兰都饭店成功召开了"中美合作高黎贡山自然公园概念规划国际研讨会"。熊书记出席了国际研讨会，并作了重要指示。

与去年不同的是，熊书记此次到百花岭重点是考察澡塘河温泉、瀑布生态旅游景区，对高黎贡山旅游开发做深层次的调研。18 日中午，领导们徒步进入生态旅游景区，沿着旅游环线对景区的原始森林、珍稀动植物、温泉、瀑布等各种景点情况进行详细考察。熊书记走在原始森林中，被景区旖旎的自然风光所陶醉，他指出，10 年以后国际上流行的旅游就是这种原生态形式的旅游。

沿途，保护区的工作人员给熊书记汇报了景区开发建设情况。该景区是高黎贡山自然保护区管理局于 1997 年初试验开发的一个景区，也是高黎贡山保护区目前唯一开发的一个景区。该景区虽然只是初步的开发，游道等基础设施也比较差，但是景区自开发以来，先后有美国、英国、法国、丹麦、荷兰、澳大利亚、加拿大、日本、泰国等 20 多个国家以及香港特别行政区、台湾地区的多批团队到景区观光游览，景区已成为高黎贡山对外的一个窗口。熊书记对保护区管理局在做好资源保护的同时，积极探索高黎贡山生态旅游发展给了充分肯定，并对今后的工作作了重要指示：高黎贡山是世界生物圈保护区、世界自然遗产，其资源是世界级的，一定要用国际先进的理念来指导旅游开发，正确处理好保护与发展的关系，做到与国家的法律法规相符，不闯"红灯"，同时，又要更进一步把旅游开发工作做好，为保山经济、社会的发展和高黎贡山资源的保护做贡献！（2005 年 9 月 21 日）

（李正波　供稿）

腾冲县举办国家重点生态公益林专业护林员岗前培训

云南高黎贡山国家级自然保护区被列入腾冲县第一批实施国家重点生态公益林，并实施生态效益补偿基金项目区域。高黎贡山国家级自然保护区腾冲管理所上报的国家重点生态公益林面积为59.1884万亩，云南省林业厅下达的计划是59.22万亩。2005年5月，经过腾冲管理所进行实地核查，保护区实有林地面积为59.38万亩。腾冲管理所按照省林业厅下达的59.22万亩国家重点生态公益林计划，设计划分了133个管护责任区，由133个专业护林员进行管护。

腾冲县按照所编制的《腾冲县高黎贡山国家级自然保护区国家重点生态公益林管护实施方案》，依据所确定的管护责任区和护林员人数，在当地的乡村向社会公开招聘思想品德好，具有一定管理能力，工作认真负责，敢于管理、善于管理、能吃苦耐劳的村民来担任管护国家重点生态公益林的专业护林员。

2005年9月24~25日，腾冲县在林业局对承担和完成重点生态公益林责任区管护的133名专业护林员进行了岗前培训。在培训中，中共腾冲县林业局党委书记何初作了动员讲话，高黎贡山国家级自然保护区腾冲管理所所长李昌连介绍了国家重点生态公益林补偿基金项目的基本情况及护林员的工作职责。

生态公益林管护专业护林员培训工作，由腾冲县林业局和高黎贡山国家级自然保护区腾冲管理所组织，邀请相关的林政、防火、野保、森防等部门的领导和专业人员分门别类地讲授森林资源管护知识，利用幻灯片教学结合日常工作经验介绍的方式，对护林员进行了系统性的林业基本知识培训。培训内容有：《腾冲县高黎贡山国家级自然保护区国家重点生态公益林管护实施细则》、《腾冲县高黎贡山国家级自然保护区国家重点生态公益林管护责任人考核办法》、林业法律与法规、林政执法程序、森林火灾的预防和扑救知识、野生动植物管理保护、森林资源调查及监测、森林病虫害知识、重点生态公益林的管护要求、国家重点生态公益林管护的具体工作内容以及工作要求等各个方面的知识。

这次培训让每个护林员都清楚地认识和了解自己所要担负的工作内容和工作职责，掌握森林管护的基本知识和内容，以便更好地完成其管理职责。培训结束后，对护林员进行了考试，考试合格的将于2005年9月26日张榜公示，群众认可后发给上岗证。在落实好每一个护林员的管护责任区，使护林员明确管护区域和管护界限的前提下，护林员与高黎贡山国家级自然保护区腾冲管理所签订责任区管护合同后，正式持证上岗。

国家重点生态公益林生态效益补偿基金项目的实施，公益林专业护林员的正式上岗参加管护森林资源后，将有力地推动高黎贡山国家级自然保护区的生态建设和资源保护管理工作更进一步地向着规范化、正规化、科学化的方向迈进。（2005年10月10日）

（叶建芳　供稿）

百花岭举办"千百万"工程综合培训班

2005年10月22日、23日，保山市隆阳区芒宽乡百花岭村的33位村民，在高黎贡山百花岭科考旅游接待站接受养殖、种植、旅游服务等实用技术培训。此次培训班由高黎贡山国家级自然保护区保山管理局组织，特邀请保山市中等专业学校的两位专家讲授实用养殖、种植技术。芒宽乡政府滕发科副乡长、百花岭村杨义武主任等乡、村领导参加了培训班的组织工作，并做了讲话。参加培训的33位村民主要是"千百万"工程所培育的养猪、养鸡、养羊等养殖示范户、蔬菜种植示范户以及农家食宿、马帮、导游服务、旅游商品加工等旅游服务示范户。

培训内容包括实用养殖技术、蔬菜种植技术和旅游服务知识等三个方面。实用养殖技术由市中专学校段家锦讲师讲授,重点对饲料、养猪、养羊、养鸡及养马等方面的养殖技术作了系统、细致的讲解,尤其对养殖环境的选择、管理、品种选择及常见病例的症状及处理对策、预防和控制、治疗等作了全面的讲解和介绍;蔬菜种植技术由市中专学校赵建华讲师讲授,重点对蔬菜种植的环境条件要求、种子处理、栽培技术和各种常见蔬菜病虫害预防和治疗及相应的蔬菜市场前景作了详细的讲解和介绍;旅游服务知识由保护区管理局副局长李正波高级工程师、赵玮助理工程师两人讲授,主要对旅游的基础知识、社区如何参与保护区的生态旅游、家庭旅馆、马帮驮运、导游等如何做好旅游服务工作、如何开发旅游工艺品以及导游应具有的条件、素质、修养和应遵守的法律法规知识等作了全面的讲解和介绍。

此次培训班采用集中讲授与分散指导相结合的方法,先让村民系统听专家讲解养殖、种植、旅游服务的相关知识,然后再根据各示范户的具体情况做分散指导。村民们根据专家的讲解,针对自家的实际情况提出问题向专家请教,专家们对村民提出的问题一一做了解答。通过培训和回答村民的提问以及让村民与专家交流,培训班取到了较好的效果。许多村民都表示很满意,学到了很多实用的知识,对专家们进行了感谢,并希望今后管理局再多举办几期这样的培训班。(2005年10月28日)

(赵 玮 供稿)

中央电视台著名主持人崔永元考察高黎贡山

2005年11月12~13日,在中共保山市委常委、隆阳区委书记刘一丹、保山市人民政府市长助理蔺斯鹰、高黎贡山保护区保山管理局局长艾怀森、隆阳区人民政府副区长胡彪等市区领导陪同下，中央电视台著名主持人崔永元一行22人来到高黎贡山自然保护区考察。在考察即将结束之时，崔永元老师接受了电视台记者的采访，当问及他对高黎贡山的感受时，崔老师发出了"既高兴又紧张，既激动又紧张"的感慨，让在场的每一个人都为之动容。崔老师参观过许多诸如黄山、泰山之类的名山，但这一次却惊叹于高黎贡山原始之美和纯粹之美，认为这是中国难得一见的美境。高黎贡山独特的自然植被垂直分布景观、丰富的生物多样性、丰厚的历史文化沉淀和多种多样民族文化，都留给了崔老师深深的印象。但是高黎贡山山高坡陡、土层浅薄，以及周边社区人口众多，且对高黎贡山资源的依赖性较大等因素，也让崔老师感到了高黎贡山脆弱的一面。崔老师表示他始终最担心的就是开发问题，中国因盲目开发而造成不可挽回损失的例子已经太多了，他不愿意看到高黎贡山再重蹈覆辙。崔老师认为，对高黎贡山而言保护就是最好的开发，只有坚持不懈地做好保护管理工作，才能让高黎贡山继续拥有美好的这一切。

最后崔老师对保山市、隆阳区及高黎贡山保护区管理局的热情接待表示感谢，并表示今后他将继续关注高黎贡山，要做一些高黎贡山的节目，让社会更多的了解高黎贡山，更加关注高黎贡山。(2005年11月18日)

（施晓春　供稿）

智力帮扶　共同保护
——高黎贡山保护区保山管理局
积极探索社区教育的新模式

近日，云南高黎贡山国家级自然保护区保山管理局，积极为自

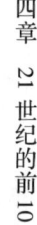

然保护区周边社区的五所小学（隆阳区潞江乡张贡小学、赧亢小学、腾冲县曲石乡高原小学、五合乡园河小学、界头乡大河头小学）订送报刊，并资助两名学生（隆阳区潞江乡张贡村、芒宽乡勐古村各一名）完成高中学业，探索自然保护区保护和周边社区公众环境保护意识教育的新途径。

多年来，高黎贡山国家级自然保护区保山管理局积极探索社区教育的新模式，先后在 FCCD 项目和 GEF 等项目的支持下，编制了社区教育计划和开展多种宣传教育模式，在保护区周边产生了良好影响。今年，自然保护区管理局结合保护区工作实际，在捐资助学活动中，通过智力投入，加强与助学对象的联系，增进情感，把增强自然保护区周边社区环境保护意识结合起来，以学校和学生为纽带来加强与周边社区的联系，使自然环境保护意识深入人心。管理局将通过这一形式摸索经验，继续开展帮扶活动。（2005 年 11 月 23 日）

（杨　华　供稿）

省林业厅郭辉军副厅长到高黎贡山进行生态旅游调研

2005 年 11 月 25～26 日，省林业厅郭辉军副厅长率领省财政厅农财处陈锐平助理调研员、省林业厅计财处刘全英处长、野生动植物保护办齐义俐副主任等领导到保山专题调研高黎贡山森林生态旅游试点及保山市林业产业发展情况。保山市林业局李保国局长、谢培毅副局长、高黎贡山国家级自然保护区保山管理局艾怀森局长等全程陪同考察。

两天的时间，郭副厅长一行先后考察了中国第一个农民生物多样性保护组织——高黎贡山农民生物多样性保护协会、百花岭澡塘河生态旅游景区、旧街子丝绸古道驿站、怒江双虹桥、高黎贡山自然公园等景区景点。通过考察，郭副厅长对高黎贡山生态旅游工作给予了充分肯定，并表示要把高黎贡山自然保护区列为云南省的森林生态旅游示范区，给予景区开发重点投入扶持。同时，他也强调指出高黎贡山自然保护区的旅游开发一定要坚持依法开展的原则，按国家林业局林发〔2005〕55号文件要求去做，即一定要坚持自然保护区内旅游开发由保护区管理机构来做，开展生态旅游等经营活动不得改变自然保护区的隶属关系和管理体制，不得在自然保护区加挂牌子、建立机构。保护区外的旅游服务（食、宿、旅游商品、民族风情等）可放给社区和企业来做，让利于民。他要求保护区管理局要尽快开展高黎贡山自然保护区的生态旅游规划，上报国家林业局批准后，按规划依法实施，做好景区景点的开发工作。最后，他还指出：旅游开发可以学习借鉴别的自然保护区的开发经验，如四川省九寨沟自然保护区的经验，但是不能照搬其做法，建设项目雷同，一定要突出高黎贡山的特色——"古道、古桥"，做到"一步一景，步移景移"。（2005年11月30日）

（李正波　供稿）

热血铸就荣誉
——高黎贡山"十五"荣誉巡礼

高黎贡山国家级自然保护区是世界生物圈保护区，是世界自然遗产"三江并流"的重要组成部分，素有"绿色宝库、动物乐园"的美称。保护区建立后，各级各部门十分重视高黎贡山的保护管理和发展建设工作。在地方党委、政府的直接领导下，在各级主管部门及社会各界的关心扶持下，保护区各级管理机构积极探讨和深入实践自然保护与经济发展的有机结合，切实加强自然资源保护管理，逐渐形成了集资源管护、社区发展、科研监测、科普教育、生态旅游、民族文化、珍稀动植物研究开发、国际项目合作等为一体的综合管理体系。在高黎贡山创建了"中国第一个农民生物多样性保护协会"、"绿卡行动"、"小手推动大脊背"、"保护区资源的参与性共管"等多种管理模式,在全国产生了广泛的影响。

辛勤的汗水浇灌出累累的硕果,近几年来,高黎贡山自然保护区保山管理局先后荣获了由国家环保总局、国家林业局、农业部、国土资源部授予的"全国自然保护区管理先进集体"荣誉称号;全国政协人口资源环境委员会、全国绿化委员会、国家林业局、国家广播电影电视总局、中华全国新闻工作者协会和中国绿化基金会联合颁发的"关注森林组织奖";国家林业局授予的"全国自然保护区先进集体"荣誉称号;云南省授予的"云南省科普工作先进集体"荣誉称号;云南省人民政府授予的"云南省森林消防先进单位"荣誉称号;省保密委授予的"法制宣传教育先进单位";省林业厅授予的"野生动植物保护和自然保护区管理先进单位";省科技厅颁发的科普教育先进集体一等奖等省部级嘉奖和一系列市级荣誉称号。同时,保护区各级管理机构的一大批业务骨干也因突出的贡献荣获一系列国家级、省部级、市县级的奖励和荣誉称号,涌现出2名"保山市十大杰出青年",1名"保山市十大杰出青年"提名奖获得者,1名"致富奔小康实干家",1名"保山十大优秀公民"。此外有1人获省政府特殊津贴奖励,1人获云南省"有突出贡献的优秀专业技术人才"称号。

我局高工施晓春获"十大杰出青年"提名奖

日前,在保山开展的第三届"保山市十大杰出青年"评比活动中,我局社区科科长、高级工程师施晓春同志脱颖而出,获"十大杰出青年"提名奖。施晓春同志是我局主要负责植物学研究和监测的高级工程师,多年来一直从事高黎贡山的植物调查研究和监测,获得了多项研究成果,其成果论文多次在学术刊物上发表,为高黎贡山生物多样性保护和研究做出了重要的贡献。(2005年12月8日)

高黎贡山国家级自然保护区"十五"科普工作成绩斐然

2001~2005年"十五"期间,在上级领导及相关部门的关心支持下,高黎贡山国家级自然保护区保山管理局充分发挥"云南省科学普及教育基地"、"世界生物圈保护区"和"三江并流世界自然遗产"的优势,积极开展形式多样、内容丰富的科普教育活动,受到社会各界广泛赞誉和上级部门的肯定,产生了良好的社会效益。

一、开辟科普教育新途径

1. 社区环境教育

(1) 社区环境教育示范

在全球环境基金(GEF)资助下,我局在高黎贡山西坡的大田坡村进行社区环境教育示范,开展"绿卡行动",与村民协商封山育林3 300亩,制定《大田坡村封山育林公告》,制作林木"存折"——"绿卡",开展了"绿卡"发放及检查工作。通过这些活动规范了村民利用森林资源的行为,提高了他们自主管理社区森林的能力;开展"小手推动大脊背",大田坡完小师生建立了校园宣传栏、校园苗圃地,开辟环境宣传和教学新园地;帮助大田坡村公所建成绿色文化展室,内容包括美丽的家园——高黎贡山、保护高黎贡山就是保护我们自己、身边的朋友——野生动物等。随着项目的深入开展,当地群众学到了许多农村实用技术,自然保护意识不断增强。各项新颖的活动引起了社会各界的广泛关注,中央电视台、《中国绿色时报》、《云南日报》等新闻媒体对此进行了采访报道,云南省作家协会副主席汤世杰先生、著名诗人于坚先生、青年作家范稳、香港观鸟协会等个人或组织前来观摩，并给予了高度的评价。

（2）开展参与式公众意识教育活动

在"中荷合作森林保护与社区发展（FCCD）项目"资助下，我局分别在隆阳区和腾冲县举办参与式公众环境意识教育培训，来自教育部门、乡政府、社区村庄及保护区管理部门的280多人参加了培训，之后又分为134个工作小组，深入到高黎贡山保护区周边社区的847个村民小组中，发放招贴画、生物多样性保护宣传小册子上万份，以群体访谈、个体访谈、不同利益群体分析、讨论会以及游戏、活动等形式，向当地村民介绍生物多样性的概念、生物多样性与人类的关系、生物多样性面临的威胁及保护行动、食物链、维护生态平衡的意义等内容，并结合实际展开讨论，帮助村民提高保护自然资源，保护生态环境的意识。

（3）帮助社区成立传统资源共管会

鉴于保护区社区群众对传统资源认识不足，经常发生被恶意抢注专利造成伤害的事件，我局与国家知识产权局一起在保护区周边百花岭、坝湾、赧亢、整顶、新庄等地，开展社区传统资源调查利用与共管立法调研，并帮助腾冲县界头乡新庄村成立了中国第一个农村传统资源共管会。

（4）成立社区野生动植物保护组织

保护区及生物走廊带周边社区村民的生产生活与保护区资源息息相关，赧亢管理站辖区属生物走廊带，历史至今有许多村民一直在生物走廊带内开展生产活动，而这里生活着白眉长臂猿、灰叶猴、熊猴、短尾猴、猕猴、小熊猫等国家重点保护野生动物。我局基于对传统的尊重，与赧亢村民共同协商，成立了"白眉长臂猿共管委员会"，以签订"共管公约"的形式，促使村民在利用资源的同时，自觉保护生物走廊带内以白眉长臂猿为代表的生物多样性。

（5）在地方政府组织开展的扶贫工作中开展教育活动

近年来，我局被保山市政府安排挂钩扶贫整顶村，并在"千百万工程"(千名科技人员,入百村,进万户)中安排帮扶百花岭村,结合单位特点,我们在帮助社区发展经济时,力求寻找既有经济前景,又能保护自然环境的项目,如建沼气池、发展社区森林、开展驯养胡蜂等特色养殖业,并组织开展了一系列环保知识培训活动。

2. 科研考察与教学实习

(1) 帮助村民在为科研旅游服务的同时,提高自身环保意识

高黎贡山被认为是世界生物起源与分化的关键地区之一,以完整的生物气候带谱、多种植被类型和多样珍稀和濒危动植物闻名于世,素有"绿色宝库"、"动物乐园"的美称,是中外科学家向往的地方。先后有中国科学院北京动物研究所、植物研究所、昆明动物研究所、昆明植物研究所、云南大学、云南师范大学、西南林学院及香港观鸟协会、台湾观鸟协会、美国加州科学院、费尔德博物馆、美中艺术交流中心、保护国际(CI)、大自然保护协会(TNC)、国际混农林组织、英国爱丁堡植物园等到高黎贡山开展科研考察。我们通过聘用小工、向导等形式,让村民积极广泛地参与各种考察活动,在参与各项活动中,我们有计划地让村民在潜移默化中学习自然科学知识,这样当地群众不仅得到一些经济收入,而且受到自然资源科学知识的熏陶,直观地认识到保护好自然对他们的价值,从而提高保护意识。

(2) 建成云南重要的教学实习基地

近年来,我局先后组织云南大学、云南师范大学、西南林学院、保山师专、保山农校等学校近千名师生到高黎贡山开展生物学实习,师生们实地观察垂直立体气候与植被变化,丰富的野生生物物种及其生境的差异,体会到学习生物学科的重要意义,许多学生表示,到高黎贡山实习受益匪浅,对今后参加工作有很大帮助。高黎贡山自然保护区逐渐成为云南重要的教学实习基地。

3. 积极支持相关协会活动

近年来,我局科技人员积极参与保山市科协、青少年科技辅导员协会等组织开展活动,一直为保山市青少年小论文、小发明评比

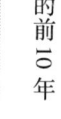

提供评委，并先后指导中小学生完成了"保山裂腹鱼种群数量变化与环境的关系"、"保山城区野生食用菌市场调查"、"药材市场调查"、"城郊大海子水库候鸟观察"等项目。在这些项目中，有1项荣获全国青少年学术论文竞赛三等奖、1项云南省一等奖、2项二等奖，为培养青少年从小养成学科学、爱科学、用科学的良好习惯，起到了很好的促进作用。

4. 与文学结合，进行科普教育新尝试

为了更好地开展科学普及活动，更好地挖掘高黎贡山丰厚的自然与历史文化价值，更高层次地将高黎贡山宣传出去，我局与省作家协会联手共建云南省作家协会高黎贡山国家级自然保护区文学创作基地，实现了自然保护与文学创作的联姻。先后邀请省内知名作家汤世杰、张庆国、于坚、范稳等到高黎贡山采访和考察，其中范稳先生撰写出版了《人类的双面书架——高黎贡山解读》一书，该书采用通俗易懂的手法，反映了高黎贡山自然保护区丰厚的自然文化底蕴和保山管理局近年开展的自然保护和科研项目，能使读者受到环保科普教育。汤世杰先生撰写的《高黎贡山：翻越之梦》散文发表在国家民委主办的《中国民族》，张庆国先生撰写的《我为什么要攀登高黎贡山》发表在《当代》文学刊物上。这些文章的发表和书籍的出版，将有利于在社会公众中树立高黎贡山的形象，极大地推动公众对高黎贡山的了解。

5. 科普宣传

（1）编印发放宣传画

为了发挥科普教育基地的作用，我局编印了高黎贡山保护区宣传画5 000张，今后将陆续向公众发放，使公众更加了解保护区自然地理和生物资源状况，积极参加科普教育活动。

（2）利用报刊，开展科普宣传

我局十分注意培养自己的科普宣传队伍，5年来，我局工作人员在《中国绿色时报》、《云南日报》、《云南林业》、《大自然》、《野生动物》、《保山日报》等各级报刊发表各类科普宣传文章数百篇，为科普教育做出了自己的贡献。

（3）别具特色的科普宣传活动

结合单位实际,我们还与有关单位合作开展了"动植物标本图片展"、"野生动植物保护知识竞赛"、"小小昆虫学家"比赛、"青少年生物与环境科学冬令营"、协办科普与法制宣传栏等多项独具行业特色的科普教育活动。

二、加强科普基地建设

在国家林业局、云南省科技厅、财政厅、林业厅及保山市委、政府及有关部门的关心支持下,高黎贡山国家级自然保护区科普教育基地的基础设施建设不断加强。

（1）百花岭科普环线建设

在云南省科技厅和保山市科技局支持下,我局完成了百花岭科普环线建设工作,在百花岭建立了一个科普展厅,开展了植物挂牌,设立警示指示牌等,为人们提供一个直观而全面地了解高黎贡山的窗口,高黎贡山国家级自然保护区科普教育设施得到一定程度的改善,从而更好地发挥科普教育基地的作用,更好地普及生物多样性及自然保护方面的知识。

（2）高黎贡山自然公园（植物园）建设

在云南省林业厅、科技厅和保山市人民政府支持下,我局正在保护区走廊带开展高黎贡山自然公园建设。公园将包括高黎贡山珍稀特有植物园、气象站和药用植物基地等。公园建成后,将成为保山市一个重要的科普教育场所。

（3）高黎贡山保护区监管中心站建设

在国家林业局、云南省林业厅的支持下,我局开展了高黎贡山保护区监管中心站建设,购置科研监测设备,建成南斋公房、林家铺、大蛇腰等野生动物观察哨（掩体）,为保护区（科普基地）开展科研监测和科普教育活动提供了必要的设备和场所。

（4）百花岭——江苴生态旅游示范区建设

在云南省林业厅、财政厅的支持下,我区将把百花岭——江苴景区建成云南省生态旅游示范区,而这也为科普教育活动创造了更好条件。

总之，我局"十五"期间科普工作虽然取得了一些成绩，科普教育设施得到改善，但比起先进保护区还有一定差距，离省级科普教育基地的要求还很远。今后，我局将在上级主管部门领导支持下，积极争取更多的部门和组织关注高黎贡山，支持我们的科普教育工作，争取建立高水平的自然科普展馆，继续开展社区环境教育、学生冬（夏）令营、印制宣传图册、创作科普文章等各项科普教育活动，积极普及宣传科技知识、科学思想和科学方法，为提高全社会的科学文化素质做出自己的贡献。

高黎贡山保护区被列为"全国野生动物保护科普教育基地"

高黎贡山国家级自然保护区在获得"云南省科学普及教育基地"、"世界生物圈保护区"的称号之后，近日又被中国野生动物保护协会确定为"全国野生动物保护科普教育基地"，这是上级部门对我局多年来坚持开展包括野生动物保护在内科普教育工作的充分肯定，也为我局今后开展野生动物科普宣传工作指明了方向。(2005年12月21日)

（施晓春　供稿）

迎新春，心系扶贫点
——我局开展春节送温暖活动

腾冲县五合乡整顶村民委员会，是高黎贡山国家级自然保护区保山管理局的扶贫联系村。在历年帮助整顶村民委员会努力开展脱贫致富工作的基础上，进入2006年，保山管理局将扩大扶贫工作的方式和途径。

在2006年新春来临之际,保山管理局展开了"心系扶贫点——整顶村"系列活动。

开展"冬衣暖人心"捐赠活动

进入2006年第2周,高黎贡山国家级自然保护区保山管理局在机关工作人员中开展了"冬衣暖人心"捐赠活动。经过一周的捐赠活动,收到捐赠的衣服94件(其中男人的上衣39件,裤子18条;女人上衣10件,裤子8条;儿童衣裤19件)。2006年1月16日,艾怀森局长率领机关工作人员将捐赠的衣服运往整顶村民委员会,由村民委员会将捐赠的衣服发放到困难户手中。

"慰问特困农户"

艾怀森局长和工作人员在整顶村民委员会进行春节慰问期间,了解了村民的春耕生产准备和生活情况,得知部分村民的困难情况后,分别对整顶寨子脚小组的周景朝、囊嘎村民小组的吴留生、大树脚村民小组的魏在兰、荒田坝村民小组的杨朝富4户特困户进行了慰问,向每户特困家庭赠送了100元慰问金,赠送集体慰问金1 000元。

捐物"助学帮教"

2006年1月19日,朱明育副局长带领管理局驻整顶帮助开展"保持共产党员先进性教育活动"的蔺汝涛同志,运送两车家具前往整顶村民委员会。这些家具是,新制作的50套单人书桌椅,赠送给整顶完全小学、小营盘单小;27个布沙发和4张茶色玻璃茶几,赠送给整顶完小和整顶村民委员会;24把藤篾椅子,赠送给整顶完小、孔考完小、下整顶单小、小营盘单小、整顶村民委员会;10张会议桌,赠送给整顶完小。

2006年是第11个五年计划的第一年,做好开局之年的各方面工作,是起好步的关键所在,高黎贡山国家级自然保护区保山管理局对自然保护区周边社区发展与进步将起到积极的意义。在2006年新春来临之际,保山管理局展开的"心系扶贫点——整顶村"系列活动,虽然送给扶贫村的礼物是轻的,但表达了保山管理局对

整顶村民委员会所有村民和4所小学师生的深情厚意。（2006年1月25日）

（朱明育 供稿）

早动手，抓落实求实效

元旦刚过，在2006年元月18～25日期间，高黎贡山国家级自然保护区保山管理局就立即派出工作人员，进驻百花岭村民委员会，开展科技帮扶工作。

这次进村完成了以下工作任务：一是结合百花岭村民委员会的经济发展现状和各个自然村的实际情况，帮助制定开展生态旅游的发展规划；二是筹备有30人参加的综合培训班；三是帮助16户村民结合旅游服务示范户确定帮扶工作的具体内容；四是抓好23口沼气建设的后期工作。主要采取的措施是：通过采取聘请技术过硬、责任心强的3名技术人员驻村进行指导，除了省扶贫专项资金给予每口沼气池补助500元外，由保护区管理局筹集资金给修建沼气池的农户补助200元建设经费，发放沼气安全使用和沼气的综合利用资料23份等措施，克服困难，着力推进百花岭村委员会首批沼气池建设工作，为起到示范作用和发挥辐射功能奠定基础。（2006年2月10日）

（杨 华 供稿）

中国作家高黎贡山行

2006年3月2日至3日，来自北京、天津、江苏、四川、云南等省（市）的24名中国作家代表，到高黎贡山百花岭——江苴生态旅游区和古城自然公园进行采风。

3月2日，作家们到达高黎贡山百花岭科考旅游接待站后，并不辞辛劳地对百花岭澡塘河生态旅游小区进行了考察。途中，作家们对这里的风景赞不绝口，对温泉恋恋不舍。著名作家林白女士、田瑛先生等赞叹道："看了怒江东面的怒山山脉我们心里很沉重，看了怒江西面的高黎贡山山脉，尤其是走到高黎贡山里面，我们心中很是激动，我们从高黎贡山保护区中深深感到，保护就是最好的开发"。晚上，考察团一行在百花岭科考旅游接待站举行了一次别具特色的篝火晚会，作家们以优美的歌声、深情厚谊的散文、诗词抒发了对高黎贡山景色的热爱和赞美之情，并为高黎贡山自然保护区题词："丝道怒水高黎贡，火山热海极边城"。

3月3日，考察团兵分两路，一路沿南方丝绸古道翻越高黎贡山至腾冲江苴，另一路则乘车到新保腾公路边的古城自然公园考察。翻山的作家们走在具有2 000多年历史的古道上，充分感受高黎贡山独特的原始森林植被垂直分布景观、丰富的生物多样性、丰厚沉淀的古道文化和滇西抗日战争文化。尽管在山顶遇上下雨、下雪，但作家们却都很激动，灵感即现，有的作诗赋词，有的高歌抒情，整个考察团都在激昂兴奋之中。而到古城自然公园的作家们则充分感受了高黎贡山南端的山脊风光、高山草甸。作家们对铺满杜鹃花的游道特别留恋，不时摄影留念。

此次"中国作家高黎贡山行"活动由市委宣传部、市文联、高黎贡山保护局等单位组织。通过考察、采风活动，将会有许多新的文学作品问世，对宣传高黎贡山将会起到积极的作用。

艾怀森局长被确定为林业工程专业学科带头人

近日,高黎贡山国家级自然保护区保山管理局局长艾怀森同志被保山市人民政府确定为保山市林业工程专业学科带头人。艾怀森局长在担任高黎贡山国家级自然保护区的行政领导职务的同时,兼任保护区高级工程师,他多年来一直致力于高黎贡山保护管理的探索和相关专业课题的调查研究,撰写发表了许多见解独到的学术论文,并培养和带动了一批专业技术人员。在此基础上,争取并组织实施了一大批国际国内合作项目,为高黎贡山的发展建设做出了突出的贡献。这次被确定为保山市林业工程专业学科带头人,是保山市委、政府对艾局长多年工作的信任和表彰,同时也是对高黎贡山科技科研工作的肯定和支持。(2006年3月10日)

(赵　玮　供稿)

高黎贡山保护区对非法入区开展旅游活动依法进行查处

2006年4月1日,高黎贡山国家级自然保护区曲石管理站组织在辖区林家铺护林点进行巡护检查。中午2时许,一辆12人座丰田小客车来到林家铺护林点,保护区工作人员依法对其进行例行检查,经询问驾驶员是兰都旅行社的,来林家铺接隆阳区质量技术监督局徒步翻越高黎贡山人员。

下午3点,兰都旅行社工作人员带领隆阳区质量技术监督局一行10人从百花岭经南斋公房到达林家铺,保护区工作人员依法对一行出入自然保护区人员进行检查。经调查,隆阳区质量技术监督局一行10人是由兰都旅行社组织到高黎贡山国家级自然保护区旅游的,没有经过保护区管理机构的批准,属擅自进入国家级自然保护区开展旅游活动。保护区工作人员对其违法行为进行了批评教育,并根据《中华人民共和国自然保护区条例》第34条第2项的规定对兰都旅行社处以1 000元罚款,责令其改正。兰都旅行社工作人员对其违法行为有了深刻认识,态度诚恳,当场接受了处罚,并表示今后将加强与保护区管理机构的合作,不再非法进入自然保护区开展活动。

高黎贡山是国家级自然保护区,进入自然保护区开展相关活动,必须遵守相关的法律法规规定:《中华人民共和国自然保护区条例》第29条规定:在国家级自然保护区开展参观、旅游活动的,由自然保护区管理机构提出方案,经省、自治区、直辖市人民政府有关自然保护区行政主管部门审核后,报国务院有关自然保护区行政主管部门批准。

《中华人民共和国自然保护区条例》第34条第2款规定:未经批准进入自然保护区或者在自然保护区内不服从管理机构管理的,由自然保护区管理机构责令其改正;并可根据不同情节处以100元以上5 000元以下的罚款。

《森林和野生动物类型自然保护区管理办法》第12条规定:有条件的自然保护区,经林业部或省、自治区、直辖市林业主管部门批准,可以在指定的范围内开展旅游活动。旅游业务由自然保护区管理机构统一管理,所得收入用于自然保护区的建设和保护事业。

国家林业局林护字【2005】55号文《国家林业局关于加强自然保护区管理工作的意见》第23条规定:自然保护区内所有经营活动必须接受自然保护区管理机构的统一管理和监督。开展生态旅游等经营活动不得改变自然保护区的隶属关系和管理体制,不得在自然保护区加挂牌子、建立机构。

需进入高黎贡山国家级自然保护区开展科研考察、教学实习、探险、旅游等活动的组织和个人，必须依法办理相关手续。（2006年4月6日）

（资源管理科　供稿）

借助外力提升科研监测水平 努力开创保护区管理新局面
——高黎贡山自然保护区与保护国际（CI）签署科研监测合作协议

2006年4月4~7日，保护国际基金会（CI）中国项目负责人、北京大学教授吕植博士等一行9人来到高黎贡山自然保护区，在保护局局长艾怀森高级工程师等人陪同下，先后考察了高黎贡山自然保护区赧亢管理站、自然公园、江苴——百花岭生态旅游区、野生动植物监测样线（地）、高黎贡山农民生物多样性保护协会、潘家沟社区等地，全面了解高黎贡山自然保护区的科研、监测、生态旅游、周边社区的基本情况。7日，保山市人民政府刘刚副市长听取了考察团的工作介绍，刘副市长对考察成果给予了高度评价，并为考察团全体成员颁发了徒步翻越高黎贡山荣誉证书，为吕植教授、赵其昆研究员颁发了高黎贡山自然保护区科学顾问的聘书。在考察期间，吕教授等与高黎贡山保护区保山管理局相关工作人员进行了广泛交流，在科研、监测、生态旅游、社区文化调查等方面达成广泛共识，并于4月8日正式签署科研合作协议，协议规定双方将在重点物种研究、保护区机构能力建设、巡护监测、生态旅游等方面进行合作，建立高黎贡山自然保护区监测巡护体系，以提高保护区的科学决策和有效管理水平，这标志着高黎贡山自然保护区与保护国际（CI）全方位、多层次合作正式启动。最后还就如何将高黎贡山自然保护区建成北京大学科研教学基地进行探讨，并达成了共识。

保护国际基金会（CI）是一个重要的国际生物多样性保护组织，在中国尤其是西部地区实施了大量合作项目，这次与高黎贡山自然保护区初步达成以科研监测为重点，辅以生态旅游、社区文化调查的合作意向，将共同开展高黎贡山自然保护区白眉长臂猿、灰叶猴等重点保护物种研究，帮助保山管理局完善野生动植物监测系统，探索社区发展、文化调查、生态旅游等方面合作途径，必将对高黎贡山保护区科研、监测水平提升起到积极的促进作用，从而为建立保护区科学管理与决策体系提供技术支持。（2006年4月14日）

（施晓春　供稿）

狠抓落实　切实做好高黎贡山保护区森林防火工作

高黎贡山自然保护区是我市森林防火的重点区域，进入防火戒严期以来，由于持续高温干旱，风高物燥，保护区与全市各林区一样，火险等级居高不下，"清明"、"五一"是森林火灾高发时段，森林火险处于高危期，森林防火形势异常严峻。高黎贡山保护区保山管理局根据上级通知精神，全面部署了保护区当前的森林防火工作，要求各所、站严格按照"五落实"和"五个百分之百"的要求，结合保护区实际，认真贯彻落实国家林业局、省、市政府的工作要求，切实抓好森林防火各项工作的落实，有效遏制森林火灾高发态势。

一是认真贯彻落实国家、省、市政府关于森林防火工作电视电话会议精神，按照森林防火工作"五个百分之百"和责任制"五落实"对照检查,从领导、组织、力量、管理、处置等方面,进一步落实森林防火责任制。

二是加大宣传工作力度,努力提高社区公众的防火意识。"清明"、"五一"是森林火灾的高发期,保护区各级管理机构迅速组织开展以火源管理、森林防火为重点内容的森林防火法治宣传教育,切实做到宣传工作进社区、进学校、进厂矿、进农户。隆阳管理所制作了《云南省森林消防条例》宣传带41盒,发放周边区33个村委会,利用有线广播进行播放宣传;制作了有关森林防火与自然保护区管理的法制宣传材料4 000份和用傈僳文书写的防火宣传标语450份,在社区集市进行发放和张贴宣传;制作了印有森林防火标志的厨用围裙2 500份,赠送社区家庭主妇,在社区妇女群体中产生了较好的宣传效果。

三是严管火源,全面排查火险隐患。进入防火戒严期,保护区各巡护哨卡、检查站(点)人员到位,加强巡山守道,严格控制人员非法入区。与"五种人"的监护人实行定向联系,加强监管。对墓地集中的林区,"清明"期间设立专门的祭祀地点,派专人进行监督,严禁上坟祭祀用火。对天台山、紫薇山、大树杜鹃、南北斋公房、烽火台、保腾公路沿线等重点林区、重点部位及旅游景点加强消防督察,及时排除火险隐患。

四是强化值班,保证火情信息畅通。保护区各级管理机构严格执行24小时值班和领导带班制度,及时了解和掌握保护区动态情况。严格火灾归口报告制度,发生森林火灾在第一时间内按规定程序逐级报告森林防火办公室。杜绝瞒报、漏报、迟报和不按规定程序上报火情等现象发生。

五是深入抓好检查督促工作。为确保人员和各项措施落实到位,管理局建立了检查督促制度,不定期地对各管理所、站、防火检查站(哨卡)的执勤情况、野外巡护工作情况、值班及内业工作情况等进行检查,进一步增强了工作人员的责任心。

六是严阵以待,及时处置森林火情。当前,森林防火工作已进入关键阶段,保护区局、所、站采取了一切防范措施,做好各项准备,以保护区管理人员、护林员组成的应急扑火队和半专业扑火队人员到位,严阵以待,确保森林火情的及时有效处置。(2006年4月17日)

(陶 宏 供稿)

国家科技基础条件平台工作重点项目正式在高黎贡山启动实施

五一黄金周刚过,中国林业科学院森保所张培毅、刘德波、高兴荣、林乐民、张真、周慧、潘文兰,中国科学院动物研究所刘向辉、肖能文、葛宝明、刘海波、巩会生12位昆虫、动物、微生物专家不辞辛苦前往高黎贡山国家级自然保护区百花岭、黄竹河、大风包等地进行昆虫、土壤动物、土壤微生物、小型兽类资源调查。这标志着国家科技基础条件平台工作重点项目正式在高黎贡山国家级自然保护区启动实施。

根据国家自然科技资源平台建设的总体目标,研究制定国家自然科技资源平台生物资源共性描述规范,以整合全国的生物资源,规范生物资源的收集、保存、鉴定、评价、研究和利用,实现生物资源的充分共享和可持续利用。2006年4月中国林业科学院与高黎贡山国家级自然保护区保山管理局签订合作协议,率先在高黎贡山开展自然保护区生物标本标准化整理、整合及共享试点子项目,其目的是系统整理高黎贡山自然保护区高等植物、脊椎动物以及昆虫和土壤动物标本,以自然保护区标本为切入点,建立自然保护区野外资源与标本、照片等多媒体数据之间关系,开展数字化自然保护区试点。这项工作首次在高黎贡山自然保护区进行试点,并逐步推广到中国的其他国家级自然保护区,中国林业科学院将组织大批专家与保山管理局科技人员协作进行高黎贡山自然保护区生物资源调查与资料收集整理工作。目前此项工作正有条不紊地开展。

(蔺汝涛 供稿)

科技部信息研究所考察高黎贡山

2006年5月1~9日由科技部信息研究所项目经理张莞、陈宇摄影师、罗焰摄影师、于方摄影师、沈欣媛项目人员、杨宇项目人员,以及高黎贡山国家级自然保护区保山管理局工作人员共同组成的联合考察队,完成了对高黎贡山保护区东坡段的一次植物资源信息收集考察。本次考察分别对百花岭、赧亢两个片区根据不同海拔、不同植物类型,选择了8个考察点,进行植物信息收集,共收集图片资料近800张。(2006年5月17日)

(孙海涛 供稿)

中美联合考察队完成高黎贡山动物资源考察

2006年4月11日~5月11日,由美国加州科学院的两栖爬行类专家Jeffery Wilkinson博士、鸟类专家Jack Dumbacher博士、兽类专家杜宁博士后、鱼类专家Dave Neely博士后、中国科学院昆明植物研究所饶定齐副研究员、杨晓君副研究员、蒋学龙副研究员、陈小勇副研究员、张明旺博士、刘鲁明博士、伍和旗博士等,以及高黎贡山国家级自然保护区保山管理局的科技人员共同组成的26人联合考察队,完成了对中国西部热点地区高黎贡山保山段生物多样性动物类的第二次资源考察。本次考察分别对腾冲自治、整顶、龙陵古城山、小黑山、一碗水、凉山林场、隆阳赧亢、百花岭等片区进行了考察，主要在高黎贡山国家级自然保护区东西两个坡面及其与小黑山省级自然保护区连接的生物走廊带和小黑山省级自然保护区及其周边地区的林区凉山林场，根据不同海拔高差、不同植被类型，选择不同的考察点，对鸟类、兽类、两栖爬行类、鱼类等进行了调查，此次考察共采集鸟类、兽类（啮齿动和羽手目动物类）、两栖爬行类标本156个种1 377号。经初步分析鉴定，本次考察将为高黎贡山增加近10种动物（两栖爬行类、鼠类）的新记录，对今后的研究增补了许多新资料，为促进高黎贡山生物多样性的深入研究打下了基础。

本次考察是继2003年秋季考察后的又一次考察，是由美国加州科学院和中国科学院昆明动物研究所共同开展的美国国家科学基金资助的国际合作项目"中国云南西部热点地区高黎贡山生物多样性调查"的组成部分，得到国家林业局和外事部门批准实施，并且在云南省林业厅和地方保护区管理部门的组织协调下进行。高黎贡山国家级自然保护区保山管理局为本次考察派出了专业科技人员参加，同时要求腾冲、隆阳两个管理所及相应的管理站积极配合协助考察队搞好协调、服务工作，并依照国家相关的法律法规对考察活动进行严格的管理，从而保证了本次考察活动安全、顺利地进行。随着考察项目的深入实施，将进一步促进中美科研工作人员的合作与交流，同时对高黎贡山生物多样性的深入研究将具有重要的意义，并对高黎贡山国家级自然保护区的科技人员专业能力的提高，以及整个保护区科研水平提升起到积极促进作用。（2006年5月19日）

（赵　玮　供稿）

高黎贡山自然保护区已圆满完成
生态旅游示范项目施工设计野外考察

2006年5月18~25日，由中国科学院西双版纳热带植物园高级工程师、中国美术家协会会员、画家、诗人、环境艺术设计师何瑞华等4人，在高黎贡山国家级自然保护区保山管理局副局长、高级工程师李正波等人陪同下，圆满完成了高黎贡山自然保护区生态旅游示范项目施工设计野外考察工作。

去年，省林业厅将高黎贡山国家级自然保护区列为全省的生态旅游示范区，并给予350万元资金进行前期的游道等基础设施建设，今后还将给予更多的项目资金扶持建设。生态旅游示范项目工程施工设计由中国科学院西双版纳热带植物园帮助进行，该项目的实施将会全面推动高黎贡山生态旅游的发展。8天的外业工作，工作组先后考察了澡堂河温泉瀑布小区、金场河羚牛观察小区、百花岭——林家铺南方丝绸古道景区、高黎贡山自然公园等景区景点，工作组无不被高黎贡山神奇美丽的旅游资源所震撼，艺术大师何瑞华先生即兴赋诗作画。工作组站在生态学家和艺术学家的角度对景区游道和休憩场所进行详细规划和施工设计，对景区道路突出了高黎贡山的特色"古道、古桥"，体现"一步一景，步移景异"，遵循安全性、自然性、经济性、环保性、可行性、景观性的原则完成了60余公里的游道和公路的平面设计和施工设计方案；按照兼有自然保护区管理与生态旅游服务的双重功能、具有本地区地方建筑文化特色和简明、实用、与自然环境协调的原则规划设计了4个生态旅游服务场所。

本次施工设计野外考察结束后，中国科学院西双版纳热带植物园将进行内业设计，计划于6月底提交高黎贡山自然保护区生态旅

游示范项目施工设计文本。(2006年5月19日)

(蔺汝涛　供稿)

重拳出击　保护资源

近期，由于野生中药材"重楼"市场价格攀高，当前又正值采挖时节，一些不法分子在经济利益的驱使下，冒险潜入高黎贡山国家级自然保护区山脊一线非法采集重楼及其他野生中药材。为切实保护好保护区的自然资源，使其不受破坏，大塘管理站及时组织力量，重拳出击，针对采挖野生中药材的不法行为进行了一次专项治理。

2006年5月17日，大塘管理站接到群众举报，称有一些身份不明的人员在保护区山脊一带活动，好像在采挖重楼。接举报后，管理站立即向腾冲管理所作了汇报，在管理所的统一部署下，迅速组成了由管理站林政执法人员、护林员、专业扑火队队员、社区共管委员会成员共31人的4个行动小组，奔赴保护区山脊腹地进行清理、查处。

5月18日早晨7时，4个小组分别从辖区的茨竹河、肖塘河、单龙河、小田河出发，沿山梁向保护区山脊腹地靠近。下午5～7时，各小组冒雨抵达山脊一线，并发现了遗弃的窝棚及人员活动痕迹。由于当时天色已晚，加之气候非常恶劣，为确保人员安全，设在大塘管理站的指挥部指令第一小组与第二小组、第三小组与第四小组会合，组成两个大组选择地点宿营，于第二天一早统一行动。19日早晨，两个组的队员顶着风雨和冰雹的袭击，向目的地进发，中午12时准时到达预定的位置。沿途共捣毁采药人搭建的窝棚11个，堵获非法采挖药材人员21人，其中妇女5人。缴获非法采集的重楼10余公斤及部分其他野生中药材，挖药锄钩15把。

经过询问、查实，21个采药人均为怒江州泸水县上江乡丙贡村和丙凤村的傈僳族群众，因听说重楼市场价格高、很好卖，于是就相约前来采挖重楼，以解决家里的经济困难，他们不知道保护区里不允许采挖药材。管理站林政执法人员耐心细致地向他们宣传了保护区保护管理的有关法律法规及国家重点公益林管理政策和生物多样性保护的相关知识。通过宣传，采药者们认识到了自己的错误，态度诚恳地接受了林政人员的批评，纷纷表示今后保证不再到保护区非法从事采集活动，同时向自己的亲属朋友们进行宣传，让他们也不再破坏保护区的资源。最后，大塘管理站根据他们的行为事实及态度，决定除了没收他们非法采挖的药材和工具，对他们免于处罚。20日一早，全部采药人下山返回了家，参加行动的各成员也于当天下午安全地返回了管理站。

此次专项行动，由于信息准确、决策果断、行动迅速、指挥得当，达到了预期的目的和效果，有力打击了非法采集和破坏保护区资源的违法行为，产生了很好的影响和起到了较好的宣传作用。当前，非法采集野生药材活动呈上升趋势，这要求我们管理者对保护区资源管理面临的困难和问题要有清楚的认识，在保护与管理好保护区林木资源的同时，切实加大保护区其他自然资源的保护与管理力度。（2006年5月31日）

（吉　健　供稿）

高黎贡山灵长类行为研究拉开序幕

66岁的赵其昆老教授带领着权锐昌、肖文、霍晟3个专门研究猴子的博士，从西藏起程，风尘仆仆地向高黎贡山行进。2006年5月22日，从云龙县到达保山城。

5月23日清晨，在高黎贡山国家级自然保护区保山管理局朱明育副局长的陪同下，老教授和3位博士前往位于保（保山）腾（腾冲）新公路上的赧亢管理站。在管理站附近的饭馆吃过中午饭后，老教授要求立即行动，进入森林寻找猴子。14时16分，老教授、3位博士和朱明育共5个人，在靠近山脊线的"高黎人家"的寨门下车，沿着山脊上的小路行进，一边行走，一边观察和谈论着作为猴子栖息地的这片森林的现况。在山脊线的森林中行走了大约半个小时后，老教授根据访谈得到的信息和森林的生态状况，要求向山脊线东侧的森林里穿越，估计在这个区域里，猴子采食活动的可能性较大。在这个区域艰难行走而经过的地段上，位于林中的沟谷、溪流地带，分布有当地村民种植的草果。15时10分，天气突变，下起了大雨。我们一行5人在种有大片草果洼地的北侧山坡上驻足躲雨，半个小时过去了，雨还在下，看不出有雨停的迹象。我们只能选择路线赶回管理站，在雨中，我们穿梭在森林里，行走在公路上，于17时48分，回到了赧亢管理站。

5月24日清晨，将近7时，我们听到了白眉长臂猿的鸣叫声。老教授、3位博士、朱明育、管理站的工作人员段在贤和护林员杨加连7个人，赶紧动身，前去观察白眉长臂猿。我们行走在保腾新公路上，间断性地听到了白眉长臂猿的鸣叫声，根据段在贤的记录，白眉长臂猿鸣叫的整个过程，在时间上长达17分钟。在听白眉长臂猿鸣叫的时间里，7个人未作商量地分成了两个行进小组。霍晟博士和护林员杨加连两个人为一个组，从公路北侧向山坳里下行，目标是向白眉长臂猿鸣叫的地点逼近。根据老教授的计划，其他的5人大致沿着5月23日的行动路线，快速赶往位于白眉长臂猿鸣叫地点东北面的小山包，等候其他地点是否还会出现白眉长臂猿的鸣叫声，以便初步判定赧亢站管辖区内的白眉长臂猿的种群和数量。功夫不负有心人，由霍晟博士和护林员杨加连组成的小组，亲眼看到了在树上活动的2只白眉长臂猿实体。赧亢管理站的工作人员说，在他们管理的辖区内，生活着白眉长臂猿、红面猴、灰叶猴、熊猴、蜂猴5种猴子。今天，我们亲耳听到白眉长臂猿的鸣叫声，有2人还亲眼目睹了白眉长臂猿的实体。

5月25日上午，我们确定了两项行动计划，分成两个小组来完成，一项任务是继续去听白眉长臂猿的鸣叫声；另一项活动是搜寻红面猴。第一个小组由老教授和朱明育组成，向公路北面的"预定观测点"小山包进发。这个小组动身较早，6时40分，到达了小山包，等待着白眉长臂猿鸣叫。第一小组在小山包停留到12时30分，仍然没有听到白眉长臂猿的鸣叫声，决定返回赧亢管理站。第二个小组由权锐昌、肖文、霍晟、杨加连、段在贤组成，在公路南面的森林里艰难穿行，寻找红面猴的踪迹。第二组的权锐昌博士在穿越森林的过程中，和其他的人分离开了，但相隔不远，其他的人听到了一群红面猴在树上活动发出的声响，而权锐昌博士亲眼看见了红面猴的实体。

5月26日的目标是搜寻灰叶猴。25日下午15时38分，赵其昆教授和朱明育在护林员杨加连的陪同下，从管理站出发，沿着通向赧亢村民委员会的林中山路前进，沿路观察杨加连说过经常看见各种猴子活动区域的森林现状和树木果实的种类，进一步了解猴子的食物来源情况。在经过的路途中，老教授捡到和看到了许多可供各种猴子食用的树木果实。18时16分，我们来到了杨加连居住的村庄坪子地，老杨邀请我们在他家住宿。考虑到26日便于起早从坪子地出发，由东面的山脚向山脊攀登，为了节约时间和体力寻找到灰叶猴，老教授同意在老杨家住宿。晚上，老教授向杨加连的父亲详细地了解了北起诸佛寺，南到公路南侧这个范围内各种猴子在过去的活动情况。

5月26日清晨，下起了大雨。12时30分，雨还是下个不停，老教授提出赶回管理站，这次考察行动只能是结束了。老教授、朱明育和杨加连3个人冒着大雨，沿着保（保山）龙（龙陵）高速公路的施工道步行回到管理站。

经过4天的野外观察，赵其昆老教授说："在保腾新公路北侧，我们看听到了白眉长臂猿的鸣叫声，看到了实体2只，在保腾新公路南面，我们见到了红面猴，可以说明保护区掌握的情况是属实的。"老教授还谈道，在连接高黎贡山国家级自然保护区和小黑山省级自然保护区的生物走廊带这个不大的地域上,如果能够完全找到所分布的5种猴子,这将成为国内猴子种类分布最多的第一个地点。赧亢管理站辖区将无疑是进行灵长类学的种间行为生态研究的最好地点,他希望能够结合国内外资源,把赧亢建成灵长类行为生态研究的一个基地。(2006年6月7日)

(朱明育　撰稿)

科技帮扶出新招

为认真贯彻落实市委、市政府、关于开展千名农科人员进百村(企)入万户帮扶致富奔小康的行动计划,真正把林业科技帮扶工作落到实处,结合高黎贡山自然保护区管理局把乡村生态旅游作为科技帮扶重心为基础,经过近一个月的精心准备,在做好其他科技帮扶项目的基础上,于6月11~16日,投入近2万元由管理局一名工作人员组织带领林业科技帮扶点百花岭村9名人员(村干部1名、管理所1名、农户7名)到昆明参观考察乡村旅游活动。

首先,我们考察了距昆明市区12公里的盘龙区双龙乡哈马者村,该村有农户60多户,300多人。自1998年以来全村共有12户农户开办了农家旅游。该村自然条件较好,周边果园相连,居住相对分散,庭院宽敞。我们选择了一户叫李永能的农家旅游户,进行了座谈交流,相互学习取经。李永能一家年接待游客2 000多人,收入2万多元,在该村属中等水平。其次,到昆明周边的多个旅游景点和一些服务行业参观学习,以提高环境保护和服务意识。我们考察队伍中有8位是第一次到昆明,第一次乘坐飞机和火车,对这次考察活动怀着强烈的好奇感,都很兴奋。

通过几天的考察活动,集中起来主要有以下几点收获和体会:一是思想观念上受到深刻启发。通过到一个几百万人口的大城市参观考察,拓展了思路,大开了眼界,改变了过去一些坐井观天的看法。二是深刻体会出"人与自然和谐发展"这句话的真正含义。大家都说昆明城市这么大,人口几百万,无论是城市绿化和旅游景点环境,公共设施的爱护和环境卫生的保持都给大家留下了深刻印象。表示要把这些良好意识带回村。三是对百花岭村发展乡村生态旅游的认识。通过走出来与外界比较,对百花岭乡村生态旅游的优势也增强了极大的信心。认识到我们发展乡村生态旅游的优势主要在这几个方面:1. 有各级政府和自然保护区管理部门的大力支持;2. 有高黎贡山国家级自然保护区这个世界知名品牌;3. 有全国第一个农民生物多样性保护学会;4. 有白、傈、彝、傣、壮、回等多民族特色;5. 有横断山脉特有的立体气候和清新的空气;6. 有我们自身强烈发展的愿望和决心。同时也应当看到我们的很多不足和差距,由于百花岭村在乡村生态旅游上起步较晚,在观念上、服务意识上、卫生环境上都有不小的差距。

通过这一次的组织参观考察,把学习到的经验消化吸收,从观念上提升乡村生态旅游的思路,结合百花岭村的实际和特点,通过扶持旅游示范户的创新和发展,来带动百花岭村乡村生态旅游健康稳定地发展。(2006年6月21日)

(杨　华　供稿)

心系受灾群众 积极排忧解难
——高黎贡山自然保护区腾冲管理所认真做好野生动物肇事补偿工作

高黎贡山于1983年经批准建立森林和野生动物类型自然保护区,经过20多年的有效保护,自然保护区的自然资源得到了较大的恢复和发展,野生动物种群和数量不断增加。近几年来,因黑熊、猴子、野猪等野生动物引发的伤害家畜、毁坏粮食作物等野生动物肇事不断上升。高黎贡山自然保护区周边多为经济欠发达地区，野生动物肇事造成危害加急了当地群众的经济贫困。妥善解决野生动物肇事，减轻社区群众因野生动物肇事造成的经济损失，是高黎贡山自然保护区各级管理机构不可回避的问题。

2004年、2005年，高黎贡山自然保护区腾冲管理所辖区的周边社区共发生野生动物肇事197起，涉及农户197户，肇事范围涉及明光乡的自治村，界头乡的大塘村、周家坡村、贡山村、黄家寨村、中坪村、旱三村，五合乡的腾朗村、金塘村、整顶村、官田村。经技术人员实地调查核实，并结合市场价格测算，造成经济损失69 594元。

为妥善解决野生动物肇事问题，使群众的损失得到一定补偿，腾冲管理所积极向上级主管部门争取野生动物肇事补偿经费20 000元，由于所争取的补偿经费不足，管理所还自筹经费8 734元，并于2006年4月对2004年、2005年野生动物肇事受损的197户农户进行了补偿。

经过补偿，减轻了群众因野生动物肇事带来的经济损失，缓解了群众生产生活中的实际困难，受到了周边社区群众的好评，进一步提高了周边社区群众保护野生动物的积极性。（2006年8月17日）

（陶　宏　供稿）

高黎贡山保护局在百花岭村举办"千百万"工程第二期综合培训班

为提高村民的种植和养殖水平，做好科技进村入户帮扶致富工作，由高黎贡山国家级自然保护区保山管理局组织邀请保山市中等专业学校的三位专家，于2006年7月27～29日，在隆阳区芒宽乡

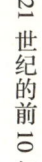

百花岭村举办了为期三天的农村实用技术综合培训班。培训对象是百花岭村30户"千百万"工程示范户,百花岭村村委会杨义武主任和彭大贤副主任也应邀参加了培训。

此次培训的主要内容是果树种植管理和畜禽养殖及疾病预防方面的相关知识。培训班采用课堂讲授和实地示范双向交流的方式。7月27日,先集中一天的时间在百花岭科考旅游接待站集中培训,由市中专学校的三位老师讲课,其中:《果树种植管理技术》由赵建华讲师讲授,内容主要是针对该村种植面积较多的板栗、核桃、日本甜柿的实际情况和农户现实的需求,重点讲授了果树的整形修剪、果园的土肥水管理、果树病虫害防治等知识;《畜禽养殖技术》由段家锦讲师讲授,重点讲授了猪、羊、鸡的优良品种选择,饲料调配,养殖环境的选择等知识;《畜禽疾病预防技术》由王启洪讲师讲授,采用播放VCD和讲解两种方法,侧重对畜禽疾病如何有效预防控制,常见疾病的处理方法,圈舍的管理等作了讲授。在培训班上,高黎贡山保护局的科技人员,还特地将80余本板栗、核桃、畜禽养殖的农村实用书籍分发给参加培训的30户农户和村委会干部,给今年新增加的李有成、刘永强两户农家食宿旅游示范户赠送了8只暖壶和40个杯子。

7月28、29日2天,3位专家分别到果园和农户家做现场教学,对各示范户作具体指导。每到一地,虽不是"千百万"工程的示范户,只要其愿意参加指导我们都热情欢迎,2天时间共指导村民达70余人次。在现场教学中,专家们把理论知识和农户的生产实际相联系起来,针对村民提出的问题进行了一一解答。王启洪老师还专门带了兽医药箱,在现场传授阉猪技术。最后,3位专家把村民提出的问题,回到保山整理后印成册分发到农户手中。

此次培训班由于采用课堂讲授和实地示范相结合的方法,让受培训村民容易理解接受,深受村民的欢迎。通过培训学习,将会提高各示范户的种植和养殖水平,对改善农户的生产生活将会起到积极的促进作用。(2006年8月18日)

(杨　华　供稿)

高黎贡山南段生物走廊带上建成中国大陆地区的第一个自然公园

近日，随着高黎人家及其附属工程的竣工，我局在高黎贡山南段建成了中国大陆地区的第一个自然公园。自然公园是指以保护珍贵自然资源为目的，集保护、体验、教育、休闲、科研为一体的自然保护地。自然公园与自然保护区的主要差别是，自然公园把保护自然与为公众提供休闲娱乐场所放到同等重要的地位，自然保护区则将保护生物多样性及自然生态系统放在绝对优先地位上。2004年，我局提出了在高黎贡山国家级自然保护区与龙陵小黑山省级自然保护区之间的生物走廊带上建立自然公园的设想，2005年，我局邀请美国哥伦比亚大学、芝加哥"开阔地计划"、亚特兰大植物园、芝加哥植物园、纽约大学、北卡罗来纳州立大学、EDAW公司及中国西南林学院的专家学者40多人与我局的专家一起，在对生物走廊带内的自然生态、野生动植物、民族、历史文化、旅游资源等方面进行综合考察后，共同开展了自然公园的概念规划，在概念规划基础上，我局组织设计师进行了自然公园建设的施工设计，在设计方案通过了由保山市林业局主持的论证之后，经过一年多的建设，终于在高黎贡山南段的生物走廊带上建成了集保护、体验、教育、休闲、科研为一体的自然公园。

高黎贡山自然公园位于高黎贡山国家级自然保护区与龙陵小黑山省级自然保护区之间，地理位置介于东经98°45′13″~98°46′08″，北纬24°49′08″~24°51′05″之间，总面积为4847.9公顷，行政区划上跨越保山市的隆阳区、腾冲县、龙陵县。保腾二级公路（省道317线）从公园南端穿过，距离保山市区100公里，腾冲县城54公里，交通十分便利。自然公园内森林茂密，动植物资源丰富，据初步调查统计，自然公园内有高等植物 1 000 多种，包括长蕊木兰、桫椤、红花木莲等珍稀特有植物，马缨花、大白花杜鹃、多花含笑、八仙花、苦苣苔、秋海棠、虎头兰、贝母兰等观赏植物；有竹荪、木耳、牛肝菌、香菇、大红菇等 50 多种大型真菌；有脊椎动物 300 多种，其中国家重点保护野生动物有白眉长臂猿、灰叶猴、猕猴、熊猴、短尾猴、豚尾猴、小熊猫、黑熊、白鹇、林雕等近 40 种；有彩臂金龟、步甲、天牛、凤蝶、大型蛾类等许多种观赏价值极高的昆虫。自然公园内一年四季山花不断，处处鸟语花香，漫步其中，宛若人间仙境。

高黎贡山自然公园主要开展的活动有：

第一是保护，建立高黎贡山自然公园的初衷首先就是要对高黎贡山国家级自然保护区和小黑山省级自然保护区之间的生物走廊带上的珍稀濒危动植物进行就地保护。其次是在自然公园内建立野生动植物近原生地保护中心，有计划地进行高黎贡山珍稀濒危植物、特有植物和传统药用植物的引种种植，在珍稀濒危植物、特有植物和传统药用植物的原生地附近建立起种质资源库。

第二是体验与教育，与自然保护区管理不同，我们将在保护的基础上，在自然公园内大力开展观鸟，赏花，探险、观察白眉长臂猿等自然体验活动，开展走丝绸古道、探古高黎人之谜等文化体验活动。通过系列的体验活动，普及自然保护知识、提高自然保护意识，最终实现自然公园的教育功能。

第三是休闲，对紧张而忙碌现代的生活而言，宁静而远离世俗尘嚣的高黎贡山自然公园将是一个清凉而安宁的原生态休闲之所，它让人们的身心在大自然中得到最大程度的放松。我们将组织开展自然摄影、野外宿营、林中漫步等多种形式的休闲活动，让人们无忧无虑地享受回归自然的情趣。

第四是科学研究，我们与有关的科研院所、大专院校合作，将在高黎贡山自然公园内开展野生动植物变化监测，珍稀濒危动物的物种和栖息地管理研究，白眉长臂猿、灰叶猴、熊猴、短尾猴、豚尾猴等五种灵长类的种内和种间关系研究等科研项目，让科技成为

保护、体验、教育、休闲支撑。(2006年8月29日)

(艾怀森　供稿)

保山组织出版高黎贡山大型研究丛书
——《高黎贡山研究文丛》

2006年7月，由保山市委书记熊清华研究员等主编的《高黎贡山研究文丛》(1~3卷)由科学出版社出版发行，丛书一出版，就被科学出版社列为2006年度重点新书，并选送参加了今年世界图书展恰会版权交易活动。《高黎贡山研究文丛》的出版，不但可以给当代和未来的研究者和管理者提供一个科学理论平台，为正在进行高黎贡山研究的学者提供一个成果交流的园地，为自然爱好者提供了一个了解高黎贡山的窗口，而且将有助于政府生态建设的宏观决策。《高黎贡山研究文丛》的出版，标志着我们努力创建"高黎贡山学"正在拉开序幕。

此次出版的《文丛》分为三卷，第一卷《高黎贡山自然与生物多样性研究》是关于自然地理、动植物方面研究成果的集中展示；第二卷《高黎贡山民族与自然保护研究》是研究保护区周边各民族利用自然资源、发展社会经济、保护自然及生物多样性之间关系的科学总结；第三卷《高黎贡山周边社区研究》共分农村快速评估、林业快速评估、典型村庄调查等内容，反映出高黎贡山自然保护区周边社区的现状。

(施晓春　供稿)

高黎贡山自然公园已被评为AA级旅游景区

近日，保山市旅游区(点)质量等级评定工作组，依据中华人民共和国《旅游区（点）质量等级的评定与划分》国家标准，给以高黎贡山自然公园评审定级为 AA 级旅游区。

目前高黎贡山自然公园初步完成了高黎人家、高黎餐馆、旅游厕所等基础服务接待设施建设，开辟了高黎人家、自然之门、黑水塘、丝绸古道、高黎古墓、高黎固猎苑、同心树、仙人画山、仙人之锅、杜鹃谷等旅游景点，规划并着手建设高黎贡山药物园、珍稀濒危特有植物园、野生花卉园。自然公园已经具备了对外开放的条件，刚结束的"十一"黄金周，省内外游客纷至沓来，公园内优美的自然、人文景观给游客留下了深刻的印象。（2006 年 10 月 13 日）

（蔺汝涛　供稿）

美国麦克阿瑟基金会再次聚焦高黎贡山

带着对中国已援助项目的考察和今后在云南开展生物多样性与传统文化保护、社区能力建设与可持续发展等有关的合作意向，2006 年 10 月 29～30 日，美国麦克阿瑟（Mac Arthur）基金会总裁乔纳森·方腾（Jonathan F Fanton）先生、基金会董事会主席、教育博士莎蕊·罗润斯－赖特拂特（Sara Lawrence－Lightfoot）教授、基金会亚太地区项目官员大卫·赫尔斯（David Hulse）先生、美国哥伦比亚大学美中艺术交流中心秘书长郝光明（Kwan Ming Hao）教授等官员，在西南林学院副院长杨宇明教授、高黎贡山国家级自然保护区保山管理局艾怀森局长等人的陪同下到高黎贡山项目区考察。

麦克阿瑟基金会是目前美国最大的基金会之一，拥有近 50 亿美元的资产。基金会每年在美国本土和海外提供资助，其总额达到 2 亿美元。在中国，高黎贡山是最早受到麦克阿瑟基金会项目资助的地区。早在 20 世纪 90 年代初期基金会就开始出资资助中科院昆明动物研究所、植物研究所等科研单位在高黎贡山开展动、植物研究工作。1992年基金会开始资助"中国西南生物多样性保护、机构能力建设与环境教育"国际合作项目,对云、贵、川的自然保护区工作人员进行相关能力培训,项目示范点主要在高黎贡山。1995~1997年,基金会资助了"高黎贡山森林资源管理与生物多样性保护"国际合作项目;1998~2000年,基金会又与全球环境基金、联合国大学、联合国环境署共资助了"云南农业生物多样性实践与农村可持续发展实验示范"国际合作项目(其中,高黎贡山是项目的主要实验示范区之一)。1995~1997年,在昆明动物研究所的支持下,保护区利用基金会的资金独立完成了"高黎贡山羚牛生境利用调查"、"高黎贡山白尾梢虹雉生境利用调查"、"高黎贡山小熊猫生境利用调查"等小型科研项目。

此次,麦克阿瑟基金会官员们到高黎贡山,主要考察基金会1995年以来资助的项目点——百花岭生态旅游区。百花岭位于高黎贡山东坡,著名的南方丝绸古道从这里经过翻越高黎贡山到达腾冲、缅甸、印度。在这里可感受怒江大峡谷风光、傈僳、傣族风情、古道咽喉——双虹桥、旧街古驿站、滇西抗日战争遗迹、高黎贡山自然保护区内的温泉、瀑布、原始森林、珍稀动植物等自然、人文景观。一天多的时间,基金会官员们先后到怒江双虹桥、百花岭村、保护区旧街子等地点对保护区和周边社区的情况及基金会资助项目实施的情况等进行了实地考察,并到项目示范民户——吴朝明家进行了专访。

1995~2000年,中科院昆明植物所、云南省林科院、高黎贡山保护区保山管理局等单位在百花岭村实施麦克阿瑟基金会资助的国际合作项目。项目资助村民发展柑桔、咖啡、板栗、核桃、甜柿等经济林,开展各种农村实用技术培训;开发百花岭澡塘河温泉、瀑布生态旅游小区,进行生态旅游开发试验,吸引村民参与生态旅游活动。通过项目的实施,百花岭村的村民开始理解、支持保护区的工作,村民的自然保护意识不断提高。1995年12月8日,百花岭村成立了中国第一个农民保护组织——高黎贡山农民生物多样性保护协会，有50名村民加入了协会，如今协会会员已达115人。

在考察中，当看到基金会资助的项目取得了丰硕的成果时，麦克阿瑟基金会官员们感到无比的高兴。乔纳森·方腾总裁说："看到10多年前麦克阿瑟基金会资助的项目在高黎贡山开花结果，并产生了深远影响，我感到十分欣慰。"同时，他对保护区认真实施项目，用好基金会资助的资金及项目产生良好的效果给予了高度评价。

最后，他表示今后麦克阿瑟基金会将继续关注高黎贡山的保护与发展：一是，将资助保护区管理局10万美元用于开展社区参与保护的项目；二是，高黎贡山是世界性的资源，人类的自然文化遗产，下一步基金会要资助开展高黎贡山的生态旅游总体规划，聘请国际一流的专家来做规划，做出国际一流的生态旅游规划！（2006年11月6日）

（李正波　供稿）

国家林业局开展示范自然保护区建设
高黎贡山自然保护区榜上有名

2006年10月28日下午，国家林业局在国林宾馆召开全国林业自然保护区工作会议，以林护发〔2006〕208号文件，发出了《国家林业局关于开展示范保护区建设工作的通知》。会上公布了首批51个国家级示范自然保护区名单，高黎贡山自然保护区榜上有名。

截至2005年底，我国林业系统已经建立了各种类型、不同级别的自然保护区1 699个，总面积11 988.54万hm^2，约占国土面积的12.49%。其中，国家级自然保护区178个，面积7 199.35万hm^2。国家林业局确定的51个首批进行示范建设的自然保护区在个数上,占林业系统国家级自然保护区总数(178个)的28.65%。《国家林业局关于开展示范保护区建设工作的通知》要求,示范自然保护区要根据自身的特点和现有条件选择建设重点和突破点,积极探索,扎实工作,不断完善管理制度,规范管理措施,切实解决管理体制、资金投入和土地权属等涉及自然保护区快速健康发展的重大问题。国家林业局将制定和颁布示范自然保护区管理目标和考核指标体系,定期对国家级示范自然保护区建设进行考核和评估,对管理混乱、资源遭到破坏、制度不健全、没有达到示范标准的示范自然保护区给予通报批评和摘牌。

高黎贡山是怒江和伊洛瓦底江的分水岭,山势雄奇险峻。这条强烈隆起的断层山脉,北接青藏高原,南衔中印半岛,东邻横断山系的怒山山脉,西连印缅山地,纵跨中国云南西部,从北到南,绵延600km,跨越5个纬度。独特的立体气候,复杂的地形,使高黎贡山呈现出复杂多样的生态环境,为种类繁多的动植物的生长和繁衍提供了绝好条件。高黎贡山被动物学家、植物学家誉为"雉类和鹛类的乐园"、"哺乳类动物祖先的发源地"、"东亚植物区系的摇篮"。

1962年,高黎贡山被划为国有林禁伐区,在保山境内成立了坝湾、芒宽、大蒿坪、曲石、界头等5个林管所进行管理。1981年11月6日,云南省人民政府批准建立了高黎贡山省级自然保护区,并成立保山、腾冲、泸水3个管理所进行保护管理,1986年7月,经国务院批准晋升为高黎贡山国家级自然保护区,1992年,被世界野生生物基金会(WWF)评定为具有国际重要意义的A级保护区,1994年,林业部批准实施第一期总体规划,保山市、怒江州分别成立了保山管理局和怒江管理局,作为管护高黎贡山自然保护区的州市级机构。2000年4月,经国务院批准,将怒江省级自然保护区晋级并纳入高黎贡山国家级自然保护区管理,保护区面积由原来的12.45万hm^2,扩大为40.52万hm^2,成为云南省面积最大的自然保护区。2000年11月10日,联合国教科文组织批准,接纳高黎贡山为国际人与生物圈保护区,2003年7月,高黎贡山作为"三江并流"重要组成部分,被联合国教科文组织世界遗产委员会列入《世界自然遗产名录》。

高黎贡山是于1981年建立的森林生态类型自然保护区，走过了25年的发展历程。回顾发展历史，高黎贡山自然保护区管理机构在向地方各级政府争取机构设置和人员编制、完善管理制度、规范资源管理措施、争取国家和地方各级政府的资金投入、加强基础设施建设、森林防灭火、遏止自然资源破坏行为、引入和实施国际合作项目、帮助周边社区发展、开展公众自然保护意识教育、对外交流等各个方面，积极地进行探索和扎实地开展工作，为高黎贡山自然保护区资源的有效保护和进行科学管理积累了经验，并取得了一些成效。

高黎贡山国家级自然保护区局、所、站3级管理机构和全体工作人员，一定要珍惜被国家林业局确定为示范自然保护区建设的难得机遇，扎实工作，积极探索科学管理高黎贡山国家级自然保护区的制度、措施和途径，为有效保护自然资源和推进周边社区发展做出应有的贡献。(2006年11月20日)

（朱明育　供稿）

全国政协人口资源环境委员会调研组莅临高黎贡山自然公园考察指导工作

2006年11月26日，高黎贡山自然公园蓝天白云、空气清新，晨曦猿声啼鸣、雉鸡欢唱，高黎人家的轻烟冉冉升起，宛若山水画卷。在这美好的时刻，高黎人家迎来了远方尊贵的客人，全国政协委员、人口资源环境委员会王克英副主任，全国政协常委、人口资源环境委员会张洽副主任，全国政协常委、中国科学院张新时院士，全国政协委员、原林业部刘于鹤副部长，全国政协委员、中央电视台著名节目主持人赵忠祥委员，全国政协人口资源环境委员会办公室党德信主任、国家林业局保护司王伟副司长等一行在省、市政协、林业部门和保护局领导的陪同下来到了高黎贡山自然公园，就野生动植物保护和可持续利用、自然保护区管理进行调研。

调研组首先在高黎人家对高黎贡山的自然、历史、文化进行了解，之后实地考察了自然公园内白眉长臂猿栖息地环境、野生药用植物近原生地保育示范区，调研组就自然保护区开展的工作、取得的成绩和存在的问题、困难进行了调研，调研组认为高黎贡山自然保护区管理工作成效显著，特别是对资源管理、科研监测、社区共管、国际项目、管理模式探索等方面的工作给以充分肯定，认为许多工作具有国际水平。同时调研组对保山管理局提出的建立高黎贡山自然博物馆，形成科研、教育、宣传互动的思路非常认同，建议省、市政协作为提案向有关部门提出，对高黎贡山自然保护区跨地州、面积过大带来管理困难等问题表示关注，对公园内的标牌系统和药用植物园建设也提出了很好的建议。

最后，王克英副主任、刘于鹤副部长、赵忠祥委员挥毫泼墨为高黎贡山题词，提出殷切期望。（2006年11月29日）

遵循科学发展观的需求
把高黎贡山自然保护区
保护与开发有机结合起
来为人类做出新贡献
王克英　题

把保护区建设和地区经济
发展紧密结合起来
刘于鹤　题

人与自然高黎贡山
齐心协力管好家园

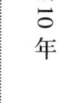

赵忠祥 题

（蔺汝涛 供稿）

白眉长臂猿研究取得突破性进展

2004年开始，我局开始对高黎贡山地区稀有动物白眉长臂猿进行了全面的巡护监测，开展栖息地科学管理。并于2006年与西南林学院保护生物学院合作对高黎贡山赧亢片区白眉长臂猿种群分布、栖境选择利用及食性进行调查，取得了突破性进展。研究小组通过走访调查，设立鸣声地点，近距离跟踪观察，进行白眉长臂猿GPS跟踪定位，栖息环境样地调查、行为活动观测、食性取样分析等，拍摄了大量的图片资料，实现该物种野外生态照片零的突破，详细记录到了白眉长臂猿的种群分布规律、活动路线、家域、栖息地、行为及食性特征等方面信息，撰写多篇学术论文，为我局今后进行白眉长臂猿水、食物、隐蔽物等生态因子进行科学管理提供了依据。

研究小组以赧亢片区为监测调查试点，进行统计分析，1996年这里仅记录到白眉长臂猿1群2只，2004年记录到2群4只，目前有4群8只，3雄3雌2幼，种群数量稳定增长，可见生物走廊带管理成效显著。

白眉长臂猿（Hylobates hoolock）是高黎贡山地区的明星动物，属灵长目（Primates）长臂猿科（Hylobatidae），因眉毛呈白色而得名。仅分布在怒江以西的高黎贡山地区，种群数量不超过200只，极度濒危，是世界最濒临灭绝的物种之一，在中国被列为国家Ⅰ类重点保护动物，同时也被列入《濒危野生动植物种国际贸易公约》（CTTES）附录Ⅰ。（2006年12月29日）

（蔺汝涛 供稿）

高黎贡山国家级自然保护区建成自动气象观测站

根据《高黎贡山国家级自然保护区二期总体规划》批复建设项目，近日，我局在高黎贡山国家级自然保护区生物走廊带内建成了第一个四要素自动观测站。

ZQZ-A型"四要素"中尺度自动气象站是经中国气象局考核、定型并颁发使用许可证的一种适用于中尺度气象观测系统的自动气象站。已广泛应用于各省（区、市）气象局的灾害性地面气象监测系统中。具有测量风向、风速、雨量、温度等气象要素的功能；此外还可以根据要求调整或增减观测的要素。

气候是生物发育必不可少的环境条件之一，是土壤形成的重要因子，了解保护区的气候对保护区建设有着举足轻重的影响。然而由于保护区内尚未建立气象观测站，长期以来应用的气候资料大多来源于20世纪80年代《高黎贡山保护区综合科学考察报告》中的气象资料。自动气象站建成后，我局将通过收集和补充高黎贡山气象资料，逐步建立气象档案数据库，更好地为高黎贡山的科学研究和生产发展服务。（2007年1月22日）

（蔺汝涛　供稿）

市长段跃庆在高黎贡山调研时指出保护中开发　开发中保护

2007年3月16~18日，保山市市委副书记、市长段跃庆带领市政协主席张静、市委组织部部长李刚、市政府秘书长张雷及相关

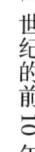

部门的负责人一行21人在高黎贡山国家级自然保护区保山管理局局长艾怀森等人的陪同下，对高黎贡山自然保护区的资源保护和旅游开发情况进行了考察。

16日下午，段市长一行从保山乘车至高黎贡山东坡的百花岭，对高黎贡山自然保护区周边的社区进行考察。晚上，领导们还与百花岭村的傈僳族举行了一个别开生面的篝火晚会。17日，领导们沿着具有2 000多年历史的百花岭——南斋公房——林家铺的丝绸古道徒步翻越高黎贡山，该线路是保护区管理局近些年来推出的一条高黎贡山生态旅游精品路线。阳春三月，高黎贡山东、西坡山花烂漫，而山顶的斋公房却白雪皑皑。领导们漫步在古道上，沿途的原始森林、珍稀动植物给其留下了深刻的印象。他们看到了许多动物的痕迹，如小熊猫的粪便；还看到黄腹鼬、环颈山鹧鸪等动物穿梭在古道上。18日中午，他们又乘直升机在空中考察高黎贡山的地形地貌。

在实地考察和听取了保护区管理局艾局长的汇报后，段市长对当前和今后一段时间的工作做出了重要指示。他说，高黎贡山不仅仅是我市的国家级自然保护区，更是我市重要的自然资源和宝贵财富，我们要确实保护和开发好高黎贡山，让其始终保持良好的生态环境。同时，要打造好高黎贡山的生态旅游品牌，为打造保山在全省、全国和全世界的生态旅游精品形象做贡献。各级有关部门要抓紧时间，做好高黎贡山的旅游开发工作，做到保护中开发，开发中保护，走可持续发展道路，将高黎贡山打造成优秀的自然保护区和国家级的精品旅游景点！(2007年4月9日)

（李正波　供稿）

保护是根本　改革是动力　发展是目的
——国家林业局保护司刘永范副司长考察高黎贡山

4月12日~14日,国家林业局保护司刘永范副司长在省林业厅厅长助理曹军、保护办主任司志超、高黎贡山国家级自然保护区保山管理局局长艾怀森等同志的陪同下,对高黎贡山自然保护区进行了深入的考察。

12日上午,刘副司长一行抵达保山,首先考察了高黎贡山自然保护区保山管理局,认真听取了保山市林业局局长李保国同志和保护区管理局局长艾怀森同志的详细汇报,对保山市林业和自然保护区工作有了初步的了解。中午,保山市人民政府副市长刘刚同志热情宴请了刘副司长一行。下午,考察组一行乘车到百花岭,深入高黎贡山自然保护区进行实地考察。晚上,考察领导与百花岭村的傈僳族群众举行了热情洋溢的篝火晚会。13日一大早,领导们就赶往腾冲县,在认真听取了腾冲管理所领导的汇报后,刘副司长一行又风尘仆仆地赶往曲石管理站,在系统地考察了管理站苗圃和石斛种植园后,刘副司长指出:保护区的建设,保护是根本,改革是动力,但发展才是目的。保护区的管理不能一味地死守,一定要在做好保护的基础上,充分利用自身的资源优势,依法科学规划,合理开发利用,在产生经济效益后,解决好自己的一些实际问题,从而促进保护区更快更好的发展。要理解社区群众,努力为他们解决一些实际困难,促进社区发展,维护社区和谐稳定。刘副司长还举例说,比如高黎贡山的重楼和石斛,保护区有丰富的资源,要加强与相关科研部门的联系,利用他们的技术优势,尽快突破人工繁育技术难题,在技术问题解决后,可以大力向周边社区推广,扶持社区调整产业结构,发展地方经济,从而减轻社区对保护区资源的依赖。在谈到保护区生态旅游开发上刘副司长指出，保护区内的生态旅游，一定要走生态路，尽量不要在保护区内搞人工建筑，尤其是大型的建筑物，同时要严格控制游客数量。最后，刘副司长详细询问了保护区管理局、所、站存在着哪些困难，并提出了具体的意见和建议，答应尽快为保护区解决示范保护区实施方案的编制问题，并请省林业厅保护办帮助协调高黎贡山自然保护区怒江州段解决《高黎贡山国家级自然保护区生态旅游总体规划》修编和"一区一法"的立法工作。

4月的高黎贡山被早来的雨水浇灌得郁郁葱葱，刘副司长一行圆满地结束了高黎贡山国家级自然保护区的考察工作。临行前，刘副司长用简短的四句话"高黎贡山美如画，生物多样性惊天下，保护根本抓发展，惠及子孙传佳话"，总结了对保护区的总体印象和对管理部门的殷切希望。（2007年4月18日）

（郑云峰　供稿）

高黎贡山国家级自然保护区保护管理成效显著　白眉长臂猿等珍稀濒危动物种群数量稳定增长

2007年4月来，远在中国西南边陲的高黎贡山突然成为了热点地区，许多媒体的记者和许多野生动物研究者都把目光投向了高黎贡山，因为世界上极为罕见的白眉长臂猿、菲氏叶猴珍稀濒危动物在高黎贡山上频繁出现，一个个无忧无虑地生活在高黎贡山上的野生动物也随着野生动物摄影者拍摄的影像传遍了全世界。

据云南高黎贡山国家级自然保护区保山管理局的野外监测表明，近年来，在高黎贡山以白眉长臂猿为代表的珍稀濒危动物的种群数量稳定增长，在监测点赧亢片区的白眉长臂猿1994年仅有1

群 3 只，到 2007 年已发展到了 5 群 10 只；大河头片区的白眉长臂猿由 1994 年的 1 群 2 只发展到现在有 3 群 8 只；整个保护区的白眉长臂猿从 1994 年到 2007 年已由约 100 只发展到了的近 200 只，种群数量翻了一番，在这些监测点上林麝、羚牛、小熊猫、水鹿等野生动物的遇见率也有了明显提高，许多野生动物也都稳定增长。

高黎贡山国家级自然保护区是中国生物多样性最丰富的地区，有白眉长臂猿、熊猴、豚尾猴、菲氏叶猴、蜂猴、马来熊、云豹、金钱豹、孟加拉虎、羚牛、林麝、黑鹳、金雕、白尾梢虹雉、黑颈长尾雉、小熊猫等国家一、二级重点保护珍稀濒危动物 81 种。但是长期以来，由于野生动物种群数量稀少，周边社区居民较多，在保护区及周边地区存在着不同程度的采集、偷猎、放牧等人为活动，所以在野外一直很难直接观察到野生动物，特别是白眉长臂猿等珍稀濒危动物更是难以看到。自 1994 年开始，云南高黎贡山国家级自然保护区保山管理局加强了对自然保护区和野生动物的管理，特别是在 2004 年以后，在自然保护区内基本杜绝了采集、盗伐、偷猎、放牧等人为活动，同时在高黎贡山国家级自然保护区和小黑山自然保护区成功地建立了生物走廊带，完全改变了野生动物栖息地的孤岛化和破碎化的状况，使白眉长臂猿等野生动物的栖息地质量有了明显的改善，种群数量得到了恢复增长，白眉长臂猿等野生动物的野外遇见率有了明显提高。

白眉长臂猿（Hylobates hoolock）隶属于灵长目（Primates）长臂猿科（Hylobatidae），因眉毛呈白色而得名。白眉长臂猿为东洋界缅甸—中国亚区的特有种，国外见于印度东北部阿萨姆和缅甸北部。中国境内分布于云南西部怒江以西的高黎贡山地区，白眉长臂猿因其种群数量稀少、分布区狭窄，被列为中国国家 I 级重点保护种类，同时被列入《濒危野生动植物种国际贸易公约》（CITES）附录 I，在 IUCN《濒危物种红皮书》，1996 年的绝灭等级分别定为资料不足和濒危。成年雄性穿一件黑色的外套，长着两撇白色的眉毛，好像长臂猿中的寿星翁；雌性体色则为铜棕色，眉毛略显苍白；婴儿期间的白眉长臂猿，全身乳白色，九个月后开始变灰，颜色逐渐加深。体重10多公斤，一般可活30岁左右。以家庭为单位栖息，群体较小，一般3~5只。休息时，母亲和婴儿睡在一块，父亲和其他子女分开。白眉长臂猿栖息于热带原始森林中，常年生活在树上。靠两条长臂和钩形的长手，把自己悬挂在树枝上，像荡秋千似的荡跃前进，白眉长臂猿是杂食性动物，吃树叶、果实、昆虫、小鸟和鸟蛋等，在维护生态系统的生态平衡中起着十分重要的作用。该物种的分布和生存现状是中国保护生物学家较为关注的问题。（2007年4月25日）

（艾怀森　供稿）

回良玉副总理在高黎贡山自然保护区考察时强调：顺势而为，与时俱进，用现代的知识和手段保护好高黎贡山

2007年5月13日，中共中央政治局委员、国务院回良玉副总理来到高黎贡山国家级自然保护区赧亢管理站，实地考察保护区管理工作情况。

陪同回副总理考察的有国家林业局局长贾治邦、国务院副秘书长张勇、国家民委副主任丹珠昂奔、民政部副部长窦玉沛、财政部部长助理丁学东、云南省人民政府省长秦光荣、省委副书记李纪恒、副省长孔垂柱、省政府秘书处丁绍祥、省林业厅厅长白成亮、保山市委书记熊清华等领导。

回副总理一行首先参观了赧亢管理站图片展室，然后到会议室与保护区工作人员座谈。在听取高黎贡山保护区保山管理局艾怀森局长汇报保护区有关情况后，回副总理对管理局近年来的工作给予了高度评价，并对高黎贡山保护事业发展作出了具体指示。

回副总理指出，高黎贡山是一块不可多得的"宝地"，如果不把它保护好，我们将成为罪人。自然保护区资源管理最重要的是自

然性、多样性、安全性和持久性，一定要顺势而为，与时俱进，运用现代的知识和手段加强自然保护和科学研究工作。

贾局长表示，为落实回副总理指示精神，国家林业局将指派技术干部到高黎贡山保护区，就保护区基础设施、保护管理、科研监测进行全面规划，按规划进行重点投资建设，进一步加强高黎贡山保护管理工作。

回副总理的到来，深深鼓舞了保护区每一个工作人员，纷纷表示将按领导的指示精神，努力工作，力争使高黎贡山的管理水平跃上一个新台阶。（2007年5月23日）

（施晓春　供稿）

高黎贡山国家级自然保护区南段生物走廊带成效评估与保护策略国际研讨会在保山召开

为庆祝第14个"国际生物多样性日"，在中国政府与荷兰政府正式建交35周年之际，由云南省林业厅主办，高黎贡山国家级自然保护区保山管理局承办，于2007年5月21~24日，在保山顺利召开了高黎贡山国家级自然保护区南段生物走廊带成效评估与保护策略国际研讨会。荷兰驻华使馆一秘Martien Beek、云南省WPO办荷方顾问Bram Busstra等中外专家，以及来自云南省内的13个国家级自然保护区和FCCD项目5个省级保护区，共100余人参加了会议。

1996年，在云南省"森林保护与社区发展"项目的推动下，经过各方的积极努力，在高黎贡山国家级自然保护区与小黑山省级自然保护区之间建立了生物走廊带。生物走廊带建立后，在高黎贡山自然保护区和小黑山自然保护区的共同努力下，多方争取资金，在周边社区全面开展公众环境保护意识教育，制订了《周边区管理计划》。帮助社区群众实施了建设沼气池500余口，节柴改灶800余座，种植经济作物2 000余亩，为3 000余人解决人畜饮水问题，建设了"小地方中荷友谊小学"，培训了300余名致富能手，完成社区马帮路改道8公里。并在周边社区的寺门前、荒田坝、小地方3个自然村实施了《社区环境行动计划》，荷方户均无偿援助1 000元社区发展资金。为探索生物走廊带有效管理模式，保护区管理部门还在生物走廊带开展了物种近原生地保护基地，对一些珍稀濒危植物（栱桐、云南黄连、重楼、金铁锁等）进行引种栽培，为资源保存和科学研究作出努力；加强对国家珍稀濒危动物（白眉长臂猿、灰叶猴等）进行栖息地管理。在走廊带内建立了中国大陆第一个自然公园，探索生态旅游建设模式，为周边社区群众从旅游活动中增加经济收入创造条件。经过近10年来的建设和管理，生物走廊带管理成效显著，保护物种得到有效保护，生物种群数量增长较快，物种的迁出迁入现象比较明显，真正成为野生动植物交流的生态廊道。

参加研讨会的专家们一致认为，随着我国社会经济的蓬勃发展，资源保护与利用的矛盾越来突出，自然保护区破碎化、"孤岛化"现象比较普遍，生物走廊带建设十分重要，日益成为国际较为关注的问题。生物走廊带（生态廊道）的概念最初由美国生态学家在20世纪60年代提出，并在欧洲得到了较好的建设和发展；而在我国，只到最近几年才开始起步，由于各种原因，其发展速度缓慢，在中国几乎还没有成功的实例。然而，高黎贡山国家级自然保护区南段开展的生物走廊带建设，是云南省乃至中国生物走廊带建设较为成功的典范，很值得进行经验交流和推广。

本次国际研讨会采用参与式的方法，中外专家、保护区管理者、社区代表及相关利益群体，对生物走廊带的概念进行交流讨论，达成广泛共识。将生物走廊带定义为连接两个保护地之间的桥梁，供物种和基因交流与扩散的中间生态过渡区域，因物种不同生物走廊带的大小和形状各不相同。专家还针对高黎贡山国家级自然保护区南段生物走廊带建设10年来的管理成效，进行了分析评估并与相关利益群体从物种保护、资源的可持续利用、社区发展等问题和威胁因子进行了充分的讨论,并提出了较科学的建设性意见和建议。一是开展走廊带综合科学考察,制订保护行动计划;二是合理的功能区划,制订科学管理办法,实现资源的可持续利用;三是实施社区发展项目,帮助社区发展经济;四是争取多方支持,实施社区共管;五是建立科研监测体系,对目标物种(白眉长臂猿、灰叶猴等)实施有效管理;六是通过文化形象宣传打出"国际性的生物走廊带"的品牌,营造国际国内舆论,争取多渠道投入。同时也让社区群众在保护建设中得到实惠,自觉转变观念,积极参与巡山护林,成为保护野生动植物的主体,把"要我保护转变为我要保护",最终实现人与动物和谐,人与自然和谐。(2007年6月1日)

(蔺汝涛　供稿)

开展物种近原生地保护
打造新型科普教育基地
——保山管理局努力探索高黎贡山保护和科普教育新模式

8月以来,经过精心准备和科学论证,在高黎贡山国家级自然保护区和龙陵小黑山省级保护区的共同努力下,12种10 000余株曾经广泛分布于高黎贡山的石斛在高黎贡山与小黑山两保护区之间的生物走廊带内成功实现回归种植,这标志着高黎贡山近原生地保护工作又迈出了实质性的一步。

2005年管理局提出了物种近原生地保护这一新保护理念,并在高黎贡山与小黑山两保护区之间的生物走廊带内建立野生植物近原生地保护中心,有计划地进行高黎贡山珍稀濒危植物、特有植物和传统药用植物的引种种植,在珍稀濒危植物、特有植物和传统药用植物的原生地附近建立起种质资源库。保山管理局先后与中国科学院昆明植物研究所、中国林科院、西南林学院、云南省中医学院、保山师专等科研单位和大专院校进行合作,在生物走廊带内成功保护引种了长蕊木兰、红花木莲、光叶栱桐、舟柄茶等珍稀植物,规模种植了重楼、珠子参、云南黄连、金铁锁、十大功劳、朱砂根等珍贵中药材,52种珍稀濒危植物得到了近原生地回归种植。为了科学规范地实施有效保护管理,保山管理局以物种近原生地保护为核心,建立了集保护、体验、教育、休闲、科研为一体的中国大陆地区的第一个自然公园,公园内设置了四要素自动气象观测站,配置了公园管理人员,在生物走廊带上建成了以珍稀濒危动植物保护为基础的新型科普教育基地。

自2006年年底自然公园正式开业以来,近万名中外游客纷至沓来,他们在自然公园内进行观鸟,赏花,探险,观察白眉长臂猿等自然体验活动,开展走丝绸古道,探古高黎人之谜等文化体验活动。通过系列的体验活动,普及自然保护知识、提高自然保护意识,最终实现自然公园的教育功能。先后有全国政协、中宣部、国家林业局、交通部、中国科学院、云南省政府、云南省人大等20余位省部级领导来到自然公园考察指导工作,有美国、澳大利亚、荷兰、保加利亚等多个国家的专家学者到自然公园进行科学考察,有力促进了高黎贡山近原生地保护工作的开展。(2007年8月22日)

(蔺汝涛 供稿)

高黎贡山自然保护区保山管理局在百花岭村举办"千百万"工程第三期综合培训班

2007年是高黎贡山国家级自然保护区保山管理局在百花岭村开展"千百万"帮扶工作的第三年，也是总结经验、解决问题、巩固成果最为关键的一年。通过前两年的帮扶，百花岭村民发展经济林果产业积极性普遍提高，新增面积300余亩。为帮助村民提高种植和管理水平，高黎贡山保护局与百花岭村委会及高黎贡山农民生物多样性保护协会，于2007年9月3日至5日，在隆阳区芒宽乡百花岭村举办了为期三天的经济林果实用技术综合培训班。此次培训对象较以往扩大了许多，除了百花岭村"千百万"工程示范户外，还邀请了百花岭村委会领导、八个村民小组长、百花岭管理站工作人员及百花岭村范围内的护林员，共计52人。

此次培训邀请保山市林业技术推广总站王保生支部书记主讲，讲授的主要内容是核桃、板栗幼树管理方面相关知识。首先进行课堂讲授，先集中一天的时间在百花岭村公所及旅游接待站集中培训，王老师系统讲授了板栗、核桃的生理习性、土肥水管理、整形修剪、果实采收、病虫害防治等方面知识，并示范操作三种嫁接方法。此后，王老师分别到相关农户的果园和家中做现场教学，指导村民把理论知识和生产实际相联系，并针对村民提出的问题，进行了一一解答，受到村民的热情欢迎。

由于采用课堂讲授和实地示范相结合的方式，开展集中讲授与分散指导，让受参训人员容易理解接受相关知识，许多村民都对此次培训表示很满意，对专家们表示了感谢，并希望保护局今后继续举办开展此类培训班，帮助村民提高果树种植和管理水平，发展农林产业，改善百花岭生产生活状况。

在培训班上，保护局科技帮扶人员还特地将80余本经济林种植、畜禽养殖等农村实用书籍，赠送给参训人员及百花岭村委会，并利用集中培训的机会，向参训人员介绍生物多样性保护及相关法律法规知识，与村社干部及农户充分交流，收集三年帮扶成效信息。回到保山后，帮扶人员将此次培训、调查情况及百花岭村现状向保护局领导进行了汇报。经局办公会研究决定，向百花岭村委会拨款20 000元，帮助村公所建设及高黎贡山农民生物多样性保护协会开展活动。(2007年9月14日)

（施晓春　供稿）

发挥资源优势　培植绿色文化产业
——高黎贡山国家级自然保护区保山管理局积极探索资源可持续利用的新模式

随着电影《银杏银杏》于今年10月8日在风景迷人的高黎贡山自然公园最后杀青，标志着该影片历时10个多月进行紧张的野外拍摄工作，在高黎贡山画上了圆满记号，也标志着高黎贡山国家级自然保护区保山管理局努力探索利用资源优势，培植绿色文化产业的资源可持续利用新模式，取得了实质性进展。

电影《银杏银杏》由北京真像影视文化有限公司拍摄。故事讲述了一对被隐瞒了真实身份的恋人，在家族恩怨的阴影下无法结合，当他们发现各自的秘密时，却已陷入绝境而身不由己。待到来世重逢时，这一对恋人通过对那段美丽炽烈的爱情的回忆，打开了久锁在主人公内心深深的记忆，也唤起人们对于美好爱情的无限眷恋。该剧由曾经饰演过电视剧《小李飞刀》中的惊鸿仙子和《牵手》中王纯的扮演者俞飞鸿担任女主演和导演，在《士兵突击》中扮演连长的当红演员段奕宏担任男一号，姚鲁、李佳等著名演员加盟打造。该影片拍摄场地风光优美,影片制作追求尽善尽美,故事情节传奇浪漫,有实力冲击国际电影节。

《银杏银杏》于2005年8月被国家广播电影电视事业管理局批准立项(影单字2005第238号),以及获得云南省广播电视局和保山市委宣传部的批复,我局与影片摄制组进行合作,签订拍摄协议,提供相应的场地并协助办理了相关林地临时占用的合法使用手续,结合高黎贡山科普宣传教育基地建设,共同创建了山野影视文化基地。《银杏银杏》于2007年1月正式在高黎贡山自然公园及周边的三台山村搭建景物,3月2日在高黎贡山自然公园正式开机拍摄,于10月8日圆满结束,历时7个多月。在影片拍摄过程中,我局严格按照协议始终认真做好监督检查工作,期间没有发生过森林火灾;没有对当地的森林资源和自然环境造成破坏,垃圾和废物通过清理运出到垃圾场;没有拖欠民工工资;没有对当地带来不良的负面影响,2007年10月8~9日,我局对影片拍摄场地进行现场检查验收。

《银杏银杏》根据剧情在高黎贡山自然公园搭建了自然古朴的影视山寨16间和大宅院1幢,租用马匹、牛羊200余头,收购道具3 000余件,长期进行拍摄的电影演员和群众演员达200余名,主要剧情演员角色多达240余人,后勤保障车辆40余辆。《银杏银杏》从搭建景物到拍摄结束历时10个多月,累计聘用当地民工达10 000余人次,直接支付当地民工工资30余万元;购买当地实物道具费用10万余元,租用当地马匹、牛羊5万余元。据剧组初步估算,《银杏银杏》拍摄期间在保山市内消费高达近2 000万元。《银杏银杏》的拍摄为繁荣保山旅游市场、树立对外形象,和增加当地群众经济收入起到积极作用。

电影《银杏银杏》在高黎贡山自然公园的外景拍摄已经结束,目前该片已在泰国进行胶片冲洗,优美的拍摄画面备受美国电影公司的青睐。在《银杏银杏》的推动下,一手打造了电视剧《士兵突击》的导演康洪雷11月将带领"士兵"的原班人马重返云南,在腾冲取景打造又一部军旅题材电视剧《我的团长我的团》。据了解，在《银杏银杏》扮演男主角的段奕宏已经确定在该剧中出演团长。影视主旋律抗日题材《高黎贡山敢死队》也正在进行紧张策划中。这些影片的拍摄将有力地推动我市影视文化旅游产业的发展。(2007年10月19日)

(蔺汝涛　供稿)

FCCD项目圆满结束
我市项目实施单位成绩斐然

中荷合作云南省森林保护与社区发展项目（FCCDP）于2007年10月11~12日在昆明成功召开了巩固期项目总结交流会议，实施时间长达8年的FCCD项目在我省圆满地画上了句号。

中荷两国政府早在1998年就启动实施了"中荷合作森林保护与社区发展项目"，2004年一期项目结束后，在商务部和国家林业局的支持下，云南省林业厅与荷兰使馆签署了为期3年的巩固期协议。荷兰政府援助140万欧元用于协助云南省林业厅继续实施生物多样性保护和能力建设，以便巩固项目前期所取得的经验和成果，我市的高黎贡山和小黑山自然保护区及周边社区在一期项目实施的基础上继续得到援助。3年来，在市委、市政府的领导与关心下，在省WPO办和当地政府支持下，我市圆满完成了巩固期所涉及的10个项目活动，累计争取荷方无偿援助项目资金160余万元。主要项目活动包括在腾冲、隆阳、龙陵自然保护区周边社区实施小额信贷促进非木材林产品推广种植；在周边区建立20余个社区苗圃，进行重楼、石斛、葱木、草果繁育试点；推进长效参与式森林共管机制建设，鼓励社区参与资源监测，成立草果共管协会示范；开展高黎贡山自然保护区南段第二次资源监测调查；进行了保护区生物走廊带的调查和评估，成功举办了高黎贡山国家级自然保护区南段生物走廊带国际研讨会。

在FCCDP总结表彰会上，高黎贡山国家级自然保护区保山管理局、龙陵小黑山省级自然保护区管理所荣获FCCDP先进集体；朱明育、蔺汝涛、李昌连、彭武伦、王天灿、李家华、李家鸿、郁云江8位同志被评为FCCDP先进工作者，这是云南省林业厅对我市实施FCCD项目所取得的成绩给予充分肯定和高度评价。（2007年10月26日）

（蔺汝涛　供稿）

完善档案管理　推进示范保护区建设
——我局综合档案室达云南省企业科技事业单位档案工作规范管理四星级标准

2007年11月15日，受云南省档案局委托保山市档案局组成由局长、研究馆员郭进忠等6人的专家评审组，对高黎贡山国家级自然保护区保山管理局档案工作规范化管理进行了验收评定，评审组按照《云南省企业科技事业单位档案工作规范管理验收办法》的规定，实地查看档案工作规范管理情况，严格按照评定程序，对照验收评定标准的内容对我局档案工作规范管理进行了验收评定，专家评审组给我局综合档案室打出了137分的高分（五星级为142分），评定结果：我局综合档案室达云南省企业科技事业单位档案工作规范管理四星级标准。

今年1月开始，我局为实现全国示范保护区建设的需要，结合云南省和保山市有关文件精神，组织大量的人力物力，将1994年至2006年档案4 125条文件录入档案系统。全宗档案679卷，其中文书档案（1994~2001）年163卷，（2002~2006）年98卷；基建档案16卷；科研档案81卷；会计档案294卷；照片档案8

卷；声像档案 19 卷；动物标本档案 760 号/份；植物标本档案 6 923 号/份，建立了完善的自然保护区档案体系和查询系统。

最后，专家评审组对我局的档案工作给予高度评价：一是我局能认真贯彻执行《档案法》及有关档案法规，按照国家有关规定完善档案管理体制，建立健全各项规章制度，把档案工作纳入年度考核，责任制落实，档案工作人员具有档案专业知识，能履行各种职责，各种门类和载体的档案已实行集中统一管理。二是档案基础业务较为规范，档案齐全、完整、准确，制定有科学的档案分类方案和保管期限表，案卷质量基本符合国家标准，案卷的归档率、完整率、准确率、合格率基本达到国家的要求，设备、设施能满足安全保管档案的需要，家庭建档率达到 90%。三是档案室已成为本单位档案信息中心，编有全宗介绍、组织沿革、大事记和大量通用性编研资料，检索工具齐全。已建有文件级目录数据库和动植物标本数据库。档案为单位编制规划、科学研究、领导决策及各部门工作查考提供了有效服务，为保护事业的发展和保山经济建设发挥了积极作用。（2007 年 11 月 22 日）

（杨 槐 供稿）

高黎贡山发现野生林麝种群

2003 年至今，云南高黎贡山国家级自然保护区保山管理局在高黎贡山国家级自然保护区进行野生动物监测时发现，在高黎贡山南段，地理位置介于东经 98°44′35″~98°46′20″，北纬 24°50′49″~24°58′35″ 之间，发现野生林麝种群，该物种主要分布在海拔 2 200~2 681 米之间的中山湿性常绿阔叶林和杜鹃苔藓矮林之中，以昆虫为主食。在人工饲养中，曾记录到一次林麝将饲养在同一笼中的大拟啄木鸟捕食的现象。在饲养状态下，林麝每年 10 月中旬开始冬眠，次年 4 月上旬苏醒。2004~2007 年间，我局科技人员共采集到林猬活体 3 只，做成标本一份，标体为雌性个体，长 200mm，体重 390g。

经我们初步鉴定为新种，定名为高黎贡山林猬 *Hemiechinus gaoligongshani*，希望有兴趣的专家进行深入研究。（2007 年 12 月 3 日）

（艾怀森　供稿）

高黎贡山组建首支专业扑火队

高黎贡山国家级自然保护区是全球生物多样性保护最关键的地区之一，被誉为"世界物种基因库"、"野生动物的乐园"，在我国生物资源保护方面具有十分重要的战略地位，其森林火灾的预防和扑救一直是地方各级政府森林防火工作的重中之重。

为确保高黎贡山生物资源的安全，保护区各级管理机构坚持科学的发展观，发扬与时俱进的开拓创新精神，因地制宜而又开创性地开展高黎贡山自然保护区森林防火工作。近期，保护区隆阳管理所针对保护区防火宣传任务重、扑救火灾难度大的特殊性，认真研究对策，率先组建了高黎贡山首支自然保护区专业扑火队伍，为保护区磨砺出一支扼制森林火魔的利剑。

该支专业扑火队共 16 人，由隆阳管理所相关领导、部分林政资源管理人员和熟悉森林消防业务且综合素质较强的青年护林员组成，其主要职责是参与保护区及周边林区的森林防火宣传和火警、火灾的扑救工作。该支扑火队的组建，实现了高黎贡山专业扑火队伍从无到有的过渡，是对自然保护区森林防火工作一个有益的创新和尝试，为下一步高黎贡山防火机制的创新和专业防火队伍的建设奠定了良好的基础。

目前，时值森林防火戒严期，高黎贡山森林防火工作已经进入关键时期，该支扑火队已及时在潞江坝湾集结待命，除参加正常的

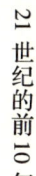

野外巡护和防火检查工作外，每天都坚持防火知识学习和体能锻炼，以有效提高扑火作战能力，随时准备为保护高黎贡山自然资源冲锋陷阵。(2008 年 3 月 31 日)

（隆阳管理所　供稿）

保山茜回归高黎贡山　近地保护取得新进展

2008 年 3 月 21 日，恰逢世界森林日，正当世界各国人民都在举行不同形式保护我们赖以生存森林活动的时候，高黎贡山国家级自然保护区保山管理局和中国科学院昆明植物研究所举行庄严而隆重仪式，中国著名植物学家李恒教授等专家与保护区工作人员共同将 200 株保山茜（*Fosbergia shweliensis*）定植在高黎贡山近地保护基地内，这是自然保护与人工繁育相结合，对特有、珍稀濒危植物进行保护和种群恢复的一次有益尝试，促进了高黎贡山野生动植物近地保护基地建设步伐。保山电视台对整个活动进行了跟踪报道。

近年来，在云南省林业厅大力支持下，高黎贡山国家级自然保护区积极开展近原生地保护实践，取得了良好效果，开辟了生物多样性保护的新途径，特别对当地特有植物具有十分重要的意义，在云南省滇西北生物多样性保护工作会议上，受到社会各界的高度评价。近地保护是一种新的保护理念，介于就地保护与迁地保护之间，就是在接近物种原生地、保护区边缘或生物走廊带内开展保护活动。高黎贡山近保护基地已引种的光叶珙桐（*Davidia involucrata* var. *vilmoriniana*）、长蕊木兰（*Alcimandra cathcardii*）、红花木莲（*Manglietia insignis*）、山玉兰（*Magnolia delavayi*）、景东槭（*Acer jingdongense*）、滇重楼（*Paris polyphylla*）、云南黄连（*Coptis teeta*）、金铁锁（*Psammosilene tunicoides*）、珠子参（*Panax japonicus* var. *major*）、长小叶十大功劳（*Mahonia lomariifolia*）等珍稀特有植物、珍贵药材，长势良好，规模不断扩大。高黎贡山野生动植物近地保护基地的建成，成为保存高黎贡山特有、珍稀濒危植物种质资源的一个重要场所。我们将在成功保存种质资源的基础上，开展种群恢复研究，为高黎贡山特有、珍稀濒危植物保护工作探索一种有效模式。

  近百年前，有一个外国人来到中国云南省西部边陲重镇腾冲，四处采集动植物标本，收集植物种子，被当地人称为"采花领事"，他就是著名的英国植物采集家乔治·傅礼士（George Forrest）。傅礼士来中国的目的是为英国获取大量物种资源，他先后组织了7次大规模考察，采集到3万多号10万多份植物标本，为英国引种了1 000多种活植物，为欧美园林发展做出了很大贡献，也为植物学研究做出了贡献。由于时代变迁，许多傅礼士采过的植物，后来的研究人员一直都没能采到标本。时间一转眼到了21世纪，李恒教授和她的合作者来到高黎贡山保山段考察，先后在大蒿坪、赧亢、古城山、曲石、大塘等地采集到一种长着大果子的奇特苦苣苔科植物，查遍了所有的中国植物研究资料，无法确定出这种植物的名称。正当大家以为它是一个新种的时候，英国爱丁堡植物园发来了一份标本资料，那是傅礼士1919年前在腾冲曲石附近采集的有花植物标本。由于当时外国人习惯认为腾冲是瑞丽江流域（流经曲石的龙川江是瑞丽江的上游），因此当时将这种植物定名为瑞丽苣。为了使这样植物恢复其本来的地理区域意义，李恒教授提议，把瑞丽苣改名为保山苣。李恒教授是对保山苣的再次发现，与发现新种有同样的意义，这种植物仅在高黎贡山国家级自然保护区保山段不到200 km^{2}范围内有分布，成年个体数目不足200株，是一个极度濒危的物种，急需开展保护研究。因此，高黎贡山管理局和昆明植物研究所共同采集了保山苣种子，在昆明植物园进行人工繁育试验，并将培养出苗木回归种植到高黎贡山，今后双方还将在植物保护与繁育领域开展更多的合作研究。（2008年4月2日）

（施晓春　供稿）

高黎贡山国家级自然保护区保山管理局正式拉开灵长类动物研究序幕

3月22日~4月1日，我局科技人员与大理学院灵长类研究专家组成20余人的工作队分4个调查小组，对高黎贡山国家级自然保护区南段生物走廊带进行为期10天的灵长类动物拉网式调查，发现白眉长臂猿2群3只，灰叶猴3群120余只，熊猴3群60余只，短尾猴1群50余只。在开展野外调查期间，工作人员平均每天都能跟踪到2~3种猴群，访问到7种灵长类动物，可见在不到50平方公里的范围内现存分布的灵长类动物种类之多、密度之大，在中国实属罕见。本次调查发现灰叶猴种群数量庞大，一个种群多达50余只，属多雄多雌积聚群体，与国外叶猴类单雄多雌小种群数量分布不同。

灵长类动物生存环境是衡量当地森林资源管理好坏的一个重要指标，我局以旗舰物种白眉长臂猿作为科学研究的突破口，得到了国家林业局、云南省林业厅的项目立项支持，得到了中国动物学会灵长类专家组的技术支持。目前我局与中国林科院、西南林学院、大理学院、中科院昆明动物研究所联合组成了具有较高研究能力的灵长类动物研究队伍，将在高黎贡山进行多层次全方位的研究，希望通过灵长类动物的研究和管理，进一步推动保护区的科学管理。

自2004年我局强化了野生动物栖息地管理，对灵长类动物进行习惯化研究，与西南林学院建立了教学基地，先后有研究生、本科生常年在高黎贡山国家级保护区对灵长类动物进行长期观察和跟踪研究；中国林科院马强副研究员等人在高黎贡山自然保护区大塘、赛格、自然公园等地开展了灵长类野外调查和研究工作，并在周边社区进行了访问调查。2007年10月20~23日，我局组织召开高黎贡山灵长类动物监测和栖息地管理培训班，对前期工作进行研讨和经验总结,并聘请了中国科学院昆明动物研究所研究灵长类动物的著名专家赵其昆研究员亲临授课,来自不同单位的研究者对研究方法进行深入讨论,确定和统一了技术规程;同年我局派出代表参加了中国灵长类年会,对高黎贡山灵长类动物进行推介,引起强烈反响。通过近几年辛勤耕耘,经多方筹集资金建立了高黎贡山灵长类科研基地,收集到大量的灵长类动物栖息地、食物、行为、生态等图片资料,并撰写和发表高黎贡山灵长类动物研究论文10余篇,充分调动了保护区局、所、站开展科研和科学管理的热情。

相关知识:我国是世界上野生灵长类动物分布较为丰富的国家,有灵长类动物21种,约为世界现生灵长类物种的10%,其中15种分布在云南,高黎贡山国家级自然保护区内就分布有3科8种,分别是白眉长臂猿(*Hylobates hoolock*)戴帽叶猴(*Semnopithecus pileatus*)灰叶猴(*Semnopithecus phayrei*)蜂猴(*Nycticebus coucang*)熊猴(*Macaca assamensis assamensis*)豚尾猴(*Macaca nemestrina*)短尾猴(*Macaca arctoides brunneus*)猕猴(*Macaca mulatta*),被中国灵长类专家组评估后认为是欧亚大陆灵长类动物分布最集中的区域。(2008年4月14日)

(蔺汝涛 供稿)

高黎贡山自然公园百花含笑喜迎宾客

4月的高黎贡山自然公园蓝天白云、空气清新、古木苍翠、百花怒放,晨曦猿声啼鸣、雉鸡欢唱,高黎人家的炊烟冉冉升起,宛若山水画卷。在这美好的时刻,高黎人家迎来了远方尊贵的客人,4月16日,财政部原部长国家发展研究中心副主任金人庆一行,在原省人大常委会副主任黄炳生、保山市市长李正阳的陪同下,来到了高黎贡山自然公园;4月17日在滇"两院"院士,中国科学院院士、云南天文台研究员黄润乾,中国科学院院士、昆明植物研究所研究员孙汉董、中国工程院院士、昆明物理研究所研究员苏君红、中国工程院院士、昆明贵金属研究所研究员陈景、中国工程院院士、昆明理工大学教授戴永年、中国工程院院士、云南华能澜沧江水电开发公司教授级高级工程师马洪琪,在省科技厅副厅长李树洁、副市长李治刚及省、市科技部门负责人的陪同下,到高黎贡山自然公园进行了调研;4月18日,中国科协副主席、党组书记、书记处第一书记邓楠一行,在保山市委书记熊清华的陪同下,莅临高黎贡山自然公园。

客人们首先在高黎人家对高黎贡山的自然、历史、文化进行了了解,并观看了保护区工作人员拍摄的珍稀野生动物照片,聆听了研究人员录制的世界珍稀濒危物种——白眉长臂猿高昂的鸣叫声,之后客人们漫步于原始森林,呼吸新鲜空气,实地考察了自然公园内白眉长臂猿及6种灵长类动物的栖息地环境、野生药用植物、高黎贡山特有植物近原生地保育展示区。客人们对保护区所开展的工作给以充分肯定,对保护区开展的自然公园、物种近原生地保护基地以及高黎贡山灵长类国际研究中心给予了高度评价。

我局大胆创新实践,2006年在高黎贡山国家级自然保护区南段生物走廊带内建立了集保护、教育与体验、休闲、科研为一体的中国大陆地区第一个自然公园。2007年,高黎贡山自然公园被保山市委、政府确定为政府定点接待点,高黎贡山自然公园已成为保护区对外宣传的一个重要窗口,也是保山市建设生态文明进行宣传的一个重要窗口。(2008年4月23日)

(蔺汝涛 供稿)

高黎贡山国家级自然保护区腾冲管理所荣获"市级文明单位"称号

高黎贡山自然保护区腾冲管理所是高黎贡山的一个基层管理所,自成立以来,为保护高黎贡山生物资源安全做出了卓越的贡献,得到了社会各界的高度评价。为展示高黎贡山这一良好的对外窗口,腾冲管理所坚持科学的发展观,内强素质,外树形象,积极创建文明单位,继2004年被中共腾冲县委、县人民政府授予"县级文明单位"称号后,又于今年1月被中共保山市委、市人民政府正式授予"市级文明单位"荣誉称号。

随着保护区各项事业和生态建设的不断深入,管理所领导高度重视精神文明建设工作,把精神文明建设列入全所重要日常工作来抓,把创建文明活动与业务工作同部署、同落实,坚持"三个文明"一起抓,努力构建一支与国家级自然保护区相适应的职工队伍。主要开展了以下工作:一是认真贯彻执行党的路线、方针、政策;二是巩固边疆党建长廊,加强基层党建工作,充分发挥党组织的战斗堡垒作用;三是积极开展"解放思想大讨论活动",破除守旧思想,增强创新意识;四是严格履行《党风廉政建设责任制》,定期公开政务、财务,充分接受社会监督;五是积极开展政风行风评比、创先争优等活动;六是不断完善单位的各项规章制度,切实加强对人、财、物的管理;七是加大高黎贡山的宣传力度,加强与国际、国内的交流合作,营造良好的发展氛围;八是创造机会,为职工搭建接受再教育的平台;九是充分发挥工、青、妇的作用,切实维护职工合法权益。通过全体干部职工的不懈努力,腾冲管理所走出了一条"创文明,树新风,促工作,谋发展"的工作之路,实现了三个文明建设的协调发展,干部职工素质、社会知名度和工作效率明显提高。

腾冲管理所将以此荣誉为动力,在各级党委、政府和上级主管部门的正确领导下,以邓小平理论和"三个代表"重要思想为指导,全面落实科学发展观,按照构建社会主义和谐社会的要求,认真贯彻落实《公民道德建设实施纲要》,充分发挥"全国林业示范自然保护区"和"文明单位"的示范作用,促进自然保护区事业的健康协调发展。(2008年4月28日)

(李 艳 供稿)

全国政协王志珍副主席一行到高黎贡山自然保护区调研

2008年6月11日,全国政协副主席、九三学社中央副主席、中国科学院院士王志珍,全国政协常委、九三学社中央副主席冯培恩、赖明一行,在省政协副主席、九三学社云南省委主委曾华、保山市政协主席张静等省市领导陪同下,冒雨来到高黎贡山自然保护区,实地考察调研保护区管理工作情况。

王副主席一行与保护区工作人员围坐在高黎人家火塘边,听取艾怀森局长汇报保护区相关情况,了解到管理局近年来开展的自然、历史、人文及开发保护,灵长类专题研究,珍稀特有植物近原生地保护及怒江水库淹没区推行思路,以及保护管理、科研监测、生态旅游、科普教育等方面体系建设情况。最后,王副主席对高黎贡山保护区工作取得的成绩给予了高度评价,鼓励全体干部职工继续努力工作,探索创新工作模式,力争使高黎贡山的管理水平跃上一个新台阶。(2008年6月20日)

(施晓春 供稿)

云南省委书记白恩培到高黎贡山调研对近地保护新模式给予肯定

2008年6月23日,云南省委书记、省人大常委会主任白恩培一行在保山市委书记熊清华、市长李正阳的陪同下,来到高黎贡山调研。高黎贡山国家级自然保护区保山管理局艾怀森局长首先向白书记一行详细介绍了高黎贡山自然保护区丰富的生物多样性及近年来取得的保护成果,然后就保护区近几年开展的高黎贡山特有、濒危植物近地保护新模式向白书记一行作了重点汇报。为探索珍稀濒危、特有植物保护的新模式,我局在珍稀濒危植物、特有植物和传统药用植物的原生地附近建立起近地保护基地,目前已有长蕊木兰、红花木莲、光叶栱桐、保山茜、金铁锁、重楼、珠子参、云南黄连、石斛等52种珍稀濒危、特有植物得到了近地保护。物种近地保护工作的开展可兼顾协调保护与发展的关系,为水电开发、大型工程项目建设中如何进行生物多样性保护提供值得借鉴经验。白书记对物种近地保护工作很感兴趣,对我局开展的物种近地保护工作给予肯定。最后,白书记强调指出,保护的问题要在发展中解决,在发展中保护,在保护中发展。(2008年6月27日)

(蔺汝涛 供稿)

中美专家联合深入高黎贡山国家级自然保护区考察

2008年6月26日~27日,美国哥伦比亚大学美中艺术交流中心执行主任郝光明、美国哥伦比亚大学美中艺术交流中心理事会常务理事杰瑞得·艾德曼、美国农业部森林厅国家可持续旅游与景观道路项目专家夫洛德·汤姆森三世一行在保山市林业局、保山市旅游局、高黎贡山国家级自然保护区保山管理局等相关部门领导、专家的陪同下，对高黎贡山自然保护区生态、文化资源以及生态旅游建设和发展情况进行了实地考察。

26日，专家组一行先后考察了高黎贡山周边社区傣家榕树群景观、丝绸古驿道怒江双虹铁索桥、民间小型抗日博物馆，徒步沿着南方丝绸古道（蜀·身毒道）考察了古驿站——旧街子；27日，专家组一行乘车来到高黎贡山自然公园，围坐火塘体验高黎人生活，随后，专家组一行沿着新修的旅游道路考察了高黎贡山自然公园。中美专家考察组认为高黎贡山不仅是世界生物多样性极为丰富的关键地区之一，而且高黎贡山也具有丰厚的历史文化积淀，在民族、文化和宗教上呈现出丰富的多样性，是名副其实的"人类的双面书架"。同时专家组对保护区开展生态旅游的建设理念、建设思路给以充分肯定，认为保护区在旅游步道建设上采取就地取材，人让路、路让树，保持自然，体现人与自然和谐的原则，是世界生态旅游建设中的典范。本次考察活动为"滇西北生态文化保护与旅游可持续发展高峰论坛"提供了丰硕的交流经验。（2008年7月9日）

（蔺汝涛　供稿）

高黎贡山管理局充分发挥指导员后盾作用 以解放思想大讨论活动促进新农村建设

7月8日一大早，昌宁县柯街镇腊邑村小学内鞭炮齐鸣、锣鼓喧天，高黎贡山国家级自然保护区保山管理局艾怀森局长在大家热烈的掌声中为学校新建的图书室揭牌,并向腊邑村及学校送上两台电脑和4 000元慰问金。

腊邑村是高黎贡山国家级自然保护区保山管理局的社会主义新农村建设指导员派驻点。今年2月份,管理局认真贯彻落实市委落实市委下派新农村建设工作队的决定,在人员和经费十分紧张的情况下,选派出年富力强、熟悉农村工作的科级干部担任指导员,并在进村之际,即安排专项经费1万元,作为指导员驻村开展新农村建设的工作经费。同时,管理局明确了新农村建设指导员工作的分管领导和机构,制定了工作计划和目标,尽最大努力发挥单位的"后盾"作用,全力支持指导驻村开展社会主义新农村建设。

管理局派出的指导员进驻腊邑村以来,全面贯彻落实十七大精神,坚持科学的发展观,按照"生产发展、生活宽裕、乡风文明、村容整洁、管理民主"的社会主义新农村建设二十字方针,积极探索和研究新时期农村工作的新特点、新方法,认真履行指导员职责,扎实有效地推进驻村的新农村建设。并多方协调,先后为腊邑村安装了价值5 000多元的喇叭扩音器材,配置了3 000多元的办公桌椅,购置和捐赠了价值近3万元的科技图书资料,争取无偿资金2万多元。此外,招引浙商捐资建立腊邑村完小奖学金制度,新建农民图书室,开办农业技术培训班,为提升该村教育水平、造就新型农民奠定了坚实的基础。

为进一步理清腊邑村新农村建设思路,激发全局职工的社会主义新农村建设热情,管理局以开展解放思想大讨论为契机,以开展党员活动日为形式,动员全体职工参与,于7月8日深入到腊邑村新农村建设第一线,既看望了派出的指导员、支持了该村的新农村建设,又让全体党员和干部职工体验到了新农村建设的热潮,上了一堂生动的党课。(2008年7月16日)

(赵 玮 供稿)

全国政协副主席白立忱一行到高黎贡山调研

2008年7月11日，全国政协副主席白立忱率全国政协经济委员会、国家发改委、国家民委、国务院扶贫办、教育部、卫生部、交通运输部、水利部、农业部等国家有关部委负责人一行，在云南省政协副主席王学智、保山市委书记熊清华、保山市政协主席张静以及省、市相关部门领导的陪同下，到高黎贡山自然公园进行调研，对我局目前开展的自然公园建设、灵长类研究及特有植物近原生地保护工作给予了充分肯定。(2008年7月18日)

（蔺汝涛 供稿）

高黎贡山国家级自然保护区两景区被确定为《云南旅游护照》定点接待单位

近日，高黎贡山国家级自然保护区百花岭——江苴旅游景区、高黎贡山自然公园被云南省旅游局确定为《云南旅游护照》定点接待单位。全省共有93家旅游景区（点）加盟《云南旅游护照》，涉及我市的7家单位，高黎贡山国家级自然保护区两景区榜上有名。

《云南旅游护照》是我省为迎接北京奥运，推动旅游业的健康发展，扩大旅游景区的知名度和市场占有率，由云南省旅游局借鉴国内外先进的营销理念，向海内外游客免费发放以"迎奥运·畅游七彩云南"的促销活动，是我省整合旅游资源面向海内外推介云南旅游产品的新举措。

百花岭——江苴旅游景区是以"丝绸古道·神奇的高黎贡"为主题，开展科考、探险、观鸟、体验等生态旅游活动；高黎贡山自然公园结合深厚的高黎文化和丰富的生物多样性，开展科普、教育、休闲为一体的生态旅游活动。景区自建设以来，先后邀请了国内外专家按照先进生态旅游建设理念进行景区的规划设计；累计争取各类项目资金1 000余万元，进行了景区旅游道路基础设施建设，完成旅游布道改造和修缮，建立了百花岭科考接待站和高黎人家接待设施建设；带动社区小集镇建设2个和帮助社区群众发展农民家庭旅馆20多家等，每年景区有许多国内外游客纷至沓来。目前高黎贡山国家级自然保护区被评为云南省生态旅游示范景区、云南省科普旅游精品景区，被华夏人文地理评为中国生态旅游最具潜力景区之一，被国外专家评价为世界生态旅游建设的典范。（2008年7月21日）

（蔺汝涛　供稿）

高黎贡山保护局与保山师专签订共建实训基地合作协议

2008年8月29日，云南省高黎贡山国家自然保护区保山管理局与保山高等师范专科学校共建实训基地合作协议签字仪式在师专实验楼隆重举行，保山师专邓忠汉副校长和保护局艾怀森局长分别作了热情洋溢的讲话，并代表双方在协议书上签字。在签字仪式上，邓副校长向艾局长颁发了保山师专客座教授的聘书，艾局长向邓副校长赠送了保护局编纂的《高黎贡山研究文丛》。

保山师专与高黎贡山保护局长期以来建立起了良好的合作关系，保山师专一直把高黎贡山保护区作为教学实习基地，许多学生都是带着从高黎贡山学到的知识走向工作岗位。近年来，双方合作

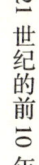

完成了高黎贡山动植物资源考察、生态监测、生物走廊带生态效益评估、标本数字化整理、高山牧场本底调查等课题，形成了一批学术论著，提高了双方教学、管理和科研水平。为了更好地发挥高黎贡山保护区资源优势，促进保护区管理、科研和科普水平提高，培养生物技术方面的实用人才，提高生物学教育教学质量和科研、管理水平，双方决定以签订合作协议的方式，将双方的合作关系巩固下来。协议规定，高黎贡山保护区将为保山师专提供教学实习、见习基地或场所，并在学生实习期间，提供便利条件和实践指导；保山师专聘用高黎贡山保护局有经验的中高职以上的人员作为客座教授或指导教师，参与教学和实践实训工作；保护局可聘用师专有经验的中高职以上的人员为客座专家，参与保护区科研监测工作；双方共同开展科研项目、人才培养、技术培训、技术服务、新产品开发等方面工作，所取得的成果、资料等双方共享。

高黎贡山保护局与保山师专共建实训基地合作协议的签订，是实践高黎贡山自然保护区可持续保护的有益尝试，标志着双方校区合作水平上了一个新台阶。(2008年9月5日)

（施晓春　供稿）

荷兰贸易促进委员会首席代表 Ms. Renée Snijders 一行徒步考察高黎贡山生态旅游

"十一"旅游黄金周期间，荷兰贸易促进委员会首席代表 Ms. Renée Snijders（兰妮女士）一行，在高黎贡山国家级自然保护区保山管理局工作人员的陪同下，徒步考察了高黎贡山南线生态旅游景区，史迪威公路、大蒿坪丝绸古道、自然保护区生物廊道，南线景区是高黎贡山自然与历史文化完美结合的旅游胜地，深受外国游客的青睐和向往，兰妮女士一行表示将会介绍更多的外国朋友到高黎贡山开展徒步生态旅游。

大蒿坪丝绸古道：徒步旅游线路为铺满哨——石棺材——城门洞（诸葛城）——烽火台——太平铺——大蒿坪，15公里，徒步5小时。古道开辟于唐代，盛于明清，是腾冲内接保山、大理，外连缅甸、印度的大动脉。这是一条商旅之路，在历史上，每天都有骡马队来回行走在参天蔽日的原始森林之中，穿行在云里雾里，马帮的铃声响彻云霄。这又是一条军事要道，沿途设有烽火台，明朝兵部尚书王骥率领几十万大军三征麓川，名将刘𬘩、邓子龙平定边乱，明朝末代永历帝败走缅甸，中国远征军6万大军抢渡怒江对盘踞在腾冲的日寇进行大反攻，其中的一部，都走过这条道路。300多年前，大旅行家徐霞客就从这条古道进入极边第一城——腾冲，过此道攀越高黎贡山的历代名人无不对她怀有敬仰、惊叹之情，并留下许多诗词文章。

生物廊道：旅游线路为分水关——朱佛寺——小地方——自然公园，18公里，步行6小时。这是连接高黎贡山国家级自然保护区与小黑山省级自然保护区之间的生物走廊带，是我国自然保护区生物走廊带建设的典范，生物多样性得到了最有效保护。沿着这条通往龙陵、芒市的山脊古道支线，可穿行满山遍野的杜鹃花、含笑花林海，不时看见黑熊足迹、小熊猫倩影，时而野猪挡道、时而红面猴吓人，白眉长臂猿鸣啼山野、灰叶猴追逐戏耍。登上朱佛寺可览众山小。寺院一度佛光普照，明永历帝曾在寺里大做法事。我国大陆地区首个自然公园内至今仍保留着许多古高黎人遗迹，游客可在高黎人家体验高黎人生活。被茂密森林环保的山间村寨——小地方，正展示着社会主义新农村的变化，游客可留宿品尝特色农家饭。

观鸟天堂之路：行走路线为坝湾——磨盘石——铺满哨——分水关——大蒿坪——龙文桥，40余公里，时间2~3天。观鸟旅行者可沿着平静的史迪威公路，从海拔1000米~2500米，观察高黎贡山东西坡不同海拔分布的鸟类。现在，公路来往车辆较少，受

人为干扰较小，公路两边种类繁多的鸟儿尽收观鸟者眼底。（2008年10月10日）

（蔺汝涛　供稿）

FFI亚太区域项目协调员一行考察高黎贡山国家级自然保护区

2008年12月3～5日，FFI亚太项目协调员Stephen Browne和Rachel Austin、亚太灵长类项目负责人Paul Insua Cao，FFI中国项目主任罗杨和FFI中国灵长类项目经理阎璐一行考察了高黎贡山国家级自然保护区。

12月3日，FFI考察组一行来到保山，受到了保山市政府热情款待和宴请，保山市政府办公室孙兴胜副主任、保山市林业局李保国局长、高黎贡山国家级自然保护区保山管理局艾怀森局长参加了晚宴。12月4～5日，FFI考察组在高黎贡山国家级自然保护区保山管理局艾怀森局长的陪同下，考察了高黎贡山国家级自然保护区。考察组一行首先徒步5个小时，沿着南方丝绸古道，经分水岭过朱佛寺到小地方，穿越莽莽林海，考察了高黎贡山生物走廊带。5日早晨，考察组一行来到高黎贡山自然公园，对高黎贡山明星动物——白眉长臂猿的生活环境及观测哨所进行了实地考察。FFI考察组还实地考察了保护区基层赧亢管理站，参观了保护区动物标本室，最后与保护区管理部门进行了座谈。座谈会上，双方就对保护区内的珍稀濒危野生动物特别是灵长类、雉鸡类动物的研究保护及保护区与周边社区协同保护等问题交换了意见，就如何对高黎贡山灵长类、雉鸡类动物调查研究，边境地区做跨国境保护试点，宣传教育项目等达成共识。

FFI此次到黎贡山国家级自然保护区考察，得到了保护区管理部门周密安排和接待，取得了良好的效果，此次考察也为今后双方开展广泛、深入的合作奠定了坚实基础。

FFI 是野生动植物保护国际的简称，致力于在科学基础上，充分考虑人类的需求，选择可持续性的解决方法保护全球的濒危物种和生态系统。FFI 成立于 1903 年，是世界上历史最悠久的国际非营利性保护组织之一，也是为数不多的，致力于全球的濒危动植物和自然生态系统保护的机构。（2008 年 12 月 12 日）

（蔺汝涛　供稿）

高黎贡山自然保护区生态旅游规划野外考察圆满结束

2009 年 2 月 5～13 日，云南大学旅游研究所博士生导师杨桂华教授、博士生导师王跃华教授、陈飙博士等人一行，在高黎国家级自然保护区保山管理局李正波副局长等人的陪同下，圆满完成了高黎贡山自然保护区保山片区内的生态旅游规划野外考察工作，去年 10 月规划组就已完成了高黎贡山自然保护区怒江片区内的野外考察工作，至此，高黎贡山国家级自然保护区统一整体的生态旅游规划编制工作中的外业考察活动圆满结束。

早在 1993 年高黎贡山自然保护区总体规划设计时，专门在实验区内区划了生态旅游区，经原国家林业部同意，我局开始探索生态旅游工作，并于 2001～2002 年组织专家完成了《高黎贡山自然保护区（保山段）生态旅游总体规划》，上报国家林业局，由于规划内容没有包括怒江州的范围，未被批准。按照国家林业局要求，在省林业厅的支持下，我局与怒江局多次协商，共同聘请云南大学旅游研究所编制高黎贡山自然保护区生态旅游规划。本次生态旅游规划野外考察内容主要包括高黎贡山自然保护区生态资源及旅游资源、生态旅游发展、生态保护和社区社会经济文化发展水平等。围绕考察主体,考察组一行深入高黎贡山自然保护区腹地,实地考察了高黎贡山自然公园、大竹坝高山草甸、8号边境国界哑口、大树杜鹃、南斋公房丝绸古道、百花岭温泉瀑布景区、大蒿坪丝绸古道,并深入社区考察了手工抄纸、野猪箐古木桥、怒江双虹铁索桥、芒宽独树成林、潞江白龙潭等景点。

保山市政府对高黎贡山自然保护区的生态旅游规划工作高度重视,2008年8月25日,专门成立了以刘刚副市长为组长的高黎贡山自然保护区生态旅游规划领导小组,并在正式开始规划前组织相关部门进行了多次调研。2月12日下午,保山市政府刘刚副市长与考察组就如何做好高黎贡山自然保护区的生态旅游规划交换了意见,并宴请了考察组一行。

考察组除了从自身的体验和感受认知外,还广泛听取了相关部门的意见,并于2月13日在保山组织召开了高黎贡山国家级自然保护区生态旅游规划第一次咨询意见会,来自保山市发改委、市旅游局、市林业局、高黎贡山国家级自然保护区保山管理局、隆阳区政府办、隆阳区旅游局、隆阳区林业局等相关部门的领导及专家就高黎贡山开展生态旅游和进行旅游规划提出宝贵的意见和建议,认为高黎贡山是国家级自然保护区、世界生物圈保护区、"三江并流"世界自然遗产的重要组成部分,是我市世界级的旅游资源,要求规划单位高起点、高创意、高标准设计出世界一流的旅游规划,规划思路具有前瞻性,和可操作性,设计内容要统筹兼顾,分步实施。同时还提出,规划内容要与市政府的旅游发展规划相结合,应作为政府旅游发展规划的重要组成部分,旅游开发必须依托当地政府的主导作用,发挥多种利益群体参与投资建设,林业及保护区管理部门做好规划和资源安全监管工作,走自然保护区特许经营的道路。考察组表示将在编写旅游规划过程中认真采纳相关部门领导及专家的意见和建议,按照国家公园建设理念,全力做好高黎贡山自然保护区的生态旅游规划工作。(2009年2月19日)

(蔺汝涛　供稿)

保山管理局获"新农村建设优秀派出单位"的荣誉称号

2009年1月8日上午,在昌宁县人民政府礼堂隆重召开了昌宁县第二批新农村建设工作表彰大会,云南高黎贡山国家级自然保护区保山管理局荣获第二批"新农村建设优秀派出单位"的荣誉称号。

2008年2月,云南高黎贡山国家级自然保护区保山管理局认真贯彻落实市委下派新农村建设工作队的决定,在人员和经费十分紧张的情况下,选派出年富力强、熟悉农村工作的科级干部担任指导员,并安排专项经费1万元作为指导员驻村开展新农村建设的工作经费。同时,管理局明确了新农村建设指导员工作的分管领导,制订了工作计划和目标,尽最大努力发挥单位的"后盾"作用,全力支持指导员驻村开展社会主义新农村建设工作。

一年来,管理局主要领导曾亲自带队多次到单位所派指导员驻地昌宁县柯街镇腊邑村,与村两委的领导班子、所派指导员一起进行农业、农村、农民工作调研,并积极帮助理清产业发展思路、经济发展方向和努力帮助协调相关的各项农村建设项目,同时不定期委派其他领导和工作人员多次到村看望指导员;并给村公所带去慰问金2 000元,给腊邑完小学带去慰问金2 000元。并全力支持指导员建起了腊邑村完小、农民图书室。图书室配齐了书柜、阅览桌以及各类文学、史学、幼儿读本、农用种植、养殖技术等书籍4 000余册,电脑一台,累计投入资金37 000余元;为腊邑村公所配备了价值4 800元的办公电脑一台。

高黎贡山自然保护区保山管理局在努力开展好自身本职工作的同时,还积极关注农村经济的发展。关注"三农"工作的开展,在2008年的新农村建设工作中，管理局所做的工作得到了当地人民群众的认可，树立了良好的政府形象，得到了当地人民群众的好评和当地政府的肯定，荣获了昌宁县第二批"新农村建设优秀派出单位"。同时，柯街镇中心完小、腊邑完全小学给高黎贡山管理局赠送了内容为"在2008年的新农村建设工作中，支持农村教育发展、重视新型农民培养"的锦旗。（2009年2月27日）

（赵 玮 供稿）

市森林防火督查组对高黎贡山周边社区进行了森林防火督查

2009年3月10~12日，由市森林防护指挥部组织，由市林业局局长、森林公安分局局长、高黎贡山保护局局长、隆阳区林业局局长等组成的潞江、芒宽两乡的森林防火督查组对潞江乡、芒宽乡、高黎贡山保护区隆阳分局的防火工作作了全面的检查。

检查以领导汇报、查看防火装备、检查防火工作制度和工作记录、实地访查等形式进行。督查组分别以潞江乡、芒宽乡为单位召开了两个森林防火专题座谈汇报会，各乡镇由分管森林防火工作的武装部长汇报，林业站长补充，保护区由隆阳管理分局的分局长汇报，其他相关人员补充。同时对潞江乡的森林防火设备作了检查，对高黎贡山保护区隆阳管理分局在百花岭进山路口所设的哨卡进行了实地工作情况抽查。

通过听取汇报、实地查看、查阅林业站森林防火记录，督查组对高黎贡山保护区周边地区隆阳区范围内的前期防火工作给予了高度肯定，并要求对其已形成的防火模式，即：政府组织，社会各机构参与的组织模式，能做到责任明确、行动迅速、严防死守，组织机构到位，各级各层次能够互动的经验进行全面总结，使之能在成熟的时候全面推广应用。督查组还针对高黎贡山频繁出现雷击火的实际情况,要求隆阳区有关部门对高黎贡山的雷击火进行严格的监测,并对雷击火形成的条件认真分析研究,总结规律,做好及时扑救工作。(2009年3月25日)

(赵 玮 供稿)

美国麦克阿瑟基金会环境与可持续发展项目负责人考察高黎贡山

2009年3月24~26日,美国麦克阿瑟基金会环境与可持续发展项目负责人 Holtz Christopher、中国自然之友总干事李波来到高黎贡山,在高黎贡山保护区保山管理局艾怀森局长陪同下,先后考察了大蛇腰护林点、八十一至小地方山脊旅游线、小地方项目点、自然公园、赧亢管理站、曲石林家铺等地,对以往麦克阿瑟基金会资助的高黎贡山(保山)项目进行实地考察,并与保护区管理人员进行了交流讨论。考察组对高黎贡山项目实施情况给予高度评价。

美国麦克阿瑟基金会(The John D. and Catherine T. MacArthur Foundation)于1970年成立于芝加哥,是目前美国最大的私家基金会之一,主要资助于国际和平安全、人口和环境等项目。麦克阿瑟基金会长期关注高黎贡山,1994年资助实施"高黎贡山森林资源管理与生物多样性保护"项目,1998年资助"PLEC 计划",2006年基金会总裁 Jonathan F. Fanton 先生等到高黎贡山考察,2008年资助"云南高黎贡山国家级自然保护区社区发展、生态保护与恢复"项目,对高黎贡山生物多样性保护及周边社区发展起到很好的促进作用。(2009年4月8日)

(施晓春 供稿)

高黎贡山野生兰科植物有了完备科学档案

2009年1月，在大量野外调查、标本研究和文献查阅的基础上，《高黎贡山研究文丛第四卷——高黎贡山原生兰科植物》由科学出版社正式出版，该书系统论述了高黎贡山94属352种兰科植物的分布规律、种属描述及濒危等级评估，并为每个种类配上彩色照片或标本照片，标志着高黎贡山野生兰科植物方面研究取得了突破性进展，有了完备的科学档案。

现代意义的高黎贡山兰科植物研究始于19世纪末，一百多年来，中外植物学家到高黎贡山开展包括兰科在内的植物调查，采集大量标本，陆续发表了许多新种、新记录，兰科植物本底资料不断充实。2000年，李恒教授等出版了《高黎贡山植物》，在收集整理了以往的研究资料的基础上，记载了高黎贡山兰科植物75属265种及变种。近年来，在上级部门关心支持下，高黎贡山国家级自然保护区保山管理局与有关科研部门开展了一系列科研项目，取得一系列科研成果，高黎贡山兰科植物方面研究不断取得进展。2006年开展了高黎贡山兰科植物监测与就地保护项目，在高黎贡山南段建立兰科植物监测体系，先后发现了14个兰科新记录种。以国家兰科植物种质资源保护中心首席专家刘仲健教授为代表研究者，先后在国内外学术刊物发表了1个高黎贡山兰科新属（心启兰属 *Chenorchis*）、1个新记录属（三角兰属 *Trias*），及心启兰（*Chenorchis singchii*）、保山兰（*Cymbidium baoshanense*）、丽花兰（*Cymbidium concinnum*）、金蝉兰（*Cymbidium gaoligongense*）、泸水兰（*Cymbidium lushuiense*）、金豆兜兰（*Paphiopedilum armeniacum* var. *parviflorum*）、根茎兜兰（*Paphiopedilum rhizomatosum*）、翡翠兜兰（*Paphiopedilum smaragdinum*）、疣花三角兰（*Trias verrucosa*）等一系列新种。综合所有研究资料，统计得出，已记载的高黎贡山兰科植物种类达97属441种及变种。占云南省国土面积8.8%的高黎贡山，分布的兰科植物种类占云南总数的 55.5%，在植物地理上是一个奇迹。

（想了解高黎贡山兰科植物具体名录，请登录 www.glgs.gov.cn）

高黎贡山兰科植物名录

1. 多花脆兰 Acampe rigida (Buch. - Ham. ex J. E. Smith) P. F. Hunt
2. 禾叶兰 Agrostophyllum callosum Rchb. f.
3. 长苞无柱兰 Amitostigma farreri Schltr.
4. 一花无柱兰 Amitostigma monanthum (Finet) Schltr.
5. 糙茎无柱兰 Amitostigma monanthum var. forrestii T. Tang & F. T. Wang
6. 少花无柱兰 Amitostigma parceflorum (Finet) Schltr.
7. 黄花无柱兰 Amitostigma simplex T. Tang & W. T. Wang
8. 滇蜀无柱兰 Amitostigma tetralobum
9. 西藏无柱兰 Amitostigma tibeticum Schltr.
10. 三叉无柱兰 Amitostigma trifurcatum T. Tang & K. Y. Lang
11. 齿片无柱兰 Amitostigma yuanum T. Tang & F. T. Wang
12. 绿花安兰 Ania hookeriana
13. 剑唇兜蕊兰 Androcorys pugioniformis (Lindl. ex Hook. f.) K. Y. Lang
14. 蜀藏兜蕊兰 Androcorys spiralis T. Tang & F. T. Wang
15. 小齿唇兰 Anoectochilus crispus Lindl.
16. 西南齿唇兰 Anoectochilus elwesii (Clarke ex Hook. f.) King & Pantl.
17. 齿唇兰 Anoectochilus lanceolatus Lindl.
18. 艳丽齿唇兰 Anoectochilus moulmeinensis (Par. & Rchb. F.) Seidenf.
19. 金线兰 Anoectochilus roxburgii (Wall.) Lindl.
20. 筒瓣兰 Anthogonium gracile Lindl.
21. 无叶兰 Aphyllorchis montana Rchb. f.

22. 竹叶兰 *Arundina graminifolia*（D. Don）Hochr.
23. 圆柱叶鸟舌兰 *Ascocentrum himalaicum*（Deb, Sengupta & Malick）Christenson
24. 红唇圆柱叶鸟舌兰 *Ascocentrum himalaicum* var. *roseolum* H. Jiang
25. 小白及 *Bletilla formosana*（Hayata）Schltr.
26. 黄花白及 *Bletilla ochracea* Schltr.
27. 白芨 *Bletilla striata*
28. 长叶苞叶兰 *Brachycorythis henryi*（Schltr.）Summerh.
29. 大叶卷瓣兰 *Bulbophyllum amplifolium*（Rolfe）Balak. & Chowdlury
30. 波密卷瓣兰 *Bulbophyllum bomiense* Z. H. Tsi & K. Y. Lang
31. 茎花石豆兰 *Bulbophyllum cauliflorum* Hook. f.
32. 环唇石豆兰 *Bulbophyllum corallinum* Tix & Guillaum
33. 大苞石豆兰 *Bulbophyllum cylindraceum* Lindl.
34. 圆叶石豆兰 *Bulbophyllum drymoglossum* Maxim. ex Okubo
35. 独龙江石豆兰 *Bulbophyllum dulongjiangense* X. H. Jin
36. 高茎卷瓣兰 *Bulbophyllum elatum*（Hook. f.）J. J. Smith
37. 匍茎卷瓣兰 *Bulbophyllum emarginatum*（Finet）J. J. Smith
38. 墨脱石豆兰 *Bulbophyllum eublepharum* Rchb. f.
39. 尖角卷瓣兰 *Bulbophyllum forrestii* Seidenf.
40. 贡山卷瓣兰 *Bulbophyllum gongshanense* Z. H. Tsi
41. 角萼石豆兰 *Bulbophyllum helenae*
42. 瓶壶卷瓣兰 *Bulbophyllum insulsum*（Gagnep.）Seidenf.
43. 卷苞石豆兰 *Bulbophyllum khasyanum* Griff.
44. 广东石豆兰 *Bulbophyllum kwangtungense* Schltr.
45. 密花石豆兰 *Bulbophyllum odoratissimum*（J. E. Smith）Lindl.
46. 德钦石豆兰 *Bulbophyllum otoglossum* Tuyama
47. 卵唇石豆兰 *Bulbophyllum ovatilabellum* Seidenf.
48. 斑唇卷瓣兰 *Bulbophyllum pectenveneris*（Gagnep.）Seidenf.

49. 长足石豆兰 *Bulbophyllum pectinatum* Finet
50. 伏生石豆兰 *Bulbophyllum reptans*（Lindl.）*Lindl.*
51. 藓叶卷瓣兰 *Bulbophyllum retusiusculum* Reichb. f.
52. 高山石豆兰 *Bulbophyllum rolfei*（Kuntze）*Seidenf.*
53. 伞花石豆兰 *Bulbophyllum shweliense* W. W. Smith
54. 细柄石豆兰 *Bulbophyllum striatum*（Griff.）*Rchb. f.*
55. 聚株石豆兰 *Bulbophyllum sutepense*（Rolfe ex Downie）*Seidenf. et Smitin.*
56. 腾冲石豆兰 *Bulbophyllum tengchongense* Z. H. Tsi
57. 伞花卷瓣兰 *Bulbophyllum umbellatum* Lindl.
58. 红羽卷瓣兰 *Bulbophyllum wendlandianum*（Krzl.）*Dammer*
59. 蜂腰兰 *Bulleyia yunnanensis* Schltr.
60. 泽泻虾脊兰 *Calanthe alismaefolia* Lindl.
61. 流苏虾脊兰 *Calanthe alpina* Hook. f. ex Lindl.
62. 弧距虾脊兰 *Calanthe arcuata* Rolfe
63. 肾唇虾脊兰 *Calanthe brevicornu* Lindl.
64. 剑叶虾脊兰 *Calanthe davidii* Franch.
65. 密花虾脊兰 *Calanthe densiflora* Lindl.
66. 独龙虾脊兰 *Calanthe dulongensis* H. Li
67. 福贡虾脊兰 *Calanthe fugongensis* X. H. Jin
68. 通麦虾脊兰 *Calanthe griffithii* Lindl.
69. 叉唇虾脊兰 *Calanthe hancockii* Rolfe
70. 疏花虾脊兰 *Calanthe henryi* Rolfe var. *henryi*
71. 疏点虾脊兰 *Calanthe henryi* Rolfe var. *gongshanensis* Z. J. Liu et S. P. Lei
72. 细花虾脊兰 *Calanthe mannii* Hook. f.
73. 墨脱虾脊兰 *Calanthe metoensis* Z. H. Tsi & T. Tang
74. 泸水车前虾脊兰 *Calanthe plantaginea* var. *lushuiensis* K. Y. Lang & Z. H. Tsi
75. 镰萼虾脊兰 *Calanthe puberula* Lindl.

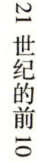

76. 反瓣虾脊兰 Calanthe reflexa (Kuntze) Maxim.
77. 三棱虾脊兰 Calanthe tricarinata Lindl. ex Wall.
78. 三褶虾脊兰 Calanthe triplicata (Willen.) Ames
79. 碧江头蕊兰 Cephalanthera bijiangensis S. C. Chen
80. 银兰 Cephalanthera erecta (Thunb. & A. Murray) Lindl.
81. 金兰 Cephalanthera falcata
82. 黄花头蕊兰 Cephalanthera falcata var. flava X. H. Jin, S. C. Chen & H. Li
83. 头蕊兰 Cephalanthera longifolia (Linn.) Fritsch.
84. 叉枝牛角兰 Ceratostylis himalaica Hook. f.
85. 细茎叉柱兰 Cheirostylis pusilla Lindl.
86. 云南叉柱兰 Cheirostylis yunnanensis Rolfe
87. 心启兰 Chenorchis singchii Z. J. Liu, K. W. Liu et L. J. Chen
88. 金塔隔距兰 Cleisostoma filiforme (Lindl.) Garay
89. 长叶隔距兰 Cleisostoma fuerstenbegianum Kraenzl.
90. 大叶隔距兰 Cleisostoma racemiferum
91. 毛柱隔距兰 Cleisostoma simondii (Gagnep.) Seidenf.
92. 圆柱隔距兰 Cleisostoma teres
93. 红花隔距兰 Cleisostoma williamsonii (Rchb. f.) Garay
94. 凹舌兰 Coeloglossum viride (L.) Hartm.
95. 髯毛贝母兰 Coelogyne barbata Griff.
96. 眼斑贝母兰 Coelogyne corymbosa Lindl.
97. 栗鳞贝母兰 Coelogyne flaccida Lindl.
98. 流苏贝母兰 Coelogyne fimbriata
99. 贡山贝母兰 Coelogyne gongshanensis H. Li ex S. C. Chen
100. 白花贝母兰 Coelogyne leucantha W. W. Smith
101. 异叶白花贝母兰 Coelogyne leucantha var. Heterophylla
102. 长柄贝母兰 Coelogyne longipes Lindl.
103. 密茎贝母兰 Coelogyne nitida (Wall. ex D. Don) Lindl.

104. 卵叶贝母兰 *Coelogyne occultata* Hook. f.
105. 长鳞贝母兰 *Coelogyne ovalis* Lindl.
106. 黄绿贝母兰 *Coelogyne prolifera* Lindl. ex Wall.
107. 独龙贝母兰 *Coelogyne taronensis*
108. 狭瓣贝母兰 *Coelogyne punctulata* L.
109. 双脊贝母兰 *Coelogyne stricta*
110. 红花贝母兰 *Coelogyne tsii* X. H. Jin & H. Li
111. 旱生贝母兰 *Coelogyne xerophyta*
112. 锚柱吻兰 *Collabium assanicum* (Hook. f.) Seidenf.
113. 台湾吻兰 *Collabium formosanum* Hayata
114. 大理铠兰 *Corybas taliensis* T. Tang & F. T. Wang
115. 杜鹃兰 *Cremastra appendiculata* (D. Don) Makino
116. 宿苞兰 *Cryptochilus luteus* Lindl.
117. 红花宿苞兰 *Cryptochilus sanguieus* Wall.
118. 保山兰 *Cymbidium baoshanense* F. Y. Liu et H. Perner
119. 丽花兰 *Cymbidium concinnum* Z. J. Liu & S. C. Chen
120. 独占春 *Cymbidium eburneum* Lindl.
121. 莎草兰 *Cymbidium elegans* Lindl.
122. 长叶兰 *Cymbidium erythraceum* Lindl.
123. 蕙兰 *Cymbidium faberi* Rolfe
124. 多花兰 *Cymbidium floribundum* Lindl.
125. 金蝉兰 *Cymbidium gaoligongense* Z. J. Liu & J. Y. Zhang
126. 春兰 *Cymbidium goeringii var goeringii* (Rchb. f.) Rchb. f.
127. 贡山凤兰 *Cymbidium gongshanense* H. Li & K. M. Feng
128. 虎头兰 *Cymbidium hookerianum* Rchb. f.
129. 黄蝉兰 *Cymbidium iridioides* D. Don
130. 寒兰 *Cymbidium kanran* Makino
131. 兔耳兰 *Cymbidium lancifolium* Hook.
132. 碧玉兰 *Cymbidium lowianum* (Rchb. f.) Rchb. f.
133. 浅斑碧玉兰 *Cymbidium lowiaunum var. iansonii*

134. 泸水兰 *Cymbidium lushuiense* Z. J. Liu, S. C. Chen & X. C. Shi
135. 大雪兰 *Cymbidium mastersii* Griff. ex Lindl.
136. 豆瓣兰 *Cymbidium serratum* Schltr.
137. 斑舌兰 *Cymbidium tigrinum* Parish ex Hook.
138. 莲瓣兰 *Cymbidium tortisepalum* Fukuyama
139. 春剑 *Cymbidium tortisepalum* var. *longibracteatum*
140. 西藏虎头兰 *Cymbidium tracyanum* L. Castle
141. 怒江兰 *Cymbidilum* × *nujiangense* X. P. Zhou, S. P. Lei et Z. J. Liu
142. 滇南虎头兰 *Cymbidium wilsonii* Rolfe
143. 川滇杓兰 *Cypripedium corrygatum*
144. 雅致杓兰 *Cypripedium elegans* Rchb. f.
145. 华西杓兰 *Cypripedium farreri* W. W. Smith
146. 黄花杓兰 *Cypripedium flavum* Hunt & Summerk
147. 紫点杓兰 *Cypripedium guttatum* Sw.
148. 绿花杓兰 *Cypripedium henryi* Rolfe
149. 丽江杓兰 *Cypripedium lichiangense* Cribb & S. C. Chen
150. 离萼杓兰 *Cypripedium plectrochilum* Franch.
151. 西藏杓兰 *Cypripedium tibeticum* King ex Rolfe
152. 宽口杓兰 *Cypripedium wardii* Rolfe
153. 兜唇石斛 *Dendrobium aphyllum* (Roxb.) C. E. C. Fischer
154. 叠鞘石斛 *Dendrobium aurantiacum* Rchb. f. var. *denneanum* (Kerr.) Z. H. Tsi
155. 黑节草 *Dendrobium candidum*
156. 喉红石斛 *Dendrobium christyanum* Rchb. f.
157. 束花石斛 *Dendrobium chrysanthum* Lindl.
158. 草石斛 *Dendrobium compactum* Rolfe ex W. Hackett
159. 紫斑金兰 *Dendrobium denneanum*
160. 齿瓣石斛 *Dendrobium devonianum*

161. 串珠石斛 *Dendrobium falconeri* Hook.
162. 流苏石斛 *Dendrobium fimbriatum* Hook.
163. 疏花石斛 *Dendrobium henryi* Schltr.
164. 尖刀唇石斛 *Dendrobium heterocarpum*
165. 金耳石斛 *Dendrobium hookerianum* Lindl.
166. 高山石斛 *Dendrobium infundibulum*
167. 喇叭唇石斛 *Dendrobium lituiflorum* Lindl.
168. 长距石斛 *Dendrobium longicornu* Lindl.
169. 细茎石斛 *Dendrobium moniliforme*（L.）Sw.
170. 石斛 *Dendrobium nobile* Lindl.
171. 单葶草石斛 *Dendrobium porphyrochilum* Lindl.
172. 报春石斛 *Dendrobium primulinum*
173. 腾冲石斛 *Dendrobium scorium* W. W. Smith
174. 梳唇石斛 *Dendrobium strongylanthum* Rchb. f.
175. 叉唇石斛 *Dendrobium stuposum*
176. 球花石斛 *Dendrobium thyrsiflorum* Rchb. f.
177. 大苞鞘石斛 *Dendrobium wardianum* Warner
178. 黑毛石斛 *Dendrobium willamsonii* Day & Rchb. f.
179. 长苞尖药兰 *Diphylax contigua*（Tang & Wang）Tang, Wang & Lang
180. 西南尖药兰 *Diphylax uniformis*（Tang & Wang）Tang, Wang & Lang
181. 尖药兰 *Diphylax urceolata*（C. B. Clarke）Hook. f.
182. 合柱兰 *Diplomeris pulchella* D. Don
183. 宽叶厚唇兰 *Epigeneium amplum*（Lindl.）Summerh.
184. 景东厚唇兰 *Epigeneium fuscescens*（Griff.）Sunmerh.
185. 贡山厚唇兰 *Epigeneium gongshanense* Hong Yu & S. G. Zhang
186. 双叶厚唇兰 *Epigeneium rotundatum*（Lindl.）Smmerh.
187. 长爪厚唇兰 *Epigeneium yunnanensis* T. Tang & F. T. Wang

ex Z. H. Tsi

188. 火烧兰 *Epipactis helleborine* (L.) Crantz.
189. 大叶火烧兰 *Epipactis mairei* Schltr.
190. 裂唇虎舌兰 *Epipogium aphyllum* (F. W. Schmidt.) Sw.
191. 虎舌兰 *Epipogium roseum* (D. Don) Lindl.
192. 粗茎毛兰 *Eria amica* Rchb. f.
193. 竹叶毛兰 *Eria bambusifolia* Lindl.
194. 足茎毛兰 *Eria coronaria* (Lindl.) Rchb. f.
195. 三脊毛兰 *Eria cristata* Rolfe
196. 香港毛兰 *Eria gagnepainii* Hawkes & Heller
197. 禾叶毛兰 *Eria graminifolia* Lindl.
198. 棒茎毛兰 *Eria marginata* Rolfe
199. 长苞毛兰 *Eria obvia* W. W. Smith
200. 对茎毛兰 *Eria pusilla* (Griff.) Lindl.
201. 玫瑰毛兰 *Eria rosea* Lindl.
202. 怒江毛兰 *Eria salwinensis*
203. 中华毛兰 *Eria sinica* (Lindl.) Lindl.
204. 密花毛兰 *Eria spicata* (D. Don) Hand. – Mzt
205. 鹅白毛兰 *Eria striata* Lindl.
206. 条纹毛兰 *Eria vittata* Lindl.
207. 毛梗兰 *Eriodes barbata* (Lindl.) Rolfe
208. 口盖花蜘蛛兰 *Esmeralda clarke* Rchb. f.
209. 紫花美冠兰 *Eulophia spectabilis* (Dennst.) Suresh
210. 滇金石斛 *Flickingeria albopurpurea* Seidenf.
211. 山珊瑚 *Galeola faberi* Rolfe
212. 毛萼山珊瑚 *Galeola lindleyana* (Hook. f. & Thoms.) Reichb. f.
213. 高山盆距兰 *Gastrochilus affinis* (King & Pantling) Schltr.
214. 黄翅盆距兰 *Gastrochilus alatus* X. H. Jin & S. C. Chen
215. 盆距兰 *Gastrochilus calceolaris* (Smith) D. Don

216. 列叶盆距兰 *Gastrochilus distichus*（*Lindl.*）*O. Kuntze*
217. 台湾盆距兰 *Gastrochilus formosanus*
218. 贡山盆距兰 *Gastrochilus gongshanensis Z. H. Tsi*
219. 滇南盆距兰 *Gastrochilus platycalcaratus*（*Rolfe*）*Schltr.*
220. 小唇盆距兰 *Gastrochilus pseudodistichus*（*King & Pantl.*）*Seidenf*
221. 天麻 *Gastrodia elata Bl.*
222. 夏天麻 *Gastrodia flabilabella S. S. Ying*
223. 大花斑叶兰 *Goodyera biflora*（*Lindl.*）*Hook. f.*
224. 独龙江斑叶兰 *Goodyera chengii var. dulongensis X. H. Jin*
225. 多叶斑叶兰 *Goodyera foliosa*（*Lindl.*）*Benth. ex Hook. f.*
226. 脊背斑叶兰 *Goodyera fusca*（*Lindl.*）*Hook. f.*
227. 光萼斑叶兰 *Goodyera henryi Rolfe*
228. 长苞斑叶兰 *Goodyera prainii Hook. f.*
229. 高斑叶兰 *Goodyera procera*（*Ker-Gawl.*）*Hook.*
230. 小斑叶兰 *Goodyera repens*（*L.*）*R. Br.*
231. 滇藏斑叶兰 *Goodyera robusta Hook. f.*
232. 斑叶兰 *Goodyera schlechtendaliana Rchb. f.*
233. 绿花斑叶兰 *Goodyera viridiflora*（*Bl.*）*Bl.*
234. 川滇斑叶兰 *Goodyera yunnanensis Schltr.*
235. 短距手参 *Gymnadenia crassinervis Finet*
236. 西南手参 *Gymnadenia orchidis Lindl.*
237. 厚瓣玉凤花 *Habenaria delavayi Finet*
238. 鹅毛玉凤花 *Habenaria dentata*（*Sw.*）*Schltr.*
239. 鸡肾参 *Habenaria davidii*
240. 棒距玉凤花 *Habenaria mairei Schltr.*
241. 南方玉凤花 *Habenaria malintana*（*Blanco.*）*Merr*
242. 扇唇舌喙兰 *Hemipilia flabellata Bur. & Franch.*
243. 长距舌喙兰 *Hemipilia forrestii Rolfe*
244. 五角舌喙兰 *Hemipilia quinquangularis*

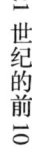

245. 狭唇角盘兰 *Herminium angustilabre King & Pantl.*
246. 厚唇兰角兰 *Herminium carnosilabre T. Tang & F. T. Wang*
247. 矮角盘兰 *Herminium chloranthum T. Tang & F. T. Wang*
248. 无距角盘兰 *Herminium ecalcaratum（Finet）Schltr.*
249. 宽唇角盘兰 *Herminium josephi Rchb. f.*
250. 叉唇角盘兰 *Herminium lanceum（Thunb. ex Sw.）Vuijk*
251. 秀丽角盘兰 *Herminium quinquelobum King & Pantl.*
252. 披针唇角盘兰 *Herminium singulum T. Tang & F. T. Wang*
253. 宽萼角盘兰 *Herminium souliei Rolfe*
254. 爬兰 *Herpysma longicaulis Lindl.*
255. 小花槽舌兰 *Holcoglossum junceum*
256. 怒江槽舌兰 *Holcoglossum nujiangense X. H. Jin*
257. 中华槽舌兰 *Holcoglossum sinicum Christenson*
258. 小尖囊兰 *Kingidium taenidlis（Lindl.）P. F. Hunt.*
259. 锡金盂兰 *Lecanorchis sikkimensis N. Pearce & P. J. Cribb*
260. 扁茎羊耳蒜 *Liparis assamica King & Pantl.*
261. 圆唇羊耳蒜 *Liparis balansae Gagnep.*
262. 镰翅羊耳蒜 *Liparis bootanensis Griff.*
263. 二褶羊耳蒜 *Liparis cathcartii Hook. f.*
264. 丛生羊耳蒜 *Liparis cespitosa（Thou.）Lindl.*
265. 平卧羊耳蒜 *Liparis chapaensis Gagnep.*
266. 心叶羊耳蒜 *Liparis cordifolia Hook. f.*
267. 小巧羊耳蒜 *Liparis delicatula Hook. f.*
268. 大花羊耳蒜 *Liparis distans C. B. Clarke*
269. 扁球羊耳蒜 *Liparis elliptica Wight.*
270. 绿虾蟆兰 *Liparis forrestii*
271. 根茎羊耳蒜 *Liparis gamblei Hook. f.*
272. 方唇羊耳蒜 *Liparis glossula Rchb. f.*
273. 羊耳蒜 *Liparis japonica（Miq.）Maxim.*
274. 喀西羊耳蒜 *Liparis khasiana*

275. 见血青 *Liparis nervosa* (Thunb. ex A. Murray) Lindl.
276. 香花羊耳蒜 *Liparis odorata* (Willd.) Lindl.
277. 细瓣羊耳蒜 *Liparis perpusilla* Hook. f.
278. 小花羊耳蒜 *Liparis platyrachis* Hook. f.
279. 丝蕊羊耳蒜 *Liparis resupinata* Ridley
280. 齿突羊耳蒜 *Liparis rostrata* Rchb. f.
281. 扇唇羊耳蒜 *Liparis stricklandiana* Rchb. f.
282. 独龙羊耳蒜 *Liparis taronensis*
283. 长茎羊耳兰 *Liparis viridiflora* (Bl.) Lindl.
284. 高山对叶兰 *Listera bambusetorum* Hand. -Mazz.
285. 短茎对叶兰 *Listera brevicaulis* King & Pantling
286. 叉唇对叶兰 *Listera divaricata* Panigrahi & Taylor
287. 福贡对叶兰 *Listera fugongensis* X. H. Jin
288. 大花对叶兰 *Listera grandiflora* Rolfe
289. 三裂对叶兰 *Listera micrantha* Lindl.
290. 西藏对叶兰 *Listera pinetorum* Lindl
291. 心唇钗子股 *Luisia macrotis* Rchb. f.
292. 浅裂沼兰 *Malaxis acuminata* D. Don
293. 二耳沼兰 *Malaxis biaurita* (Lindl.) Kuntze
294. 细茎沼兰 *Malaxis khasiana* (Hook. f.) Kuntze
295. 沼兰 *Malaxis monophyllos* (L.) Sw.
296. 齿唇沼兰 *Malaxis orbicularis* (W. W. Smith & Jeffrey) T. Tang & F. T. Wang
297. 短瓣兰 *Monomeria barbata* Lindl.
298. 日本全唇兰 *Myrmechis japonica* (Rchb. F.) Rolfe
299. 矮全唇兰 *Myrmechis pumila* (Hook. f.) T. Tang & F. T. Wang
300. 宽瓣全唇兰 *Myrmechis urceolata* T. Tang & K. Y. Lang
301. 新型兰 *Neogyna gardneriana* (Lindl.) Rchb. f.
302. 尖唇鸟巢兰 *Neottia acuminata* Schltr.

303. 高山鸟巢兰 *Neottia listeroides Lindl.*
304. 淡黄花兜被兰 *Neottianthe luteola K. Y. Lang & S. C. Chen*
305. 侧花兜被兰 *Neottianthe secundiflora* (*Hook. f.*) *Schltr.*
306. 七角叶芋兰 *Nervilia mackinnonii* (*Duthie*) *Schltr.*
307. 芋兰 *Nervilia aragoana Gaud.*
308. 显脉鸢尾兰 *Oberonia acaulis Griff.*
309. 狭叶鸢尾兰 *Oberonia caulcscens Lindl.*
310. 剑叶鸢尾兰 *Oberonia ensiformis* (*J. E. Smith*) *Lindl.*
311. 短耳鸢尾兰 *Oberonia falconeri Hook. f.*
312. 条裂鸢尾兰 *Oberonia jenkinsiana Griff. ex Lindl.*
313. 广西鸢尾兰 *Oberonia kwangsiensis*
314. 阔瓣鸢尾兰 *Oberonia latipetala L.*
315. 小花鸢尾兰 *Oberonia mannii Hook. f.*
316. 裂唇鸢尾兰 *Oberonia pyrulifera Lindl.*
317. 圆柱叶鸢尾兰 *Oberonia teres Kerr*
318. 黄花红门兰 *Orchis chrysea* (*W. W. Smith*) *Schltr.*
319. 广布红门兰 *Orchis chusua D. Don*
320. 二叶红门兰 *Orchis diantha Schltr.*
321. 斑唇红门兰 *Orchis wardii W. W. Smith*
322. 短梗山兰 *Oreorchis erythrochrysea Hand. – Mazzt.*
323. 小山兰 *Oreorchis foliosa*
324. 硬叶山兰 *Oreorchis nana Schltr.*
325. 山兰 *Oreorchis patens* (*Lind.*) *Lindl.*
326. 盈江羽唇兰 *Ornitochilus yangjiangensis Z. H. Tsi*
327. 白花耳唇兰 *Otochilus albus Lindl. ex Wall.*
328. 狭叶耳唇兰 *Otochilus fuscus Lindl.*
329. 宽叶耳唇兰 *Otochilus lancilabius Seidenf.*
330. 耳唇兰 *Otochilus porrectus Lindl.*
331. 平卧曲唇兰 *Panisea cavalerei Schltr.*
332. 杏黄兜兰 *Paphiopedilum armeniacum S. C. Chen & F.*

Y. Liu

333. 金豆兜兰 *Paphiopedilum armeniacum* var. *parviflorum* Z. J. Liu & S. C. Chen

334. 虎斑兜兰 *Paphiopedilum markianum* Fowl.

335. 根茎兜兰 *Paphiopedilum rhizomatosum* S. C. Chen & Z. J. Liu

336. 翡翠兜兰 *Paphiopedilum smaragdinum* Z. Y. Liu & S. C. Chen

337. 龙头兰 *Pecteilis susannae* (L.) Rafin.

338. 短距兰 *Penkimia nagalandensis* Phukan & Odyuo

339. 小花阔蕊兰 *Peristylus affinis* (D. Don) Seifenf.

340. 条叶阔唇兰 *Peristylus bulleyi* (Rofle) K. Y. Lang

341. 长须阔蕊兰 *Peristylus calcaratus* (Rolfe) S. Y. Hu

342. 凸孔阔蕊兰 *Peristylus coeloceras* Finet

343. 大花阔蕊兰 *Peristylus constrictus* (Lindl.) Lindl.

344. 狭穗阔蕊兰 *Peristylus densus* (Lindl.) Santap. & Kaped.

345. 纤茎阔蕊兰 *Peristylus mannii* (Rolf. f.) Makerjee

346. 黄花鹤顶兰 *Phaius flavus* (Bl.) Lindl.

347. 鹤顶兰 *Phaius tankervilleae* (Banks ex L'Herit.) Bl.

348. 滇西蝴蝶兰 *Phalaenopsis stobariana* Rchb. f

349. 华西蝴蝶兰 *Phalaenopsis wilsonii* Rolfe

350. 节茎石仙桃 *Pholidota articulata* Lindl.

351. 石仙桃 *Pholidota chinensis* Lindl.

352. 凹唇石仙桃 *Pholidota convallariae* (Rchb. f.) Hook. f.

353. 宿苞石仙桃 *Pholidota imbricata* Hook.

354. 尾尖石仙桃 *Pholidota protracta* Hook. f.

355. 岩生石仙桃 *Pholidota rupestris* Hand. -Mazz.

356. 云南石仙桃 *Pholidota yunnanensis* Rolfe

357. 滇藏舌唇兰 *Platanthera bakeriana* (King & Pantl.) Kranzl.

358. 察瓦龙舌唇兰 *Platanthera chiloglossa* (Tang & Wang)

K. Y. Lang

359. 高原舌唇兰 *Platanthera exelliana* Soo'

360. 高黎贡舌唇兰 *Platanthera herminioides* T. Tang & F. T. Wang

361. 密花舌唇兰 *Platanthera hologlottis* Maxim.

362. 舌唇兰 *Platanthera japonica*（Thunb.）Lindl.

363. 小巧舌唇兰 *Platanthera juncea*（King & Pantl.）Kraenzl.

364. 白鹤参 *Platanthera latilabris* Lindl.

365. 条叶舌唇兰 *Platanthera leptocaulon*（Hook. f.）Soo'

366. 小舌唇兰 *Platanthera minor*（Miq.）Rchb. f.

367. 齿瓣舌唇兰 *Platanthera oreophila*（W. W. Smith）Schltr.

368. 弓背舌唇兰 *Platanthera platantheroides*（T. Tang & F. T. Wang）K. Y. Lang

369. 棒距舌唇兰 *Platanthera roseotincta*（W. W. Smith）T. Tang & F. T. Wang

370. 锡金舌唇兰 *Platanthera sikkimensis*（Hook. f.）Kraenzl.

371. 滇西舌唇兰 *Platanthera sinica* T. Tang & F. T. Wang

372. 条瓣舌唇兰 *Platanthera stenantha*（Hook. f.）Soo'

373. 独龙江舌唇兰 *Platanthera stenophylla* Tang & Wang

374. 白花独蒜兰 *Pleione albiflora*

375. 黄花独蒜兰 *Pleione forrestii* Schltr.

376. 疣鞘独蒜兰 *Pleione praecox*（J. E. Smith）D. Don

377. 岩生独蒜兰 *Pleione saxicola* T. Tang & F. T. Wang ex S. C. Chen

378. 二叶独蒜兰 *Pleione scopulorum* W. W. Smith

379. 云南独蒜兰 *Pleione yunnanensis*（Rolfe）Rolfe

380. 云南朱兰 *Pogonia yunnanensis* Finet

381. 孔唇兰一种 *Porolabium* sp.

382. 盾柄兰 *Porpax ustulata*（Par. & Rchb. f.）Rolfe

383. 紫茎兰 *Risleya atropurprea* King & Pantl.

384. 缘毛鸟足兰 *Satyrium ciliatum Lindl.*
385. 鸟足兰 *Satyrium nepalense D. Don*
386. 芳香匙唇兰 *Schoenorchis fragrans*（Par. et Rchb. f.）Seidenf. et Smitin.
387. 匙唇兰 *Schoenorchis gemmata*（Lindl.）*J. J. Smith*
388. 反唇兰 *Smithorchis calceoliformis*（W. W. Smith）*T. Tang & F. T. Wang*
389. 紫花苞舌兰 *Spathoglottis plicata Bl.*
390. 苞舌兰 *Spathoglottis pubescens Lindl.*
391. 绶草 *Spiranthes sinensis*（Per.）*Ames*
392. 黄花大苞兰 *Sunipia andersonii*（King & Pantl.）*P. F. Hunt*
393. 二色大苞兰 *Sunipia bicolor Lindl.*
394. 白花大苞兰 *Sunipia candida*（Lindl.）*P. F. Hunt*
395. 长序大苞兰 *Sunipia cirrhata*（Lindl.）*P. F. Hunt*
396. 黄花大苞兰 *Sunipia intermedia*（King & Pantl.）*P. F. Hunt*
397. 大苞兰 *Sunipia scariosa Lindl.*
398. 阔叶带唇兰 *Tainia latifolia*（Lindl.）*Rchb. F.*
399. 滇南带唇兰 *Tainia minor Hook. f.*
400. 带叶兰 *Taeniophyllum glandulosum Bl.*
401. 高褶带唇兰 *Tainia viridifusca*（Hook.）*Benth. et Hook. f.*
402. 小叶白点兰 *Thrixspermum japonicum*
403. 长轴白点兰 *Thrixspermum saruwatarii*
404. 筒距兰 *Tipularia szechuanica Schltr.*
405. 疣花三角兰 *Trias verrucosa Z. J. Liu, L. J. Chen et S. P. Lei*
406. 叉喙兰 *Uncifera acuminata Lindl.*
407. 白柱万代兰 *Vanda brunnea Rchb. f.*
408. 叉唇万代兰 *Vanda cristata*
409. 白花拟万代兰 *Vandopsis undulata*（Lindl.）*J. J. Smith*
410. 宽叶线柱兰 *Zeuxine affinis*（Lindl.）*J. J. Smith*

411. 白肋线柱兰 *Zeuxine goodyeroides* Lindl.

412. 芳香线柱兰 *Zeuxine nervosa*（Lindl.）Trimen

413. 矮线柱兰 *Zeuxine pumila*

另有存疑兰科植物 28 种：

1. 无柱兰一种 *Amitostigma gongshanensis*
2. 无柱兰一种 *Amitostigma langii*
3. 无柱兰一种 *Amostostigma fugongensis*
4. 石豆兰一种 *Bulbophyllum colomaculosum*
5. 石豆兰一种 *Bulbophyllum craibianum*
6. 石豆兰一种 *Bulbophyllum croceum*
7. 石豆兰一种 *Bulbophyllum gyrochilum*
8. 虾脊兰一种 *Calanthe sp.*
9. 贝母兰一种 *Coelogyne ttyu*
10. 石斛一种 *Dendrobium denudans* D. don，Prodr.
11. 石斛一种 *Dendrobium praecincyum*
12. 毛兰一种 *Eria excavata*
13. 天麻一种 *Gastrodia sp.*
14. 羊耳蒜一种 *Liparis chengii*
15. 羊耳蒜一种 *Liparis rockii*
16. 羊耳蒜一种 *Liparis cordifolia* var. *gongshanensis*
17. 对叶兰一种 *Listera callosa*
18. 对叶兰一种 *Listera pumila*
19. 对叶兰一种 *Listera dentata*
20. 红门兰一种 *Orchis pusilla*
21. 红门兰一种 *Orchis roborovskii*
22. 阔蕊兰一种 *Peristylus superanthus* J. J. Wood.
23. 舌唇兰一种 *Platanthera biermaninan*（King & Pantl.）Kranzlin
24. 舌唇兰一种 *Platanthera ovata*
25. 舌唇兰一种 *Platanthera epiphytica*

26. 舌唇兰一种 *Platanthera sp.*
27. 舌唇兰一种 *Platanthera taroensis*
28. 万带兰一种 *Vanda sp.*

共计：97 属 441 种及变种（2009 年 4 月 15 日）

（施晓春　供稿）

市长李正阳一周内两次到
高黎贡山调研旅游并指出
保护优先　坚持特色　区域统筹　市场运作

　　随着腾冲已成为滇西旅游的又一个亮点，高黎贡山的旅游开发也将成为摆在我市，特别是隆阳区面前的一个急迫的问题。高黎贡山国家级自然保护区，是联合国教科文组织批准的世界生物圈保护区，"三江并流"世界自然遗产的重要组成部分，是我市唯一的世界级资源。她不仅是保山的，同时，也是云南的！全国的！世界的！如何做好高黎贡山旅游的开发，变资源优势为经济优势，将具有十分重要的现实意义。

　　2009 年 4 月 21 日，保山市市长李正阳，在副市长解丽平、高黎贡山国家级自然保护区保山管理局局长艾怀森等人的陪同下到百花岭进行旅游调研。李市长一行重点考察了百花岭澡塘河温泉、瀑布生态旅游景区。该景区是保护区管理局于 1997 年初探索性开发的一个景区。21 日中午，领导们沿着旅游环线徒步对景区的原始森林、珍稀动植物、温泉、瀑布等各种景点情况进行了详细考察。在考察中，李市长对保护区管理局在做好资源保护的同时，积极努力地探索高黎贡山生态旅游发展的做法给予了充分肯定。他说由于保护区管理部门的保护工作做得好，使这一宝贵的旅游资源得以保存下来。

4月25日，李正阳市长又率副市长解丽平、市经研究中心主任段其武、市政府副秘书长徐兆昆、市旅游局党组书记徐盛兴、局长温仕红、市林业局局长李保国、高黎贡山保护区管理局局长艾怀森、隆阳区政府区长胡飚、副区长赵国良等领导沿百花岭——南斋公房——林家铺丝绸古道徒步翻越高黎贡山，对高黎贡山的旅游开发做深层次的调研。百花岭——南斋公房——林家铺丝绸古道，横穿高黎贡山东西坡，具有3 000多年的历史，历史积淀丰厚。同时，古道横穿高黎贡山东西坡，是高黎贡山的一个窗口、缩影，沿着古道徒步可以感受到高黎贡山的原始森林垂直分布、珍稀动植物、奇峰怪石、滇西抗日战场等自然人文景观。早在1994年3月26日，通过保护区管理局的努力争取，经原国家林业部批复，已在《高黎贡山国家级自然保护区总体规划设计》中将该古道沿线一带区域区划为生态旅游发展区，旅游区面积为4 631公顷（69 465亩），为今后保护区旅游开发提供了可能。

通过考察，李正阳市长指出：高黎贡山是大自然赐给我们的宝贵财富，对于高黎贡山这一世界级的资源，要打好国家公园的牌子，建立高黎贡山国家公园。在开发中要保护优先，坚持特色，做到区域统筹，市场化运作。当前，他要求保护区管理部门要抓紧做好《高黎贡山国家级自然保护区生态旅游规划》，及时上报国家林业局审批。此外，他还指出：保护区管理局要继续做好观鸟、赏花、探险、科考等高端的生态旅游活动，以带动高黎贡山旅游的全面发展，为保山社会经济发展做贡献！（2009年4月29日）

（李正波　供稿）

学习实践科学发展观
促进农民生物多样性保护协会健康发展

时值全市上下如火如荼掀起新一轮深入学习和实践科学发展观活动高潮的新阶段，保山市科学技术协会、高黎贡山国家级自然保护区保山管理局于2009年5月12～13日联合组织深入隆阳区芒宽百花岭村中国第一个农民生物多样性保护协会开展调查研究。联合调研组采取实地调查、走访农户、与协会会员座谈等多种形式，旨在了解百花岭村和协会发展中存在的困难和问题。

通过深入细致的调查研究，针对百花岭村存在的农村实用技术相对滞后、柑桔等经济林果发展规模小、经营管理粗放和发展后劲不足及协会办公条件差等实际问题，计划举办农村实用技术培训、组织到柑桔等经济林果发展较好的地区进行交流学习和加强农民生物多样性保护协会设施建设等活动，提高农户学习、吸收和运用先进技术和先进经验的能力与水平，加强协会建设，充分发挥农民生物多样保护协会的平台和服务作用，更好地为社区农户服务，通过社区经济的发展促进和带动生物多样保护事业的进一步发展。（2009年19日）

（孙海涛　供稿）

保山市被授予
"中国白眉长臂猿之乡"称号

2009年3月30日，中国野生动物保护协会正式授予保山市

"中国白眉长臂猿之乡"称号。"中国白眉长臂猿之乡"的命名，是对保山市生态环境良好、全市各族人民对白眉长臂猿的认知度高、保护措施得力的充分肯定，将进一步扩大保山市对外的知名度，进一步促进保山市的生物多样保护与研究，为加强保山市生态文明建设起到积极的作用。

白眉长臂猿已被列为我国 I 级重点保护野生动物和濒危动植物种国际贸易公约（CITES）附录 I，被 IUCN 列为全球性濒危物种。白眉长臂猿历史上曾广泛分布于泸水、保山、腾冲、龙陵、盈江、陇川、潞西和瑞丽等地。1992～1994 年期间，中科院昆明动物研究所对中国白眉长臂猿的分布和数量进行了调查，结果显示，白眉长臂猿可能在泸水、潞西和瑞丽等地已经灭绝，保存种群主要分布于高黎贡山国家级自然保护区南段。2006～2009 年高黎贡山国家级自然保护区保山管理局与中国林业科学院、西南林学院、大理学院一起对白眉长臂猿的分布进行深入调查，调查结果表明，国内 80% 的白眉长臂猿分布在保山市的隆阳区、腾冲县和龙陵县，约 100 余只。保山市内的高黎贡山国家级自然保护区和小黑山省级自然保护区已成为白眉长臂猿在中国最后的避难所，也将成为白眉长臂猿研究和保护的重点地区。

白眉长臂猿是一个健康森林的象征和标志。同大熊猫与金丝猴一样，白眉长臂猿在唤起人们保护野生动物和森林保护意识的方面也起着重要作用。它们的声音可以相对较为容易地被监测到，因此白眉长臂猿可作为保护状况恶化的早期警戒系统，或作为由于实施保护行动保护状况得到改善的证据。加上白眉长臂猿活泼可爱的形象，及其与人类相似的行为，被作为生物多样性保护的旗舰物种。为了保护好这灵动的生灵，我市主要从 7 个方面加强了白眉长臂猿的保护管理工作：一、建立自然保护区，我市建立了高黎贡山国家级自然保护区和龙陵小黑山省级自然保护区，加强了对白眉长臂猿就地保护管理。二、建设生境走廊带，从 1996 年起，在"云南省森林保护与社区发展项目"的推动下，我市有关部门在高黎贡山国家级自然保护区与小黑山省级自然保护区之间建设生物走廊带，改变了野生动物栖息地的孤岛化和破碎化的状况,使白眉长臂猿的栖息地质量有了明显的改善,种群数量得到了恢复增长。三、建立白眉长臂猿研究中心,2006年高黎贡山国家级自然保护区保山管理局在高黎贡山自然公园建立了白眉长臂猿研究中心,并与中国林科院、中科院昆明动物研究所、西南林学院、大理学院联合组成了具有较高研究能力的灵长类动物研究队伍,在高黎贡山进行多层次全方位的白眉长臂猿研究。四、加强宣传和执法教育,通过野生动物保护法的宣传和执法教育,以及广泛的公众意识教育,极大地提高了当地群众对白眉长臂猿的保护意识,偷猎和破坏白眉长臂猿生境的现象得到控制。五、开展白眉长臂猿长期监测,2005年至今,高黎贡山国家级自然保护区保山管理局对主要分布在大树杜鹃、自然公园、大板厂3个片区的白眉长臂猿进行长期监测研究,收集到白眉长臂猿大量基础资料,为自然保护区管理决策提供了依据。六、争取相关部门支持保护白眉长臂猿工作,高黎贡山国家级自然保护区保山管理局积极争取国家林业局、云南省林业厅的支持开展白眉长臂猿的专项保护研究经费,与国际保护组织FFI合作,编制出编了5 000本白眉长臂猿宣传小册子,与瑞尔自豪项目合作开展白眉长臂猿社区环境教育工作。七、收集成果,开展白眉长臂猿宣传报道,高黎贡山国家级自然保护区工作人员拍摄了数千张白眉长臂猿精美照片资料,建立了白眉长臂猿图片库,试图用影像的方式来讲述白眉长臂猿的故事。研究人员近几年来撰写和发表有关白眉长臂猿论文10余篇,有关白眉长臂猿故事先后在中央一套、中央二套、中央四套新闻频道进行连续播放,中央十套《人与社会》栏目、《走进科学》栏目、《科技之光》栏目、春城晚报、三联生活周刊进行跟踪宣传报道。(2009年6月3日)

(蔺汝涛 供稿)

首个亿万富翁团
沿千年古道徒步翻越高黎贡山

经中国国家地理会员俱乐部与高黎贡山国家级自然保护区保山管理局精心组织策划,在俱乐部张书清主任、陈辉科考领队和保护区工作人员的陪同下,来自台湾、香港、北京、上海、广州、福建等地各行各业多位身价过亿的企业老总和知名人士共22人组成的特殊团队,于2009年4月21~22日沿着具有两千多年历史的南方古丝绸之路徒步翻越高黎贡山,实现了他们一次特别的体验之旅。

20日考察队员从全国各地乘机抵达保山机场,在高黎贡山自然保护区工作人员的安排下,乘车前往百花岭,沿途参观了怒江峡谷风光、潞江坝小粒咖啡、丙闷榕树群、怒江双虹铁索桥。当天恰是谷雨纷飞时节,但队员们还是冒雨来到百花岭澡塘河温泉,在原始森林环抱的温泉里沐浴,享受回归自然的乐趣。21日早晨考察队从百花岭科考站出发,经旧街子过永定桥上南斋公房,此段路程虽是长途跋涉,走得十分艰辛,但队员却收获较多,因为本次考察中国国家地理还特别邀请到了中国科学院资深植物科学家李渤生教授作为客座嘉宾导游,沿途李渤生教授用丰富的生态学知识给队员讲解了高黎贡山山脉的形成历史,高黎贡山怒江河谷气候形成原因,以及高黎贡山丰富的动植物资源和历史民族文化知识,队员们边走边看边学习,仿佛在一条生命的迷宫里穿行。下午时分全体队员穿越死亡谷后,登上了海拔3 125米的南斋公房,面对着南斋公房周围的景色,加之劳累后的休息,队员们心情十分欢快,齐声高歌。当晚天空下起了大雨,南斋公房变成了云雾世界,朦胧的世界让队员们感受到大自然的神奇伟大。上山容易下山难,22日天刚放亮,队员们吃过早饭,顶着大雨匆忙下山,雨天行走又有不一样的感觉,2 000多年前的丝绸古道被雨水冲刷过的马蹄印清晰可见,碉堡、战壕在雨雾中若隐若现，仿佛把队员带回到了那个年代。22日傍晚中国国家地理会员俱乐部在腾冲官房酒店举办了座谈会，就此次考察活动进行了总结座谈，并向队员颁发了中国国家地理和高黎贡山国家级自然保护区荣誉证书。会后由中国国家地理俱乐部会员欧阳长健先生提议捐资善款修缮南斋公房，在中国国家地理会员俱乐部主任张书清老师的倡议下，此次徒步翻越高黎贡山的中国国家地理俱乐部会员慷慨捐资，根据捐资数额多少，全部委托高黎贡山国家级自然保护区保山管理局完成南斋公房部分修缮活动，此项活动正在进行之中。

本次考察活动是高黎贡山国家级自然保护区保山管理局与中国国家地理成功策划组织的一次高端生态旅游活动，由于本团成员多数是身价过亿的企业老总，因此本次活动将对推动高黎贡山高端生态旅游产生深刻的特殊影响。（2009年6月3日）

（蔺汝涛　供稿）

野性之美不胜收　艺术灵感如泉涌
中国艺术研究院杜滋龄工作室画家
到高黎贡山写生取得丰硕成果

经过高黎贡山国家级自然保护区保山管理局的精心策划，2009年5月6~15日，中国艺术研究院杜滋龄工作室研究生班王光明教授、齐英石美术编辑、郭文光国家一级美术师等一行13人，深入高黎贡山国家级自然保护区东麓的百花岭及周边社区进行人物肖像写生创作，取得了丰硕成果。

5月6日画家一行乘机抵达保山机场，在高黎贡山国家级自然保护区工作人员的安排下，乘车前往百花岭。在美丽富饶的潞江坝，画家一行恰时观看了当地傈僳族、傣族、德昂族表演的民族歌舞,原生态的歌舞,本土的民族气息,和谐的生态环境,深深吸引了画家的眼球,画家手中相机的快门在啪啪响个不停。5月7日傍晚画家一行在百花岭村大鱼塘文化广场,观看了来自芒宽彝族傣族乡山坡田傈僳族代表队、吾来彝族代表队、芒合傣族代表队表演的本土歌舞晚会,他们天然质朴的原生态演唱,豪无矫揉造作的表演深深打动了画家一行,伴随着山野的天籁之音,画家们围着熊熊的篝火,与当地少数民族跳起了动情的舞蹈。本次画家艺术创作主要以高黎贡山丰富的生物资源和怒江峡谷世居的少数民族为写生背景,多次深入潘家沟、山坡田傈僳族山寨和百花岭村寨收集素材,到芒宽、岗党街收集和捕捉人物信息,画家们还特邀潘家沟、芒岗、大鱼塘等地的傈僳族、彝族村民模特进行现地写生。高黎贡山处处洋溢着野性之美,极大地激发了画家们的艺术灵感,创作出一幅幅高黎贡山鲜活的少数民族作品。画家的到来,让当地村民们深深感受到家乡的美丽而感到自豪,增强了当地村民保护家乡生态环境和传统民族文化的积极性,同时随着这些知名画家创作的艺术作品在国内外的传播,对宣传高黎贡山及其民族文化将产生深刻的影响。

中国艺术研究院杜滋龄工作室是中国当今著名的人物画创作和人才培养基地,工作室"以形写神、涉猎中外、深入生活、多出精品"。杜滋龄,现任全国政协委员、南开大学教授、中国美术家协会理事、中国画艺委会委员、天津市文联委员、南开中国画研究院院长,享受国务院国家津贴待遇。(2009年6月8日)

(蔺汝涛　供稿)

高黎贡山生态旅游规划在昆明通过专家评审

2009年7月6日,云南省林业厅在云南大学主持召开了《高黎贡山国家级自然保护区生态旅游规划》专家评审会,来自云南省政府办公厅、省政府政策研究室、省发改委、省财政厅、省建省厅、省林业厅、省旅游局、省社科院、云南大学、西南林学院、中科院昆明植物研究所等单位的领导、专家50余人参加了评审会议。会议由云南省林业厅郭辉军副厅长主持，保山市刘刚副市长、怒江州卢文祥副州长两位领导出席了会议。

去年10月22日，高黎贡山自然保护区保山管理局、怒江管理局与云南大学旅游研究所签订了合作协议，委托云南大学旅游研究所进行高黎贡山国家级自然保护区生态旅游规划设计，之后规划单位组织专家先后完成了高黎贡山自然保护区怒江片区、保山片区的野外考察工作，并分别在怒江、保山、昆明组织召开了3次专家咨询会，最后完成了《高黎贡山国家级自然保护区生态旅游规划》文本。

评审会一开始刘刚副市长做了重要发言，他指出高黎贡山是保山的"宝山"，其自然资源具有珍稀性，历史文化具有特殊性，是十分珍贵的旅游资源。高黎贡山旅游资源的开发是保山市240余万人民的殷切希望，其旅游开发将会促进保山旅游产业向国际化发展，促进保山社会经济发展。在评审会上，专家们对规划文本给予了高度评价和充分肯定，并提出了许多建设性的意见，最后专家们一致同意《高黎贡山国家级自然保护区生态旅游规划》通过评审。评审会结束后，规划单位将根据专家的意见进一步修改完善文本，最后形成正式稿上报国家林业局审批。（2009年7月14日）

（蔺汝涛　供稿）

高黎贡山生物走廊带自豪项目实施进展顺利

由美国瑞尔保护协会资助的高黎贡山生物走廊带自豪项目自去年10月开始实施以来，在项目主管第一阶段9周的强化培训之后，顺利完成了为期20周的项目地调查阶段。在此期间，根据项目要

求,分别进行了社区调查、召开利益相关者会议、威胁因子排序、寻找障碍清除伙伴等工作。经过瑞尔总部严格的评估,高黎贡山生物走廊带自豪项目的前期各项工作都顺利通过了评审,项目主管也获得了参加第二阶段培训的机会,并于2009年6月1日~7月4日在西南林学院参加了培训,培训内容为制订有针对性的传播计划,主要包括目标人群的细分和信息调整、传播和媒体策划、有影响力的项目设计,以及在项目规划、冲突管理、效果评估、适应性管理等方面的技能培训。

按照项目实施计划,今后一年的项目活动分为两方面,社区外展宣传和障碍清除活动。社区外展宣传主要包括制作广告宣传牌、宣传年历、胸章等材料,并利用旗舰物种——白眉长臂猿的人偶在学校和社区举办各种宣传活动。障碍清除活动指的是周边社区村民在减轻对走廊带造成威胁的行为转变过程中遇到的障碍进行消除,主要包括在赧亢社区作为示范点,资助150台电磁炉和150台电饭锅的使用以及进行节柴改灶100口。通过在社区开展丰富多彩的环境保护意识教育和实施社区小型薪柴替代活动,逐渐减轻周边社区给生物走廊带带来的压力,从而达到保护森林资源及其珍稀野生动物的目标。

目前,高黎贡山生物走廊带自豪项目实施进展顺利。(2009年7月14日)

(段红莲 供稿)

《爱有来生》在高黎贡山演绎
七夕节全国首映

近日,由著名女演员俞飞鸿转型执导在高黎贡山自然公园取景拍摄的处女作影片《爱有来生》,在上海电影节举行了首次内部试映,该片制作追求尽善尽美,故事情节传奇浪漫,拍摄场地自然优美,是一部难得佳作,众多业内人士给予了高度评价,影片将定于今年七夕情人节在全国上映。

影片围绕着一棵银杏树,讲述了一段人鬼情未了的故事,该片被誉为中国新聊斋电影的典范。电影虽涉及了鬼怪,可真实内涵却是亘古不变的主题:可以穿越时空界限的爱情才是永恒的爱情。该片男主角是段奕宏,曾在《士兵突击》《我的团长我的团》中扮演硬汉男人,而在《爱有来生》中却首度变身为鬼,并且是一个痴情之鬼,前世深刻爱上了俞飞鸿扮演的孤女阿九,但因为两个家族的火并,二人生死离别。男主角死后,成孤魂一缕,在一棵银杏树下,深情等待已经投胎转世的前世爱人50年。中国内地电影一直以来对"鬼怪"题材讳莫如深,但《爱有来生》找到了一个崭新视角,将鬼怪、爱情、动作熔为一炉,表达的是真爱永恒这一话题。

该片是我局按照市委、政府提出建设和打造全市影视文化产业基地的要求,与北京真像影视文化有限公司《银杏银杏》摄制组签订合作协议,积极帮助协调完成了相关的拍摄手续,还专门安排管理站5名工作人员协助摄制组做好资源安全和后勤服务工作。影片改编自小说《银杏银杏》,从剧本到拍摄完成历经10年,在风景迷人的高黎贡山自然公园实景拍摄就历时10个多月,参与拍摄的影视演员和群众演员多达200余人,耗资2 000余万元。影片的成功上映,将为宣传和促进保山影视及旅游产业的发展起到积极的作用。(2009年7月17日)

(蔺汝涛 供稿)

高黎贡山科研取得重大突破发现动植物新种178个
——高黎贡山动植物标本鉴定项目总结及成果发布会在长沙举行

2009年8月10~12日，由高黎贡山国家级自然保护区保山管理局主办的"高黎贡山动植物标本鉴定项目总结及成果发布会"，在中国第一所高等学府——岳麓书院旁的湖南师大举行，有来自中国多个教育、研究机构和美国的专家学者参加了大会，与会专家各自公布了高黎贡山生物多样性调查及标本鉴定的成果，共发现动植物新种178个。

高黎贡山地区是全球公认的生物多样性热点地区的重要组成部分，被誉为"重要模式标本产地"、"东亚植物区系的摇篮""雉类和鹛类的乐园"、"哺乳类动物祖先的发源地"。近年来，中外科学家到高黎贡山开展了一系列科学考察，采集大量动植物标本，取得许多研究成果。但是由于一些项目缺乏后续资金，以及基础本底研究的繁重性，致使许多珍贵标本没有得到鉴定，未能发挥效用，沉积在标本馆（室）中。为了完成标本鉴定工作，得到详细的生物多样性本底资料，更好地为后续研究和自然保护科学管理服务，2007年，在云南省林业厅支持下，云南高黎贡山国家级自然保护区保山管理局聘请中国科学院昆明植物研究所、动物研究所、湖南师范大学多位著名专家，开展了动植物标本鉴定工作。通过各方近2年的努力，标本鉴定工作取得了丰硕成果。

在本次研讨会上，来自中国科学院昆明植物研究所、德高望重的李恒研究员介绍了植物方面鉴定成果，共采集鉴定植物标本30 000多号，发现新种50个，使已知的高黎贡山植物种类接近6

000种；湖南大学生命科学院院长彭贤锦教授介绍了蜘蛛标本鉴定成果，共采集鉴定40 000号（头）蜘蛛标本，种类达800多种，其中高黎贡山国家级自然保护区（保山段）的蜘蛛共记录41科175属597种，其中新属3个、新种97种，发表了相关研究论文13篇，其中SCI收录9篇；来自中国科学院动物研究所的步甲专家梁宏斌副研究员介绍，共采集鉴定步甲标本30 000号（头），365余种，发现新种30个；来自中国科学院昆明动物研究所的昆虫专家董大志研究员介绍，共收集各种昆虫标本20 000余号，其中蝶类标本约3 000余号，11科160属406种和亚种；此外还发现蛇类新种1个。与会专家还就进一步开展高黎贡山生物多样性研究的方向与对策进行了研讨，共同提出了拓宽研究领域，深入研究高黎贡山生物多样性，总结研究成果，组织出版高黎贡山保护生物学丛书等建议。(2009年9月2日)

（施晓春　供稿）

高黎贡山隆阳分局
实施黑熊动态监测管理项目
研究和探索野生动物肇事管理对策

近年来，随着保护工作力度的加大，野生动物的种群数量得到了明显地恢复和增加，野生动物侵害保护区周边社区农户庄稼的事件时有发生，甚至伤人事件也偶有发生，为加强对野生动物的管理，努力实现人与自然和谐相处，高黎贡山隆阳分局决定加强对野生动物的监测管理，率先实施的是黑熊动态监测管理项目。

黑熊属国家二级重点保护野生动物，是高黎贡山的主要保护对象之一，由于处于食物链顶端，黑熊对于维持生态平衡和环境评测具有重要意义。因其对保护区周边社区构成威胁，为保护区的保护工作与周边社区带来了极大矛盾，保护区市、区管理机构决定对其进行调查、监测，探求对其进行干预和控制的办法：

首先，分局派技术人员参加了上月在四川九寨沟保护区举办的黑熊调查和监测培训班，学习和掌握调查、监测黑熊的方法与技巧，为实施高黎贡山保护区黑熊动态监测管理项目提供支撑。

其次，组织实施监测项目。9月中旬，分局邀请项目合作方美国威斯康星州的卡尔先生到高黎贡山保护区百花岭指导和培训亚洲黑熊的跟踪调查工作，对分局下属的5个管理站站长和部分技术人员共14人进行了培训。培训会上，卡尔介绍了世界上熊的种类以及保护情况，讲述了如何利用粪便样品分析研究亚洲黑熊的生活习性，以及如何利用样线调查研究亚洲黑熊活动规律的方法，并就怎样采集粪便样品、怎样保存、怎样设置样线、怎样做野外记录等进行了野外实习。通过培训，参加培训的人员基本掌握了黑熊的跟踪监测方法和粪便样品采集方法，提高了专业技术人员的管护水平，更为重要的是，利用粪便分析，可以准确地得出隆阳分局辖区黑熊的个体数量和习性，为实现黑熊保护到黑熊管理奠定了基础，也为开展其他大型兽类的监测研究工作提供了参考。当前，项目正在有序实施。

(隆阳管理分局　供稿)

高黎贡山隆阳分局参加市、区"全国科普日启动仪式"并开展以保护生态环境为主题的科普宣传活动

2009年9月20日，高黎贡山隆阳分局参加了由隆阳区科协承办的隆阳区"全国科普日启动仪式"，并在仪式结束后，在潞江镇小平田集市开展了以"节约能源资源，保护生态环境，保障安全健康"为主题的科普宣传活动。

为搞好科普宣传活动，高黎贡山隆阳分局精心准备，对人员、

车辆和经费做了专门安排，制作了题为"我为家乡而自豪，我为环保做贡献"和"保护白眉长臂猿，你我共参与"的展板，以及反映高黎贡山动植物风采的画框，并印制了大量介绍高黎贡山保护区自然资源和保护成果，以及公民如何参与环境保护的手册和彩页等7种宣传资料。保护区的科普宣传活动得到了高黎贡山保山市管理局的大力支持，为活动提供了保护区的重点保护物种白眉长臂猿模偶和相关宣传材料。

活动现场，赶集的人群纷纷被"中国白眉长臂猿之乡——云南保山"的大幅标语和形象逼真、精巧灵动的白眉长臂猿模偶所吸引，来到高黎贡山隆阳分局的展台前驻足观望，索要宣传资料。工作人员一边向人人群发送宣传资料，一边做着讲解，呼吁人们不吃野生动物，不到山上砍伐，多使用电能，减少一次性用品的使用。前来参观的人员不乏男女老少，一拨接着一拨，他们看着自家的后山上有那么多的野生动物，啧啧称奇，有老人指着画框上的动物说，这个几十年前见过，现在恐怕没有了，听工作人员介绍说，该动物不仅没有灭绝，而且数量正在增加，他们开心地笑了；有小孩十分喜爱白眉长臂猿的模偶，抱着就不放手，争着让工作人员为他们合影。

科普宣传活动自始至终，高黎贡山隆阳分局展台前人群川流不息，分局提供的宣传资料供不应求，共向前来的人员发放各种宣传资料2 000多份，最受关注和欢迎的，当数高黎贡山研究丛书和印有保护区各种珍稀动物图案的卡片。面对人们对保护区的关注和对环境保护的渴求，分局表示，将加大科普宣传力度，努力促进自然保护工作的社会化。

高黎贡山隆阳分局的此次科普宣传活动，达到了宣传资源和成果、赢得支持和理解、呼吁共管和参与的预期目标。（2009年9月28日）

（隆阳管理分局　供稿）

首批外国学生在高黎贡山实习圆满结束

2009年10月12~20日,作为教学实习基地的云南高黎贡山国家级自然保护区保山管理段圆满结束了由西南林业大学师生与泰国农业大学师生共30人组成的联合实习,这是外国师生首次在高黎贡山地区开展的联合实习活动。

多年来,云南高黎贡山国家级自然保护区保山管理局就与中国林科院、中国科学院动物研究所、昆明动物研究所、昆明植物研究所、湖南师范大学、西南林业大学、大理学院、保山学院、保山医专等科研院校签订了教育实习合作协议,使高黎贡山国家级自然保护区成为他们的教学实习基地。高黎贡山自然保护区每年都接纳各研究所院校的博士生、硕士生及本科、专科、中专生近千余人次到高黎贡山进行教学实习。

高黎贡山国家级自然保护区保山管理局在做好中国各科研院校教学实习的基础上,也在努力创造条件,着力打造中外合作实习基地的建立。这一次由西南林业大学与泰国农业大学共同组织的中泰师生30人联合实习在高黎贡山国家级自然保护区保山管理段进行的生物多样性了解、各种植物、鸟类、兽类、两栖爬行类、昆虫类等野外观察、鉴别知识的教学实习以及社区调查、村民访谈等各方面的实地教学实习都取得了丰硕的成果。实习采用野外观察、鉴别、社区访谈、市场调查等方法结合各种知识讲座、问题分析,使师生发现的问题得以充分探讨,并找出相应的解决办法。整个实习采用参与式、互动的方式进行。

由于此次中泰联合实习的成功,泰国农业大学已正式与高黎贡山国家级自然保护区保山管理局达成合作关系。泰方表示希望高黎贡山也能成为他们的教学实习基地,他们将会不断地选派优秀的师生到高黎贡山地区进行教学实习,同时邀请高黎贡山保山管理局也能派出管理、科技人员到泰国农业大学进行学术交流和保护区知识讲座,使他们能掌握更多的生物多样性知识和社区发展、社区共管的知识，更进一步地了解保护区与社区相依相存，相互促进的发展关系，使他们将来能带有更宽广的思维方式投入到自然资源保护之中，能为创建人类的美好生活环境做出新的贡献。（2009年10月23日）

（赵　玮　供稿）

"国家公园解说系统设计和管理培训班"在保山成功举办

2009年11月5~10日，国家公园解说系统设计和管理培训班在保山成功举办，本次培训班由云南省国家公园办公室、大自然保护协会（TNC）主办，高黎贡山国家级自然保护区保山管理局承办，来自云南省政府在建或拟建国家公园和重点保护区中的20个单位，约40余名中层干部参加了培训班学习。开幕式由保山市林业局李保国局长主持，保山市人民政府刘刚副市长致欢迎辞，云南省国家公园管理办公室司志超主任参会并发表讲话。

培训班由美国国家公园管理局资深专家道格·莫里斯、安妮·卡斯特琳娜，给学员讲解了《美国国家公园系统的建立基础、发展历程及公园规划》、《解说系统规划及讲解的基本原则》、《国家公园人员解说手段和方法》、《国家公园非人员解说手段和方法》，北京易道公司蔡耀兵、李贺两位设计专家以《北京松山国家级自然保护区生态旅游规划》为例，为学员讲解了在开展保护区生态旅游规划过程中如何进行解说系统规划设计。培训班学员结合所学知识，深入高黎贡山自然保护区百花岭热带雨林谷、高黎贡山自然公园实地考察和体验了景区生态小道、景区标牌解说系统，考察期间，学员们还对高黎贡山百花岭农民生物多样性保护协会、社区农家乐、赧亢管理站进行了实地考察。在百花岭科考接待站，学员们围着熊熊的篝火，与当地傈僳族姑娘跳起了动情的舞蹈，唱起了欢快的歌曲。

　　学员们根据实地考察情况，分别以高黎贡山自然公园、百花岭热带雨林谷为例，分组讨论制订了公园讲解计划和游客中心设计，专家根据小组讨论汇报结果，进行了精彩点评，最后高黎贡山国家级自然保护区保山管理局艾怀森局长给获奖小组学员颁发了纪念品。通过本次培训班的学习，提高了参会人员在解说系统方面的设计、建设、运用水平，本次培训班取得了丰硕成果，为推动我省国家公园解说系统设计和管理将起到积极作用。（2009年11月13日）

（蔺汝涛　供稿）

高黎贡山自然保护区西坡惊现一美景

　　如果不是看羊人老乔无意中闯入，五道溪的美景很难被世人所知。几年后，看羊人变成了高黎贡山保护区的护林员，老乔向我们说起了五道溪里面的情况，深深吸引着大家。

　　近日，在艾怀森局长带领下，高黎贡山保山管理局及腾冲分局组成一支考察队，来到高黎贡山西坡林家铺的北边，对五道溪进行实地考察。刚进入不久，我们就见到一道精美的瀑布，正当我们发出惊叹之时，向导不以为然地告诉我们里面景色更美。果然，我们沿五道溪逆流而上，沿途美景不断，林中古树参天，道旁奇花异草络绎不绝，溪流潺潺，不时出现造型各异的瀑布、跌水，各种鱼儿在水中游戏，灰叶猴在树林中穿梭，悬崖上挂着许多岩蜂的蜜饼，石洞里还留有苏门羚的气息……整个河谷一派生机勃勃的景象。经过一段时间的跋涉，一道雄伟壮观的大瀑布跃入眼帘，让人联想起"飞流直下三千尺，疑是银河落九天"的诗句，将我们此次考察带到高潮。

结束考察之后,每一个队员的心情都久久不能平静,大家认为五道溪无疑是一处难得的美景,其临近林家铺生态旅游及科研监测站,距南方丝绸古道不远,可以融入"百花岭——江苴国际生态旅游区"。而且五道溪距腾冲县城不过40公里,可以成为腾冲这一中国重要旅游目的地的组成部分。因此,五道溪具有如此罕见的资源价值,完全值得将其开发建设成为一个生态旅游及科普教育景区。(2009年11月25日)

(施晓春　供稿)

"亚太森林恢复与可持续管理网络"
——森林资源管理国际培训班学员到高黎贡山考察学习

2009年12月1~2日,由来自印度尼西亚、马来西亚、泰国、老挝、尼泊尔、柬埔寨、孟加拉、缅甸等13个国家的16位学员和专家组成的森林资源管理国际培训班学员到高黎贡山考察学习。此次森林资源管理国际培训班主要针对亚太地区林业部门的决策者、规划者、管理者和技术人员。通过两天的经验学习和野外考察,学员们对高黎贡山的生物多样性保护和自然保护区综合管理情况有了全面的了解,对高黎贡山的管理成效给予高度评价。

"亚太森林恢复与可持续管理网络"——森林资源管理国际培训班国际培训班是以中国国家主席胡锦涛在2008年9月的亚太经济合作组织第15次领导人非正式会议上提出建立"亚太森林恢复与可持续管理网络"的倡议为背景,旨在加强亚太区域各成员在林业领域的合作,提高区域成员森林恢复和可持续能力和水平。高黎贡山作为中国自然保护区管理的成功典范,被列入培训班实地考察和学习对象。

12月1日,保山管理局局长艾怀森给学员们做了以《应用保护生物学手段开创高黎贡山自然保护区管理工作新局面》为题的

报告,对高黎贡山的成功管理经验、面临的主要问题等做了全面的介绍和交流。学员们在听取汇报后,作出了积极的反馈,对亚太地区森林资源管理和自然保护区管理等方面面临的共同挑战和问题进行了热烈的讨论和经验分享。12月2日,学员到高黎贡山自然公园对高黎贡山生物走廊带、近原生地保护、白眉长臂猿共管委员会、高黎文化和高黎贡山生态旅游等项目进行了实地学习。专家和学员们对高黎贡山全新管理模式十分认同,并表示以后要加强与高黎贡山自然保护区交流合作,促进跨国保护、建立牢固的森林资源管理网络。

通过两天的实地考察,来自不同国家的林业部门管理者对高黎贡山和中国的保护区发展情况有了全面的了解,提高了高黎贡山的知名度,为今后的网络合作搭建了平台。(2009年12月4日)

(李丽娟　供稿)

高黎贡山建成全要素生态自动气象站

近日由国家气象局立项,由高黎贡山国家级自然保护区保山管理局与隆阳区气象局合建的高黎贡山八要素生态自动气象站正式投入使用,这是继2007年我局建成的第一个四要素自动观测站之后,又建成的一个专业的全要素生态自动气象站。高黎贡山生态自动气象站的建成投入使用,填补了高黎贡山无全要素气象探测资料的空白,同时加强了人烟稀少地区的气象资料探测,对气象小尺度天气系统的监测和开展精细化预报服务提供了探测资料支撑,同时为探测高黎贡山生态环境变化规律提供科学依据,对研究和保护高黎贡山生态环境具有极高的应用价值和重大的意义。

高黎贡山生态自动气象站位于高黎贡山南端的灰坡丫口(北纬度24°49′41″,东经98°45′59″,海拔高度2 188米),山地气候尤为明显。高黎贡山生态自动气象站采用目前最先进的江苏无线电科学研究所有限公司生产的 ZQZ – 1A 自动气象站。观测项目：气压、风向、风速、雨量、气温、空气湿度、地温（地表地温、浅层地温）、草温八要素，每天进行 24 次自动观测。

（林绍军　供稿）